舗装設計便覧

平成18年2月

公益社団法人　日本道路協会

序

　道路は，最も基本的な社会資本であり，国民の日常生活や地域の活力を支える根幹的な社会基盤である。このうち舗装は，道路の表面を形成する重要な部分であり，特に近年は，安全で快適な交通機能に加えて，活力ある国土の形成，豊かで潤いのある生活空間の提供，循環型社会の形成や地球環境の保全など多様な機能が求められている。その一方では，舗装事業のより一層効率的な実施やそれを実現するための設計・施工の自由度の増大なども要求されるようになってきた。

　このような流れの中にあって，道路利用者の視点に立った道路構造のあり方が求められ，平成13年には，性能規定化を指向した「道路構造令」と「国土交通省令」が制定され，「舗装の構造に関する技術基準」が局長通達として全国の道路管理者に通知された。これを受けて，日本道路協会は，性能規定化のスムーズな普及・浸透を支援するために，「舗装の構造に関する技術基準・同解説」，「舗装設計施工指針」および「舗装施工便覧」を刊行した。

　これらの図書刊行後5年目になるが，この間，コスト構造改革，小型道路の考え方の導入，環境対策などの新たな動きがある一方で，特に設計に関してはこれを詳細に扱う図書が無いことから，専門図書の発刊が望まれていた。日本道路協会ではこれに対応するため，小型道路の設計法，従来の経験的設計法，理論的設計法などの検討を行い，またライフサイクルコストや信頼性に関する見直しにも取り組んだ。今回，これらの成果を取りまとめて，新たに「舗装設計便覧」として刊行することとなった。

　設計は，舗装の性能規定化を推進するうえで重要な作業であり，自由度を大幅に高めることにより多様な展開が可能である。本便覧を適切に運用することにより，一層効果的かつ効率的な舗装事業の推進に資せられることを期待するものである。

平成18年2月24日

　　　　　　　　　　　社団法人　日本道路協会会長　三　谷　　浩

まえがき

　わが国における舗装技術に関する本格的な図書は，昭和25年に発刊された「アスファルト舗装要綱」が始まりといえる。それ以降，逐次「コンクリート舗装要綱」や「簡易舗装要綱」などが整備されるが，それぞれの時代の要請に応じて改訂がなされてきた。舗装の設計法も変遷を遂げてきたが，昭和30年代には概ね設計法の体系が整い，以降は大きな変化がなかった。このため，舗装技術者はこれらの図書に従い容易に舗装の設計を行うことができ，一定レベルの舗装技術を広く全国に普及させるうえで大きな役割を果たしてきた。

　しかし，従来の仕様規定では，近年求められている多様化への対応には難しい面も生じてきた。こうしたことから平成13年に，「舗装の構造に関する技術基準」が道路管理者に通知され，舗装の性能規定化に向けて大きく転換することとなった。性能規定の下で設計の自由度は大幅に高まり，種々の要請に対しても柔軟な対応が可能となり，コスト縮減の施策も実施しやすくなった。

　舗装委員会では，これを受けて，同年12月に技術基準の基本とする考え方を設計，施工の実務に反映させるガイドラインとして「舗装設計施工指針」を新たに発刊した。設計に関しては，この指針のみで対応していたが，性能規定化をさらに推進するには，設計に関するより詳細な図書が必要となった。

　このようなことから，専門図書の発刊を目指して検討を重ね，この度「舗装設計便覧」としてとりまとめた。本便覧では，従来の設計法を基本としながらも，新しい多くの情報を加え多様な設計を行いやすくした。特に，道路構造令の改正で導入された小型道路の設計法，信頼性の概念，理論的設計法などについて内容を充実させた。また，舗装のみならず社会コストの縮減を目指したライフサイクルコストや環境保全などに関しても詳しく記述した。

　舗装関係者が本便覧を有効に活用して，性能規定化をベースとする設計の自由度を最大限に生かし，より一層効果的な舗装事業が図られることを切望する。

平成18年2月24日

舗装委員会　委員長　矢　野　善　章

舗装委員会

委員長　矢野善章

舗装設計施工小委員会（五十音順）

委員長

委　員

中海　金久小田田西根八帆丸吉

中村　老澤木保梁川井中崎本谷苅山田山

俊秀　隆和　文輝　信好　浩暉

行治　隆幸　雅夫　栄到行高三彦武義

大神河坂竹中西袴姫松桃

久保谷野本田丸澤田野村井

高恵広浩敏　文賢高

秀三隆行憲貢男雄治志徹

委員長幹事

兼幹事

幹　事

泉佐鈴中堀松山

々木木原

髙秀秀大浩隆富

俊厳輔磯明雄業

坂清田羽前森

本水口入原濱

康浩昭弘和

文昭仁吉宣正

「舗装設計便覧」の発刊について

　本便覧は，内外の経験にもとづく設計方法および理論的設計方法（力学的経験的設計方法）に関する研究成果をもとに，設計の自由度の増大を具現化するため，より具体的な舗装の設計条件の設定方法，路面設計方法，構造設計方法等を示す技術参考書としてまとめたものであり，その主な要点は以下に示すとおりである。
　なお，この便覧は，今回改訂された「舗装設計施工指針」の基本方針を受けており，同時に改訂された「舗装施工便覧」とも整合を取っている。

（1）道路構造令の改正（平成15年7月）への対応
　① 道路構造令の改正に伴い，小型道路の舗装の構造設計方法を示した（5－2，付録－2など）。
　② 運用上の混乱を避けるために，舗装計画交通量の区分を，普通道路についてはNiで，小型道路についてはSiで表示した（3－2，5－2など）。
　③ 道路構造令には小型道路の舗装の設計に用いる標準輪荷重が示されていないが，運用を補完するために17kNとして設定し，舗装の性能指標とその値を示した（3－2）。

（2）「土木・建築にかかる設計の基本」（国土交通省，平成14年10月）への対応
　① 同資料を受けて信頼性設計の考え方を基本とし，確率論による信頼性設計方法を示した（2－4，5－2など）。
　② 信頼性の考え方を分かりやすく解説し，従来以上に具体的な対応を取りやすくした（付録－1）。

（3）品質を確保しつつコスト縮減を目指した設計方法への対応
　① 舗装の設計期間の選択は自由であり，長寿命舗装の選択などが可能であるが，さらに「路面の設計期間」を独立させ，また「路面設計」についてより具体的に示した（3－2，第4章）。
　② 自動車交通量の少ない舗装（以前の簡易舗装を含む）の構造設計方法については，コスト縮減の観点から100（台/日・方向）未満の舗装計画交通量を細分化し，経験にもとづく設計方法を示した。（5－2，6－2）。
　③ 設計への信頼性導入は設計の自由度を拡大し，初期コストの低減などにも

つながることから，さらに普及を図るため，信頼度を変化させた舗装の設計例を示した（5－2）。

(4) 新材料・新工法の導入や設計の自由度増大への対応
① アスファルト舗装の理論的設計方法は，等値換算係数の設定が不要であり，環境条件などの設計条件にも柔軟に対応でき舗装各層の厚さを自由に設定可能であるため，新材料・新工法の導入に有効であるのでより具体的な方法を示した（5－3，付録－5）。
② コンクリート舗装の理論的設計方法は，交通条件や曲げ強度，疲労抵抗性などの材料条件に応じてコンクリート版厚を自由に設定できるなど，新材料・新工法の導入に有効であるのでより具体的に示した（6－3）。
③ 舗装への多様なニーズに応じた各種の舗装の設計方法を例示した（第7章）。

(5) 環境保全への対応
① 特定都市河川浸水被害対策法などを受けて，都市型洪水に対応するために車道透水性舗装の設計の要点を示した（7－3）。
② 地球温暖化対策推進大綱などを受けて，都市の熱環境緩和に対する路面温度低減の路面設計例を示した（4－6）。
③ 環境保全重視の社会的趨勢を受けて，交通騒音に対するタイヤ／路面騒音低減の路面設計例を示した（4－6）。

(6) 関連図書との整合
① 関連法令，基準類における本便覧の位置付けを舗装設計施工指針，舗装施工便覧とともに示した（第1章）。
② 舗装設計施工指針には舗装の設計に係わる基本的事項が示されているが，本便覧ではそれら基本的事項の解説と設計のより具体的な方法を記述した（第2章～第7章）。
③ 排水性舗装の普遍化に伴い排水性舗装技術指針（案）を廃止し，そのうち排水性舗装の設計に関する事項を本便覧に取り込んだ（5－2など）。

舗装設計施工小委員会　委員長　中村　俊行

目　　次

第1章　総　説

1－1　本便覧の位置付けと構成 ……………………………………………1

　　1－1－1　本便覧の位置付け ……………………………………………1
　　1－1－2　本便覧の構成 …………………………………………………2

1－2　本便覧の活用のために ………………………………………………4

　　1－2－1　留意事項 ………………………………………………………4
　　1－2－2　関連図書 ………………………………………………………5

第2章　設計の考え方

2－1　概　説 …………………………………………………………………6

2－2　舗装の構成と役割 ……………………………………………………7

　　2－2－1　舗装の構成 ……………………………………………………7
　　2－2－2　各層の役割 ……………………………………………………10

2－3　設計の流れ ……………………………………………………………12

　　2－3－1　舗装種別の選択 ………………………………………………12
　　2－3－2　設計条件 ………………………………………………………12
　　2－3－3　路面設計 ………………………………………………………14
　　2－3－4　構造設計 ………………………………………………………14

2 - 4　設計に当たって考慮すべき事項 ……………………………14

　2 - 4 - 1　道路の区分 …………………………………14
　2 - 4 - 2　ライフサイクルコスト ……………………15
　2 - 4 - 3　信頼性 ………………………………………19
　2 - 4 - 4　環境の保全と改善 …………………………21

第3章　設計条件の設定

3 - 1　概　説 …………………………………………………24

3 - 2　目標の設定 ……………………………………………24

　3 - 2 - 1　設計期間 ……………………………………24
　3 - 2 - 2　舗装計画交通量 ……………………………26
　3 - 2 - 3　舗装の性能指標 ……………………………27
　3 - 2 - 4　信頼性 ………………………………………32

3 - 3　路面設計条件 …………………………………………33

3 - 4　構造設計条件 …………………………………………33

　3 - 4 - 1　交通条件 ……………………………………33
　3 - 4 - 2　基盤条件 ……………………………………35
　3 - 4 - 3　環境条件 ……………………………………35
　3 - 4 - 4　材料条件 ……………………………………36

第4章　路面設計

4 - 1　概　説 …………………………………………………38

4 - 2　路面設計の流れ ………………………………………38

4－3　要求性能の整理 ………………………………………………39

4－4　路面設計条件 …………………………………………………39

　4－4－1　路面の設計期間 ………………………………………40

　4－4－2　舗装計画交通量 ………………………………………42

　4－4－3　路面の性能指標とその値 ……………………………42

4－5　表層材料および表層厚の決定 ………………………………43

　4－5－1　表層材料の決定 ………………………………………44

　4－5－2　表層厚の決定 …………………………………………47

　4－5－3　路面設計の留意点 ……………………………………48

4－6　路面設計例 ……………………………………………………48

　4－6－1　自動車専用道路の例 …………………………………49

　4－6－2　都市内道路の例 ………………………………………50

　4－6－3　騒音低減を要求された場合の例 ……………………53

　4－6－4　路面温度低減を要求された場合の例 ………………54

　4－6－5　路面温度低減および排水性を要求された場合の例 …………57

第5章　アスファルト舗装の構造設計

5－1　概　説 …………………………………………………………60

5－2　経験にもとづく設計方法 ……………………………………62

　5－2－1　普通道路の構造設計 …………………………………62

　5－2－2　普通道路の補修の構造設計 …………………………89

　5－2－3　小型道路の構造設計 …………………………………104

5－3　理論的設計方法 ………………………………………………109

5－3－1　理論的設計方法の概要 ･････････････････････････109
5－3－2　構造設計条件 ･･････････････････････････････････113
5－3－3　構造設計 ･･････････････････････････････････････118
5－3－4　暫定的に5年間供用する都市内道路の構造設計例 ･･･････127
5－3－5　設計期間20年の都市近郊幹線道路の構造設計例 ･････････136

第6章　コンクリート舗装の構造設計

6－1　概　説 ･･･145

6－2　経験にもとづく設計方法 ･･････････････････････････････147

　　6－2－1　普通道路の構造設計 ･･････････････････････････147
　　6－2－2　普通道路の補修の構造設計 ････････････････････158
　　6－2－3　小型道路の構造設計 ･･････････････････････････165

6－3　理論的設計方法 ･･････････････････････････････････････166

　　6－3－1　理論的設計方法の概要 ････････････････････････166
　　6－3－2　構造設計条件 ････････････････････････････････169
　　6－3－3　構造設計 ････････････････････････････････････173
　　6－3－4　構造設計例 ･･････････････････････････････････182

6－4　コンクリート舗装の構造細目 ･･････････････････････････193

　　6－4－1　普通コンクリート版の構造細目 ････････････････193
　　6－4－2　連続鉄筋コンクリート版の構造細目 ････････････200
　　6－4－3　転圧コンクリート版の構造細目 ････････････････204

6－5　コンクリート版の補強等 ･･････････････････････････････207

第7章　各種の舗装の構造設計

7 － 1　概　説 ……………………………………………………219

7 － 2　構造設計の取り扱い ………………………………………219

7 － 3　各種の舗装の構造設計 ……………………………………219

　　7 － 3 － 1　橋面舗装 ………………………………………219
　　7 － 3 － 2　トンネル内舗装 …………………………………226
　　7 － 3 － 3　岩盤上の舗装 ……………………………………228
　　7 － 3 － 4　フルデプスアスファルト舗装 ………………………230
　　7 － 3 － 5　コンポジット舗装 ………………………………231
　　7 － 3 － 6　ブロック系舗装 …………………………………232
　　7 － 3 － 7　透水性舗装 ……………………………………233
　　7 － 3 － 8　瀝青路面処理 ……………………………………239
　　7 － 3 － 9　歩道および自転車道等の舗装 ……………………240

第8章　データの収集と設計への反映

……………………253

付　　　録

付録― 1　舗装の信頼性設計 ……………………………………256
　　　　1　信頼性設計の概念 ……………………………………256
　　　　2　信頼度の計算法 ………………………………………259
　　　　3　信頼性設計法のレベル …………………………………262
　　　　4　信頼性設計法による舗装の設計例 ………………………265

付録－2	小型道路の舗装の構造設計に関する解説 ･･････････272
	1　標準荷重 ････････････････････････････272
	2　T_A法の適用 ･････････････････････････273
	3　舗装計画交通量 ･･････････････････････274

付録－3　n年確率凍結指数の推定方法 ･････････････････････276

付録－4　多層弾性理論にもとづく舗装構造解析プログラム ･････････281
　　　　1　多層弾性理論 ････････････････････････281
　　　　2　舗装構造解析プログラム ･･････････････････282

付録－5　参考資料：アスファルト舗装の理論的設計方法における暫定破壊
　　　　規準 ･･･････････････････････････････284
　　　　1　検討方法 ････････････････････････････284
　　　　2　路床の暫定破壊規準 ･･････････････････････287
　　　　3　路体の暫定破壊規準 ･･････････････････････288
　　　　4　アスファルト混合物層の暫定破壊規準 ･･････････289

付録－6　用語の説明 ･････････････････････････････297

第1章 総　　　説

1－1　本便覧の位置付けと構成

1－1－1　本便覧の位置付け

　舗装設計便覧（以下，「本便覧」という）は，「舗装設計施工指針」に記述された舗装の計画，設計および施工のうち，舗装の設計に関する事項をとりまとめたもので，設計者が「舗装の構造に関する技術基準」（以下，「技術基準」という）および「舗装設計施工指針」の主旨を踏まえた上で，より具体的な設計方法を提供するものである。

　技術基準類の体系を図－1.1.1に示す。「舗装設計施工指針」は，「技術基準」の定める内容を適切かつ効率的に実施するため，舗装関係者の理解と判断を支援する実務的なガイドラインとして位置付けられる。このため，道路管理者が行うべき舗装の設計期間，舗装計画交通量，舗装の性能指標およびその値の設定の方法，舗装の新設または改築，維持，修繕の判定および施工時における発注者と受注者の役割分担等について，政令，省令および「技術基準」などとの整合を取りながら具体的に示している。また，「舗装施工便覧」や「舗装再生便覧」は，具体的な施工あるいは製造の技術の例について示したもので，「舗装設計施工指針」でいう施工を補完するマニュアルの役割を果たしている。本便覧は，「舗装設計施工指針」でいう設計を補完するマニュアルであり，設計方法を理解するための図書と位置付けられる。「技術基準」の規定内容，「舗装設計施工指針」の記述内容，「舗装施工便覧」，「舗装再生便覧」および本便覧の記述内容を表－1.1.1に示す。

　本便覧は，「技術基準」に示されているアスファルト・コンクリート舗装（以下，アスファルト舗装という）の別表1およびセメント・コンクリート舗装（以下，コンクリート舗装という）の別表2による経験にもとづく設計方法のみなら

ず，国内外の経験的設計方法および理論的設計方法（力学的経験的設計方法）に関する研究成果をもとに，舗装の設計の自由度を高めるため，できるだけ具体的な設計条件の設定方法，路面設計方法，構造設計方法等を示す技術参考図書としてまとめたものである。

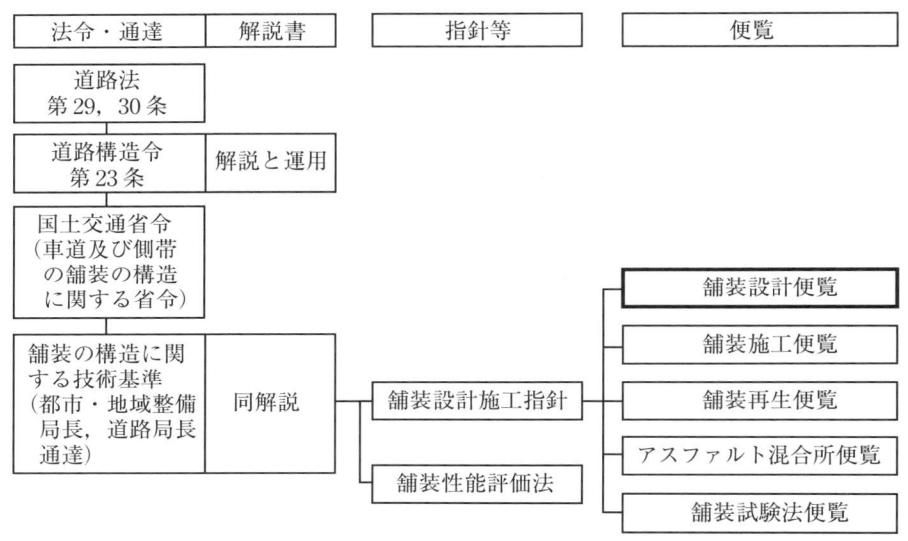

図－1.1.1　技術基準等の体系と本便覧の位置付け

1－1－2　本便覧の構成

本便覧の構成を図－1.1.2に示す。なお，具体的な設計の流れについては，本便覧の「第2章　設計の考え方」に記述している。

「技術基準」が施行され，舗装の性能が規定されたことから，一般的なアスファルト舗装やコンクリート舗装だけではなくブロック系舗装や透水性舗装，新材料・新工法などを用いた舗装の適用が拡大すると予想される。また，橋面やトンネル等，特別な対処が必要な舗装もある。これらに対応するため，本便覧では「第7章　各種の舗装の構造設計」を設け，その概要を記述する。

表—1.1.1　技術基準の規定内容，指針の記述内容および本便覧の記述内容

道路管理の段階	工　事			管理
道路管理者の行為	計　画	設　計	施　工	維持管理
舗装の構造に関する技術基準（道路の新設または改築，また，大規模な修繕）	・舗装の設計期間 ・舗装計画交通量 ・舗装の性能指標の設定 ・自動車の交通量が少ない場合その他の特別の理由がある場合の説明	（注：舗装の疲労破壊輪数を現地，供試体，実績のいずれかで確認することが必要。したがって，設計方法は，経験にもとづく設計方法，理論的設計方法等自由。）	・舗装の構造の原則 ・積雪寒冷地域における凍上対策 ・施工時の留意事項 ・実際の測定方法 ・新しい測定方法の認定 ・既に必要な性能があると認められた舗装	（注：管理目標は対象としない。）
舗装の構造に関する技術基準・同解説	舗装の構造に関する技術基準の解説（たとえば，用語の説明，規定の根拠）のみであり，運用は含まない			
舗装設計施工指針（すべての舗装工事，すなわち舗装の建設，維持，修繕）	・道路の区分 ・ライフサイクルコスト ・信頼性 ・環境の保全と改善 ・目標の設定 ・舗装の維持，修繕 ・調査結果の蓄積と活用	・舗装の構成と役割 ・設計の考え方 ・設計条件 ・路面設計方法の概要 ・構造設計の概要 ・周辺施設の設計 ・設計の照査	・発注者と受注者の役割 ・施工の計画・実施・記録 ・施工の基盤（たとえば，橋面舗装における床版） ・性能の確認 ・出来形，品質の確認	・ライフサイクルコスト ・舗装の維持・修繕 （注：管理目標は対象としない。）
舗装設計便覧	・舗装種別の選定 ・ライフサイクルコスト	・設計条件の設定 ・路面設計方法・例 ・構造設計方法・例		
舗装施工便覧			・施工計画 ・材料および施工機械 ・施工方法と施工管理 ・補修	
舗装再生便覧			・再生工法概要 ・材料および施工（製造）機械 ・施工（製造）方法と管理 ・他産業再生資材の利用	

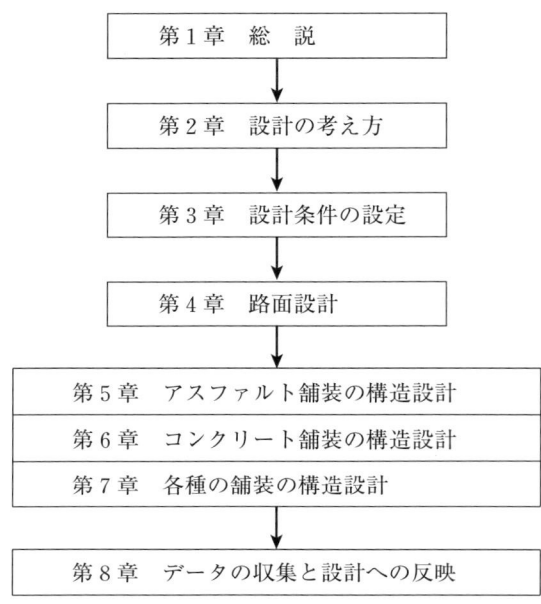

図-1.1.2　本便覧の構成

1-2　本便覧の活用のために

1-2-1　留意事項

　「技術基準」の「2-3　舗装の性能指標の設定」において，『舗装の設計前に，道路の存する地域の地質及び気象の状況，道路の交通状況，沿道の土地利用の状況等を勘案して，当該舗装の性能指標及びその値を定めるものとする。』とあり，道路管理者は省令の規定，路面の機能，路面への具体的ニーズ，路面の要件を踏まえて，具体的な舗装の性能指標とその値を設定することとなっている。したがって，設計者は道路管理者が求める性能指標の値に応じて舗装の設計を行わなければならない。

　舗装の設計は，対象となる現場の状況によりさまざまな組合せが考えられる。本便覧の活用に際しては，字句のみにとらわれることなく，記述内容の意図するところを的確に把握し，現場条件に合った適切な設計を行うことが大切である。

また,「技術基準」別表1および別表2で設計された舗装は,所要の疲労破壊輪数を有することが確認されているが,その他の方法で設計されたものについては「技術基準」の「4-2 1.(1)1)～3)」の方法により疲労破壊輪数を確認しなければならないことに留意する。

1-2-2 関連図書

材料の選定や取り扱い等に当たっては,関連する法規類を遵守することは当然であるが,本便覧に関連する技術図書には**表-1.2.1**に示すもの等があり,適宜参考にする。

表-1.2.1　関連図書

区　分	図書名	発刊時期
道路構造	道路構造令の解説と運用	平成16年2月
舗装	舗装の構造に関する技術基準・同解説	平成13年7月
舗装	舗装設計施工指針	平成18年2月
舗装	舗装施工便覧	平成18年2月
舗装	舗装再生便覧	平成16年2月
舗装	アスファルト混合所便覧	平成8年10月
舗装	道路維持修繕要綱	昭和53年7月
舗装	アスファルト舗装工事共通仕様書解説	平成4年12月
舗装	舗装性能評価法 －必須および主要な性能指標の評価法編－	平成18年1月
舗装	舗装試験法便覧	昭和63年11月
舗装	舗装試験法便覧別冊(暫定試験方法)	平成8年10月
土工	道路土工－排水工指針	昭和62年6月
土工	道路土工－土質調査指針	昭和61年11月
橋梁	道路橋示方書・同解説	平成14年3月
橋梁	鋼道路橋塗装・防食便覧	平成17年12月
橋梁	道路橋鉄筋コンクリート床版防水層設計施工資料	昭和62年1月

第2章　設計の考え方

2－1　概　説

　本章は，舗装の設計に当たって知っておくべき基本事項を示すものである。
　舗装の設計は，設定された舗装の性能指標の値を満足するように舗装構成を具体的に定めることであり，設計に際しては求められる諸条件を明確にしておくことが必要である。そのためには，舗装の構成と役割，設計の流れなど，設計に当たって考慮すべき事項を十分理解し，把握しておく必要がある。
　当該舗装の設計は，道路の状況，沿道の状況を調査し，環境の保全と改善などを勘案した上で，適切な舗装の性能を設定し，その性能を設計期間にわたって確保できるように行う。このとき，ライフサイクルコストや再生資源の利用などの舗装独自の観点ならびに必要に応じてライフラインなど関連する構造物の管理方針等の外部要因も併せて検討することが望ましい。
　舗装の設計は，基本的に路面設計と構造設計の二つを対象に行う。
　路面設計は，安全，円滑かつ快適な走行性および環境の保全と改善効果などが得られるよう，平たん性，塑性変形抵抗性および透水性などの路面に求められる性能を確保するために行う。
　構造設計は，舗装に求められる性能のうち，所要の設計期間にわたって主に疲労破壊抵抗性を確保することを目的として，舗装構成と各層の厚さを決定するために行う。疲労破壊抵抗性に着目した構造設計方法には，経験にもとづく設計方法および理論的設計方法などがあり，いずれを適用するかは自由である。
　また，設計に用いる値の将来予測に伴うリスク等に対応する方法としては，信頼性の考え方を導入した設計方法が有効であり，路面設計および構造設計のいずれにも適用できる。
　なお，舗装の種類，使用材料および工法は，アスファルトおよびコンクリート

舗装以外にも多種多様なものがあるので、それぞれの舗装に適した設計を行う必要がある。

2－2　舗装の構成と役割

2－2－1　舗装の構成

舗装の基本的な構成を**図－2.2.1**に示す。舗装には対象となる道路の条件に応じて多種多様な材料が用いられ、各層の厚さは路床（原地盤）の条件などに応じて設定される。

このように舗装は一般に原地盤の上に築造されるが、原地盤のうち、舗装の支持層として構造計算上取り扱う層を路床といい、その下部を路体という。また、原地盤を改良する場合には、その改良した層を構築路床、その下部を路床（原地盤）といい、合わせて路床という。

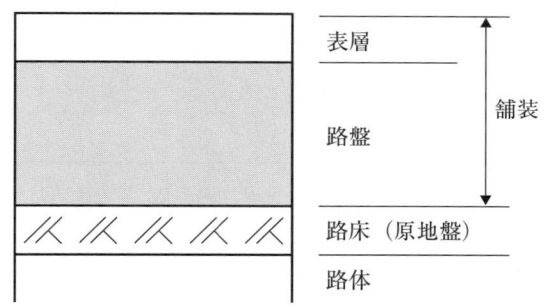

図－2.2.1　舗装の基本的な構成

アスファルト舗装は一般に、**図－2.2.2**に示すように、表層、基層と路盤からなり、路床上に構築される。なお、舗装の保護および予防的維持等を目的として表面処理層が施される場合や、摩耗およびすべりに対処するために表層上に摩耗層を設ける場合がある。ただし、この場合の表面処理層や摩耗層は構造設計には含めない。

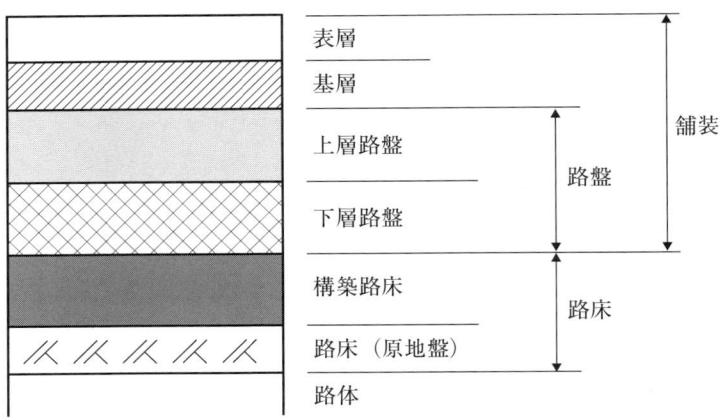

図－2.2.2　アスファルト舗装各層の名称

　コンクリート舗装は一般に，**図－2.2.3**に示すようにコンクリート版と路盤からなり，路床上に構築されるが，路盤の最上部にアスファルト中間層を設けることもある。なお，設定された性能指標の値によっては，それを満足させる目的でコンクリート版の上に表層を設けることもある。

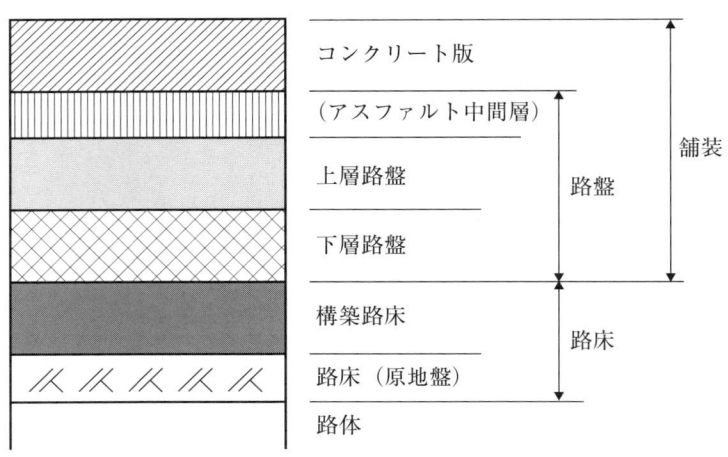

図－2.2.3　コンクリート舗装各層の名称

構築路床とは，目標とする盛土の最上部の支持力が確保されるように構築した層，原地盤を安定処理工法等で目標とする支持力が確保されるように改良した層，原地盤の凍結融解に対する影響を緩和させるために設ける凍上抑制層などをいう。なお，路床の厚さは１ｍを標準とするが，構築路床の支持力や厚さによっては，路床のすべてが構築路床となる場合もある。

　橋面舗装は**図－2.2.4**に示すように，通常，表層および基層の２層からなり，床版上に構築される。床版上面には防水層を設ける。なお，基層に防水性のあるグースアスファルト混合物を用いる場合には，防水層を省略することができる。床版とグースアスファルト混合物の間には接着層を設ける。

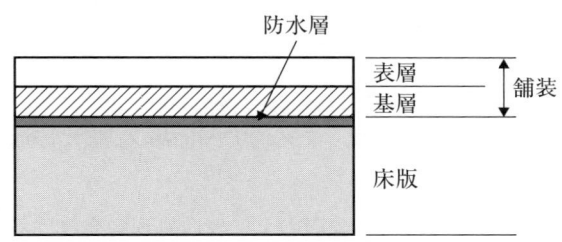

図－2.2.4　橋面舗装各層の名称

　また，大型車が極めて少ない場合に用いられる瀝青路面処理は，**図－2.2.5**に示すように表層と在来砂利層から構成される。瀝青路面処理は在来砂利層をそのまま利用することが前提であるが，支持力不足の場合には，在来砂利層の上に新しく路盤を設ける場合がある。

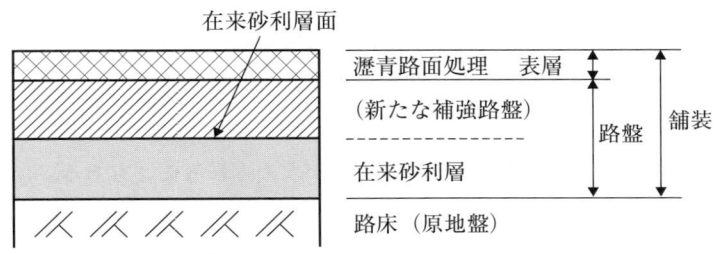

図－2.2.5　瀝青路面処理舗装各層の名称

これらの主な舗装のほかに，路肩（側帯を除く）および中央帯（分離帯を除く）の舗装がある。この箇所では車両が走行する頻度が少ないので，一般に車道よりも簡易な構造とする。なお，側帯の舗装は「車道及び側帯の舗装の構造の基準に関する省令」に規定されているように車道と同じ基準に適合する舗装構造とする。

2－2－2　各層の役割

(1) 表　層

表層の役割は，舗装の最上部にあって，交通の安全性，快適性など，路面の機能を確保することにある。なお，表層に関する留意点を以下に示す。

① 表層は，路面の機能に関連する塑性変形輪数，平たん性および浸透水量など舗装の性能指標の値を一定の水準に確保して，路面の具体的ニーズに応える必要がある。

② コンクリート舗装の場合は，コンクリート版の表面が路面となり，表層の役割を果たす。

③ 予防的維持を目的として，表層の上に表面処理層を設ける場合がある。

(2) 基　層

基層の役割は，路盤の不陸を整正し，表層に加わる交通荷重を路盤に均等に分散させることである。なお，基層に関する留意点を以下に示す。

① 基層には，設計期間にわたって表層を支える十分な安定性，路盤のたわみに追従できる十分なたわみ性などが求められる。

② 舗装への要求によっては，基層にも表層と同様な浸透水量などの性能指標の値を確保することが必要となる。

③ 舗装厚が薄い場合は，基層を設けないこともある。

④ 基層には，コンクリート版等を用いることがある。

⑤ 橋面舗装において，コンクリート床版上の基層には不陸を整正する役割が，また，鋼床版上の基層には防水機能が求められることもある。

(3) コンクリート版

コンクリート版の役割は，交通荷重を支持し，路盤以下に荷重を分散させることである。なお，コンクリート版に関する留意点を以下に示す。

① コンクリート版には，疲労破壊抵抗性が求められる。また，別途表層を設けないコンクリート版には平たん性などの路面としての性能も求められる。
② コンクリート版は，連続鉄筋コンクリート版を除いて，温度変化や乾燥収縮による応力を低減するために適当な間隔に目地を設ける。

(4) 路　盤

路盤の役割は，表層および基層に均一な支持基盤を与えるとともに，上層から伝えられた交通荷重を分散して路床に伝達することである。なお，路盤に関する留意点を以下に示す。

① 路盤には，支持基盤としての荷重分散効果だけでなく，舗装の設計期間にわたって路床の軟弱化や凍上の抑制など，構造的な耐久性が求められる。
② 路盤は，力学的だけではなく経済的にも釣り合いのとれた構成とするために，通常，上層路盤と下層路盤に分ける。これは，支持力の低い路床の上に良質で強度が大きい材料を直接設けたのでは，所定の機能を発揮できないため，下層路盤によってある程度の支持力を確保し，その上に上層路盤を施工することで所定の支持力を発揮させることを意図している。
③ 路盤は，路床土のポンピングを防止する役割ももつ。
④ コンクリート舗装の路盤の最上部に用いるアスファルト中間層は，耐久性や耐水性の向上などの役割をもつ。
⑤ 透水性舗装における路盤には，雨水等の一時貯留層としての役割をもつこともある。

(5) 構築路床

構築路床の役割は，路床(原地盤)，路体（原地盤）に交通荷重を均一に分散することである。構築路床は，寒冷地における路床の凍結融解の影響緩和，道路占用埋設物への交通荷重の影響緩和および舗装の設計，施工の効率性向上などを目的に，路床(原地盤)と一体となって均一な支持力を有するように，路床を改良したものである。

なお，都市内において，道路占用埋設物件の浅層化施工を計画する場合には，既設下層路盤を構築路床の一部とみなして道路占用埋設物件の埋設深さの基準を満足させ，舗装の設計を行うことがある。

2-3 設計の流れ

舗装の設計は，通常，次の三つの段階に大別される。
① 設計条件の設定
② 路面設計
③ 構造設計

①は舗装の設計に必要な条件を把握する作業である。設計条件としては，舗装の目標として設定される設計期間，舗装計画交通量，性能指標が最も基本的なものであるが，このほかにも基盤条件や環境条件等がある。

②は路面の平たん性，塑性変形抵抗性および透水性などの路面に求められる性能を確保するための検討を行う作業である。

③は主に疲労破壊抵抗性を確保するための検討を行う作業である。

設計の流れを本便覧の章構成と併せて図-2.3.1に示す。

2-3-1 舗装種別の選択

舗装の種別には，アスファルト系およびコンクリート系などのほかにも多種多様なものがある。舗装種別の選定に当たっては，舗装種別ごとの長所・短所を理解しておくことが大切であり，そのためには「舗装施工便覧」を参考にするとよい。

なお，設計条件を満足する舗装断面案から最終的な舗装断面を選定する場合は，ライフサイクルコストの検討も含める。

2-3-2 設計条件

舗装の設計は，一般に路面設計と構造設計に分けて行う。設計に先立ち，路面設計条件と構造設計条件を明らかにする必要がある。これらの設計条件は，舗装の補修時であっても考慮する必要がある。

設計条件の設定は，本便覧の「第3章 設計条件の設定」を参照する。

なお，舗装と密接に関連する構造物である排水施設などの設計条件ならびに収

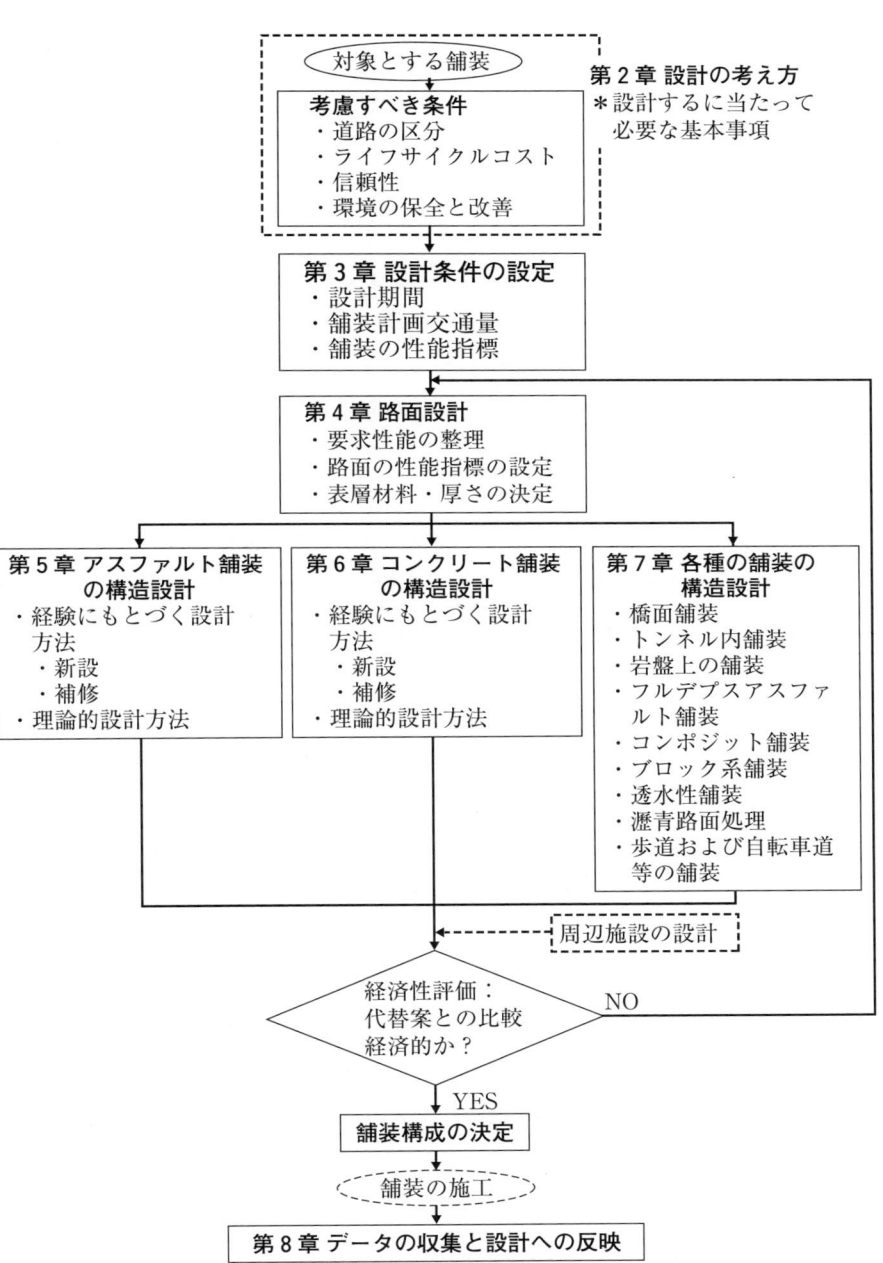

図ー2.3.1　舗装の設計の流れ

容されるライフラインの管理方針など舗装以外の要因もできるだけ明確にしておくことが，ライフサイクルを通じて効率的な舗装の設計を行ううえで大切である。

2－3－3　路面設計

路面設計は，塑性変形輪数，平たん性，浸透水量のように路面（表層）の性能に係わる表層の材料や厚さを決定するものである。

路面設計にあっては，使用する材料が性能に大きく影響するので，設定した性能指標の値が設計期間にわたって得られるように材料選定を行う必要がある。

路面設計の詳細は，本便覧の「第4章　路面設計」を参照する。

2－3－4　構造設計

構造設計は，疲労破壊輪数のような舗装構造に対して設定された性能指標の値が得られるような各層の構成，すなわち，各層の材料と厚さを決定するものである。設定された性能指標の値を満足するものであれば，使用材料および設計方法の選定は自由である。

構造設計の詳細は，本便覧の「第5章　アスファルト舗装の構造設計」，「第6章　コンクリート舗装の構造設計」，「第7章　各種の舗装の構造設計」を参照する。

2－4　設計に当たって考慮すべき事項

舗装の設計に先立ち，主たる用途を勘案したうえ，交通の安全性，円滑性，快適性，環境の保全と改善などの観点から，どのような機能を有する舗装を築造するかを明らかにしておく。特に，道路の区分，ライフサイクルコスト，信頼性，および環境の保全と改善は，設計期間，舗装の性能などの目標等を設定する際に考慮すべき基本的な事項である。

2－4－1　道路の区分

道路は，高速自動車国道および自動車専用道路とその他の道路の別，道路の存

する地域，地形の状況や計画交通量などによって，第1種第1級から第4級，第2種第1級および第2級，第3種第1級から第5級，第4種第1級から第4級までの種別，級別に区分される。さらに，これらは通行できる車両の違いにより普通道路と小型道路に区分される。道路の種級区分の体系を**表－2.4.1**に示す。

　小型道路とは，平成15年7月の「道路構造令の一部改正」により導入された，小型自動車等（普通乗用車と小型貨物車等一定規模以下の車両）のみの通行に供する道路であり，それ以外の道路を普通道路という。**表－2.4.1**の摘要欄に「小型道路を除く」と記された道路以外はすべて小型道路が適用できる。小型道路を適用する際には，①普通道路での整備が困難であること，②自動車が沿道へアクセスする機能をもつ必要がない道路であること，③当該道路の近くに大型自動車が迂回することができる道路があること，という条件を満たすことが求められる。このほか，小型道路の詳細については，「道路構造令の解説と運用」を参照する。

　舗装の設計に当たっては，交通の安全性，円滑性，快適性，環境の保全と改善などを検討するうえで，これら道路の区分を十分把握しておく必要がある。

　また，本便覧では，普通道路と小型道路では交通荷重等の設計条件が異なることから，それぞれに対する設計方法を分けて記述している。

2－4－2　ライフサイクルコスト

　舗装が存在し，その舗装の性能を一定のレベル以上に保持する必要がある限り，舗装は建設（舗装の新設あるいは再建設），供用され，交通荷重などにより性能が低下した場合には補修し，さらに補修によって必要な性能まで向上させることが期待できない場合には，再び建設（舗装の打換え）されることになる。このような舗装の建設から次の建設までの一連の流れを舗装のライフサイクルといい，これに係わる費用をライフサイクルコストという。舗装のライフサイクルに対応して，道路管理者は調査・計画，建設，維持管理，補修，調査・計画，・・・，再建設という一連の行動をとることになる。

　ライフサイクルコストの解析は，舗装の長期的な経済性を評価する有効な手法である。したがって，舗装のライフサイクルの各段階において，その目的に照ら

表－2.4.1 道路の種級区分の体系

地域	種別	級別	設計速度(km/h)	出入制限	計画交通量（台／日） 30,000以上	30,000～20,000	20,000～10,000	10,000未満	摘要
高速自動車国道および自動車専用道路	地方部	第1級	120　100	F	高速・平地				
		第2級	100　80	F・P	高速・山地	高速・平地			
					専用・平地				
		第3級	80　60	F・P		高速・山地	高速・平地		
					専用・山地	専用・平地			
		第4級	60　50	F・P			高速・山地		高速の設計速度は60のみ
						専用・山地			
	都市部	第1級	80　60	F	高速，専用・都心以外				
		第2級	60　50 40	F	専用・都心				

地域	種別	級別	設計速度(km/h)	出入制限	計画交通量（台／日） 20,000以上	20,000～10,000	10,000～4,000	4,000～1,500	1,500～500	500未満	摘要
その他の道路	地方部	第1級	80　60	P・N	国道・平地						
		第2級	60　50 40	P・N	国道・山地	国道・平地					
					県道，市道・平地						
		第3級	60　50　40	N		国道・山地	国道，県道・平地				
						県道，市道・山地	市道・平地				
		第4級	50　40　30	N				国道，県道・山地			
							市道・山地	市道・平地 山地			
		第5級	40　30　20	－	N				市道・平地 山地		小型道路を除く
	都市部	第1級	60	50 40	P・N	国道					
					県道，市道						
		第2級	60　50　40	30			国道				
						県道，市道					
		第3級	50　40　30	20				県道			
							市道				
		第4級	40　30　20	－	N					市道	小型道路を除く

〔注1〕 表中の用語の意味は，次のとおりである。
　　　　高速：高速自動車国道　　専用：高速自動車国道以外の自動車専用道路
　　　　国道：一般国道　　　　　県道：都道府県道　　　市道：市町村道
　　　　平地：平地部　　　　　　山地：山地部　　　　　都心：大都市の都心部
　　　　F：完全出入制限　　　　P：部分出入制限　　　　N：出入制限なし
〔注2〕 設計速度の右欄の値は地形その他の状況によりやむを得ない場合に適用する。
〔注3〕 表中の出入制限は普通道路を示したものであり，小型道路は完全出入制限を原則とする。
〔注4〕 計画交通量とは，計画，設計を行う路線の将来通行するであろう自動車の日交通量のことであり，舗装計画交通量とは異なる。
〔注5〕 地形その他の状況によりやむを得ない場合には，級別は1級下の級を適用することができる。

して必要とされる舗装の性能を満足するいくつかの舗装設計案から最終案を選定する場合，ライフサイクルコストの観点から評価を行うことが望ましい。

図－2.4.1に舗装のライフサイクルとライフサイクルコストの概念を示す。舗装は建設後，供用され交通荷重などにより性能が低下していく。舗装の性能指標には，さまざまなものが考えられるが，ひび割れ率等の舗装の構造としての健全度を評価する指標，わだち掘れ量や平たん性等の路面の状態（または，その性能により影響を受ける道路利用者の安全性・快適性等）を評価する指標が代表的なものであり，このほか，排水性舗装等における透水性を評価する浸透水量などがある。

舗装の性能が一定のレベルまで低下したとき，建設当時の性能を回復する，あるいは低下した性能を改善するため，補修・再建設を実施することとなる。図－2.4.1では，この補修・再建設が必要となる舗装の性能のレベルのことを管理上の目標値と表記している。

この管理上の目標値の設定の仕方についてはさまざまな方法が考えられる。代表的な例としては，舗装の構造としての健全度の観点から設定する方法，路面の状態（または，その性能により影響を受ける道路利用者の安全性・快適性等）の観点から設定する方法，ライフサイクルコストの最小化の観点から設定する方法

舗装のライフサイクル		建設	供用	補修	供用	建設
舗装の性能の推移						
路面の管理上の目標値			路面性能の低下（わだち掘れ量の増大，平たん性の悪化）			
舗装の管理上の目標値			構造としての健全性の低下（ひび割れ率の増大等）			
道路管理者の行為	調査・計画→	建設→	管理→ 調査・計画→	補修→	管理→ 調査・計画→	建設→
道路管理者の費用	調査計画費	建設費	維持費 調査計画費	補修費	維持費 調査計画費	建設費
道路利用者の便益/費用		旅行時間増大	安全性快適性等の向上 安全性快適性等の低下	旅行時間増大	安全性快適性等の向上 安全性快適性等の低下	旅行時間増大
沿道・地域の便益/費用			環境改善 環境悪化		環境改善 環境悪化	

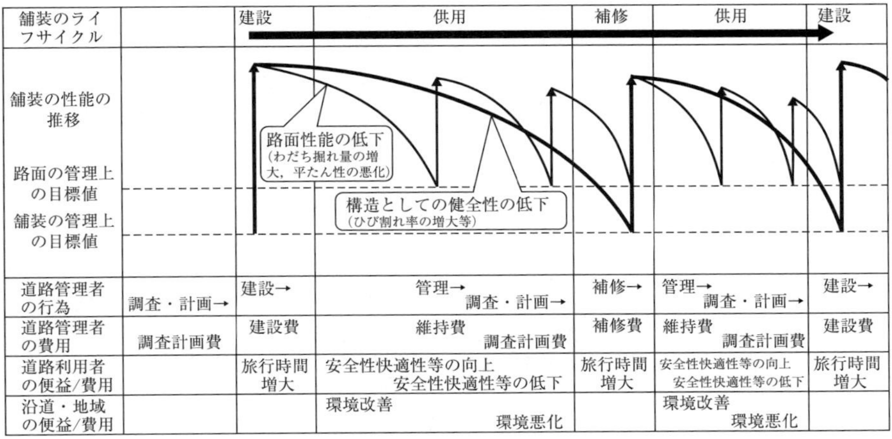

図－2.4.1　舗装のライフサイクルとライフサイクルコストの概念

などがある。管理上の目標値の設定の概念を図－2.4.2に示す。舗装の性能を評価する指標や管理上の目標値については，当該道路の性格や交通量・速度等の交通条件，地域・沿道の状況等を勘案し，各道路の管理者が適切な舗装の管理を実施する観点から適宜設定する。

我が国では，舗装のライフサイクルコストの算定手法について確立されたものはないが，ライフサイクルコストの算定に用いる一般的な費用項目は，道路管理者費用，道路利用者費用ならびに沿道および地域社会の費用の三つに大別できる。

道路管理者費用とは，道路管理者に発生する費用であり，一般的には調査・計画費用，建設費用，維持管理費用，補修費用，再建設費用，関連行政費用等がこれに当たる。

道路利用者費用とは，路面の悪化や工事による道路の利用制限に対して生じる社会的損失のことであり，車両走行費用の増加や時間損失費用等がこれに当たる。

沿道および地域社会の費用とは，沿道や地域社会全体に及ぼす費用のことであり，建設や路面の劣化による環境への影響等がこれに当たる。

各費用項目について，代表的なものを表－2.4.2に示す。ライフサイクルコストの算定においては，必ずしもこれらすべての項目について考慮する必要はない。ライフサイクルコストの算定は，その目的や要求される精度，工事条件，交

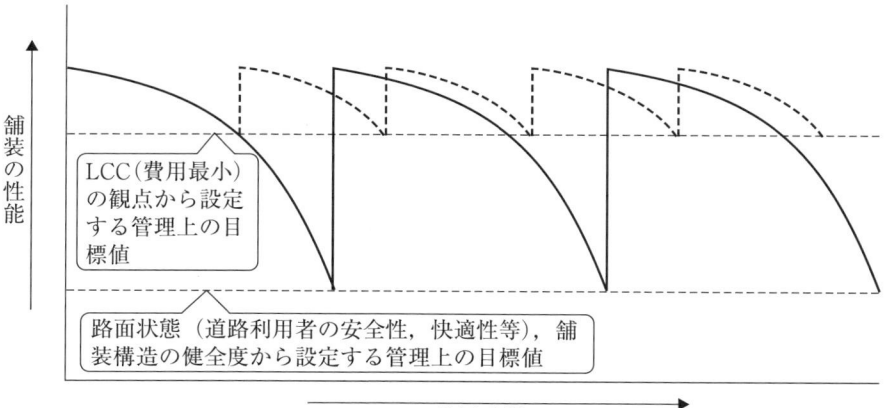

図－2.4.2　管理上の目標値の設定の概念

表-2.4.2 舗装のライフサイクルコストの費用項目例

分類	項目	詳細項目例
道路管理者費用	調査・計画費用	調査費,設計費
	建設費用	建設費,現場管理費
	維持管理費用	維持費,除雪費
	補修費用,再建設費用	補修・再建設費,廃棄処分費,現場管理費
	関連行政費用	広報費
道路利用者費用	車両走行費用	燃料費,車両損耗費の増加
	時間損失費用	工事車線規制や迂回による時間損失費用
	その他費用	事故費用,心理的負担(乗り心地の不快感,渋滞の不快感などの)費用
沿道および地域社会の費用	環境費用	騒音,振動等による沿道地域等への影響
	その他費用	工事による沿道住民の心理的負担,沿道事業者の経済損失

通条件,沿道および地域条件等により算定項目を適切に選択して行うとよい。

たとえば,交通量が少なく,舗装工事を実施したとしても,工事規制に伴う迂回や渋滞等の発生が懸念されない道路等では,道路利用者費用や沿道および地域社会の費用が道路管理者費用に比べ極めて少ないと考えられる。このことから,道路管理者費用のみでライフサイクルコストを算定してもよい。なお,具体的な算定方法例については,「舗装設計施工指針」を参照する。

2-4-3 信頼性

舗装が設定された設計期間を通して破壊しない確からしさを設計された舗装の信頼性といい,その場合の破壊しない確率を信頼度という。ここでいう破壊とは舗装の性能指標の値が設計で設定された値を下回ることを指しており,信頼性の考え方は路面設計や構造設計に適用できる。たとえば,実際の交通量が予測された交通量を上回る場合,地象や気象の条件が想定したものより厳しい場合あるいは材料や施工の変動が大きい場合等には,この破壊しない確率が下がることがある。設計に用いる値や将来予測に伴うリスクを勘案しながら設計する方法として信頼性設計がある。信頼性設計の詳細については,本便覧の「付録-1 舗装の信頼性設計」で解説するが,その考え方を整理したものを図-2.4.3に示す。

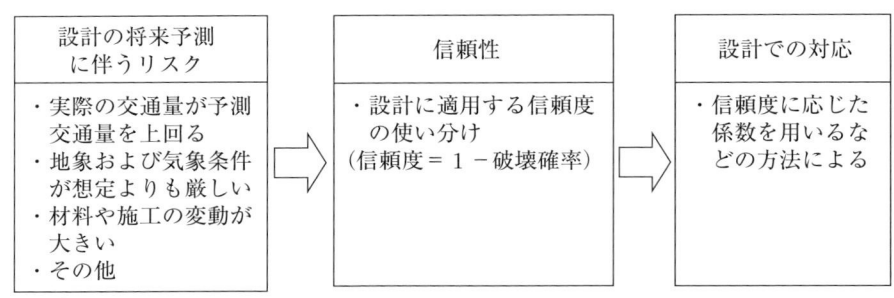

図－2.4.3　信頼性適用の考え方

　信頼度に応じた係数を用いる信頼性設計における信頼度の概念を**図－2.4.4**に示す。この図は，舗装の構造的なひび割れの場合である。ここでの信頼度90％とは，実際の交通量が疲労破壊輪数に達した時点で，設計で設定されたひび割れ率を超える舗装の割合が10％ということである。ただし，ここでいう割合にはふたつの意味がある。一つは同じように設計した舗装が100区間あった場合，そのうち10区間が破壊に至るという意味であり，もうひとつは一つの区間のうち10％の舗装面積が破壊に至るという意味である。疲労破壊輪数に達した時点における舗装の破壊が10％より多くてもよいと判断すれば，信頼度を90％より低く設定し，必要なT_Aを小さくし舗装厚を薄くすることができる。

　このように，信頼度に応じた係数を用いることによって，信頼性を考慮した柔軟な設計が可能となる。たとえば，設定された疲労破壊輪数が同じ路線でも，修繕時に代替路線がなく重要な役割を果たす道路であれば設計における信頼度を大きく設定することで，設計期間中はできるだけ修繕しないといった方針での設計ができる。また，代替となる路線が複数存在し，容易に維持，修繕，再建設ができるような場合には，設計における信頼度を小さく設定することで，（設計期間中の適切な維持管理を前提として）初期建設コストを抑えた設計とすることもできる。

　いずれにしても，舗装設計の信頼度の設定は，道路区分や交通量に応じて一律に定まるものではなく，ライフサイクルコストだけで定まるものでもない。道路管理者は，維持修繕の難易さ，路線の重要度等を勘案した上で信頼度に応じた舗

装のライフサイクルコストを検討し，それぞれの舗装に適した信頼度を設定する必要がある。

なお，本便覧の「付録－1　舗装の信頼性設計」には，信頼性設計の考え方をわかりやすく解説し，今後の調査・研究に必要なものを示す意味で，上記の信頼度に応じた係数を乗じる方法以外の設計方法の概念についても例示しているので参照されたい。

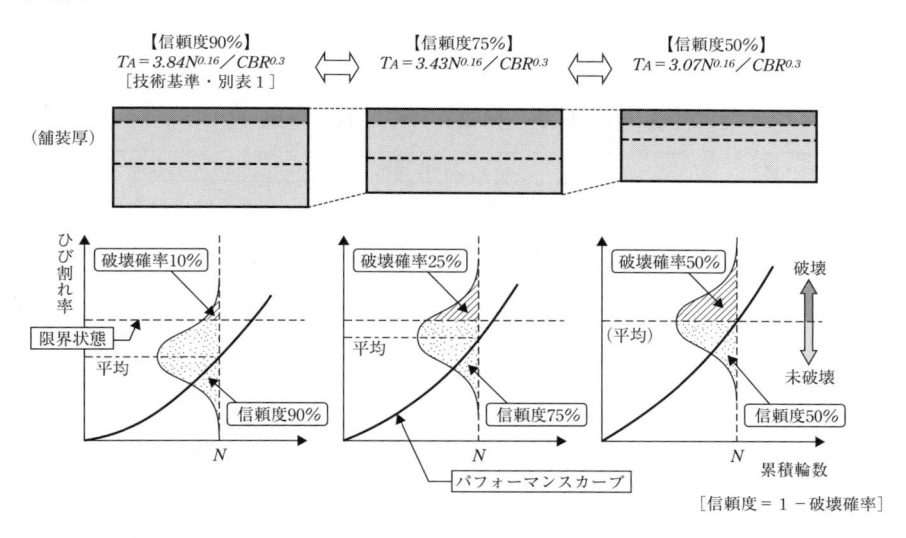

【信頼度90%】　$T_A = 3.84N^{0.16}/CBR^{0.3}$　［技術基準・別表1］

【信頼度75%】　$T_A = 3.43N^{0.16}/CBR^{0.3}$

【信頼度50%】　$T_A = 3.07N^{0.16}/CBR^{0.3}$

［信頼度＝1－破壊確率］

図－2.4.4　舗装の構造設計における信頼度の概念

2－4－4　環境の保全と改善

舗装の計画・設計段階から，環境への負荷の軽減，省資源工法の活用，発生材の抑制，再生利用の促進など環境の保全と改善について検討する必要がある。

（1）環境負荷の軽減

環境負荷の軽減は，地球・社会環境，都市環境，沿道・道路空間環境の三つに分けて検討するとよい。対策には，**表－2.4.3**に例を示すとおり種々のものが考えられるが，一つの対策が複数の効果を生むものもある。逆に，特定の効果のみを有する対策や，適用の限定される対策もある。いずれにしても，適材適所の

考え方で最適な対策を選定し，路面設計や構造設計に反映させることが大切である。

(2) 再生利用の促進

循環型社会資本の形成を目指す観点から，舗装発生材の再生利用と適正処分は重要な課題である。したがって，路面設計や構造設計において使用材料を選定する際などには，使用材料が再生利用可能であるかどうかを確認するとともに，再生材の利用促進に努めることが大切である。

表－2.4.3　環境負荷の軽減対策例

区分		対策技術	主な効果
地球・社会環境	地球温暖化の抑制	中温化技術，常温型舗装，セミホット型舗装	CO_2排出量の低減
	資源の長期利用（舗装の長寿命化）	コンポジット舗装	舗装構造の強化
		改質アスファルト	混合物の耐久性向上
	省資源技術の活用	路床・路盤の安定処理	低品質材料の活用
都市環境	工事渋滞の削減	長寿命化舗装	路上工事の削減
		工期短縮型舗装	工期期間の短縮
	地下水の涵養	透水性舗装	雨水の地下への浸透，雨水流出の抑制
	路面温度の上昇抑制	保水性舗装，緑化舗装，土系舗装	気化熱による路面温度の上昇抑制
		遮熱性舗装	赤外線反射による路面温度の上昇抑制
沿道・道路空間環境	道路の振動抑制	平たん性の維持，段差の解消	交通衝撃振動の緩和
		路床・路盤の強化	振動伝播の抑制
		振動低減型舗装	振動抑制，振動伝播の抑制
	路面騒音の低減	低騒音舗装，排水性舗装	タイヤ／路面騒音の発生抑制
	水はねの防止	排水性舗装，透水性舗装	雨水の路面下への浸透

〔注〕研究開発中のものも含む（平成17年12月現在）

また，他の建設産業や他産業の発生材・再生資源などの利用も望まれている。これらの再生利用に当たっては，舗装材料としての品質や環境に対する安全性などを事前に確認しておくとともに，これらを利用した舗装材料が再生利用できる

かどうかも確認しておく必要がある。

　各種発生材の再生利用の方法には種々のものがあるが，主な発生材と代表的な再生利用方法を**表－2.4.4**に示す。

表－2.4.4　主な発生材と代表的な再生利用方法

発生分野	発生材の種類	代表的な再利用方法
舗装	アスファルト・コンクリート塊	再生加熱アスファルト混合物（プラント再生舗装工法）
		同上（路上表層再生工法）
	同上＋路盤材	再生路盤材（プラント再生舗装工法）
		再生路盤材（路上路盤再生工法）
	軟弱路床土	構築路床（路床安定処理工法）
建設分野（舗装以外）	コンクリート塊	再生路盤材（プラント再生舗装工法）
	建設発生土	構築路床（盛土材）
		路盤材（低品質の場合は安定処理を行う）
	建設汚泥	構築路床（盛土材）（通常，安定処理を行う）
他産業	各種スラグ	路盤材，骨材（アスファルト混合物用，各種ブロック用）
	タイヤ，ガラス，陶磁器など	特殊骨材（アスファルト混合物用）
		骨材（各種ブロック用）
	木片，樹皮など	歩道および自転車道等の舗装用混入材

〔注〕研究開発中のものも含む（平成17年12月現在）

第3章　設計条件の設定

3－1　概　説

　本章は舗装の設計に先立ち，設定する必要のある設計条件について示す。
　これら設計条件には，舗装の設計において基本的な目標として設定される条件とともに路面設計条件および構造設計条件がある。また，舗装と密接に関連する排水施設などの設計条件がある。

3－2　目標の設定

　舗装の設計の基本的な目標として設計期間，舗装計画交通量，舗装の性能指標および性能指標の値を設定する。
　目標を設定するための調査項目は，**表－3.2.1**を参考に，設定する目標と路線の重要度に応じて選択する。調査は，既存資料や観測データの利用，聞き取り，実測，観察などの方法により行う。
　このうち，特に重要な調査は，普通道路における大型車交通量（台/日・方向）および小型道路における小型貨物自動車交通量（台/日・方向）と，道路の区分（第1種～第4種）である。前者は舗装計画交通量の区分の設定に反映し，それにより疲労破壊輪数および塑性変形輪数を設定する。また，後者から塑性変形輪数および浸透水量を設定する。

3－2－1　設計期間
　設計対象となる普通道路および小型道路の路面の設計期間と舗装の設計期間を設定する。
（1）路面の設計期間

表ー3.2.1　目標設定のための調査項目の例

調査分類	調査区分	調査項目	設定目標			
			舗装の設計期間	舗装計画交通量	舗装の性能指標	
						具体的な性能指標の例
道路の状況	気象	気温			○	塑性変形輪数
		降水量，降雪量			○	浸透水量，すり減り量
	道路の区分	道路の区分			○	塑性変形輪数，浸透水量
		道路の機能分類〔注1〕	○	○		
		縦・横断勾配			○	すべり抵抗値
交通の状況	交通量	総交通量・大型車交通量	○	○	○	疲労破壊輪数，塑性変形輪数
		小型貨物自動車交通量〔注2〕				
		輪荷重・49kN換算輪数				
		設計速度，渋滞長，トリップ長等			○	平たん性，すべり抵抗値
	交通主体	自動車，自転車，歩行者	○		○	〔注3〕
沿道の状況	沿道	居住状況，周辺地域の利用状況			○	騒音値，振動レベルなど

〔注1〕道路の機能分類：主要幹線道路，幹線道路，補助幹線道路，その他の道路
〔注2〕小型道路における疲労破壊輪数の設定に反映する。
〔注3〕歩道および自転車道等における目標の設定に反映する。

1) 路面の設計期間

　　路面の設計期間は，交通に供する路面が塑性変形抵抗性，平たん性などの性能を管理上の目標値以上に保持するよう設定するための期間であり，路面設計に対する設計期間である。

2) 設定上の留意点

　　路面の設計期間の設定は，次のような点に留意して行う。

① 路面の設計期間は，道路交通や沿道環境に及ぼす舗装工事の影響，当該舗装のライフサイクルコスト，利用できる舗装技術等を総合的に勘案して道路管理者が適宜設定する。

② 路面の設計期間は，一般に舗装の設計期間と同じか，または短く設定する。

③ 設定されたいくつかの路面の性能において，性能の持続期間に差異のあることがある。たとえば，排水性舗装において透水性が著しく低下しても表層の耐久性に問題ない場合などである。このような場合は，優先する性能などを勘案して道路管理者が適宜設定する。

（2）舗装の設計期間

1） 舗装の設計期間

舗装の設計期間は，交通による繰返し荷重に対する舗装構造全体の耐荷力を設定するための期間であり，疲労破壊によりひび割れが生じるまでの期間として設定される。

2） 設定上の留意点

舗装の設計期間の設定は，次のような点に留意して行う。

① 舗装の設計期間は，路面の設計期間の設定の場合と同様に道路交通や沿道環境に及ぼす舗装工事の影響，当該舗装のライフサイクルコスト，利用できる舗装技術等を総合的に勘案して道路管理者が適宜設定する。

② 舗装工事が交通に及ぼす影響の大きい次のような場合には，設計期間を長くとることが好ましい。なお，（　）内の数値は，具体的に考えられる設計期間の目安である。

ⅰ）主要幹線道路の舗装（たとえば，高速自動車国道40年，国道20年）

ⅱ）トンネル内舗装（たとえば，20～40年）

ⅲ）交通量の多い交差点部や都市部の幹線道路（たとえば，20年以上）

③ 将来とも交通量の大幅な増大が予想されず，舗装工事による交通への影響も大きくない場合には，設計期間を短く設定し，舗装の状態と交通量の動向を見ながら舗装を管理する方法も考えられる。

④ 近い将来の道路拡幅など舗装以外の理由により打換えの時期が決まっている場合には，この期間を設計期間とする。また，都市内の区画道路などでは，ライフライン等地下埋設物の設置計画も考慮して設計期間を設定する。

3－2－2　舗装計画交通量

設計対象となる普通道路および小型道路の舗装計画交通量を設定する。

（1）舗装計画交通量
 1）普通道路

  普通道路における舗装計画交通量とは，舗装の設計期間内の大型自動車の平均的な交通量のことであり，道路の計画期間内の最終年度の自動車交通量として規定される計画交通量とは異なる。

  この舗装計画交通量は，一方向2車線以下の道路においては，大型自動車の一方向当たりの日交通量のすべてが1車線を通過するものとして算定する。一方向3車線以上の道路においては，各車線の大型自動車の交通の分布状況を勘案して，大型自動車の方向別の日交通量の70～100％が1車線を通過するものとして算定する。

 2）小型道路

  小型道路における舗装計画交通量とは，舗装の設計期間内の小型貨物自動車の平均的な交通量のことである。

  この舗装計画交通量は，小型貨物自動車の一方向当たりの日交通量のすべてが1車線を通過するものとして算定する。

（2）設定上の留意点

普通道路および小型道路の舗装計画交通量の設定は，次のような点に留意して行う。

 ① 舗装計画交通量は，道路の計画交通量，自動車の重量，舗装の設計期間等を考慮して道路管理者が定める。
 ② 道路の新設，改築の場合のように将来交通量の予測値がある場合，舗装計画交通量は当該道路の計画交通量や交通の伸び率から算定して設定する。
 ③ 現道拡幅や修繕の場合のように将来交通量の予測値がない場合，舗装計画交通量は現在の交通量と将来の伸び率から算定する。

3－2－3　舗装の性能指標

設計対象となる普通道路および小型道路の舗装の性能指標およびその値を設定する。

（1）舗装の性能指標

舗装の性能指標は，道路利用者や沿道住民によって舗装に要求されるさまざまな機能に応えるために性能ごとに設定する指標をいう。この性能指標を定めることにより，設計の目標が明らかとなる。

要求される路面の機能や路面への具体的なニーズと，舗装の性能指標の関係例を図－3.2.1に示す。

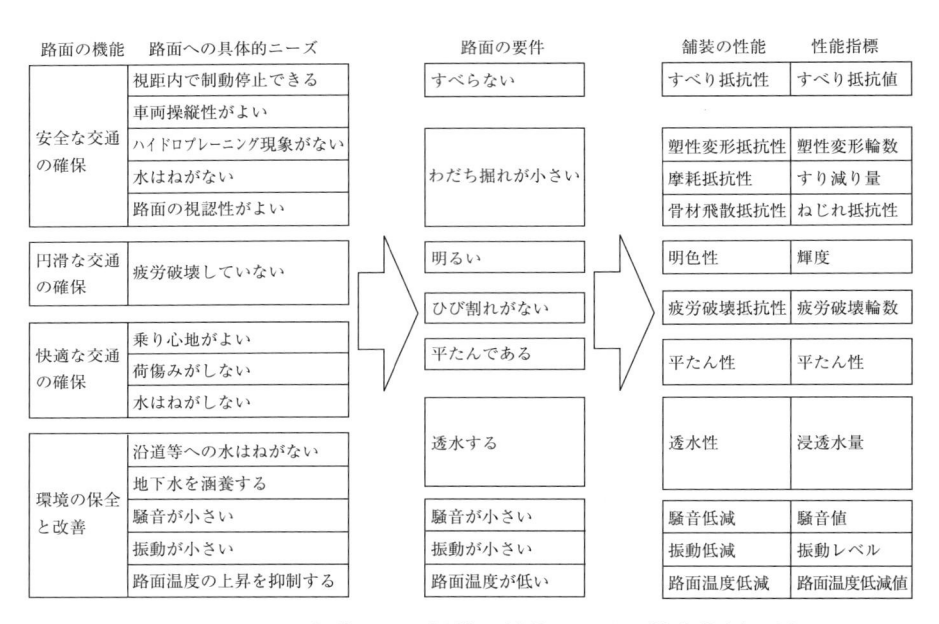

路面の機能	路面への具体的ニーズ	路面の要件	舗装の性能	性能指標
安全な交通の確保	視距内で制動停止できる	すべらない	すべり抵抗性	すべり抵抗値
	車両操縦性がよい			
	ハイドロプレーニング現象がない	わだち掘れが小さい	塑性変形抵抗性	塑性変形輪数
	水はねがない		摩耗抵抗性	すり減り量
	路面の視認性がよい		骨材飛散抵抗性	ねじれ抵抗性
円滑な交通の確保	疲労破壊していない	明るい	明色性	輝度
		ひび割れがない	疲労破壊抵抗性	疲労破壊輪数
快適な交通の確保	乗り心地がよい	平たんである	平たん性	平たん性
	荷傷みがしない			
	水はねがしない			
環境の保全と改善	沿道等への水はねがない	透水する	透水性	浸透水量
	地下水を涵養する			
	騒音が小さい	騒音が小さい	騒音低減	騒音値
	振動が小さい	振動が小さい	振動低減	振動レベル
	路面温度の上昇を抑制する	路面温度が低い	路面温度低減	路面温度低減値

図－3.2.1　車道および側帯の舗装における性能指標の例

（2）設定上の留意点

舗装の性能指標およびその値の設定は，次のような点に留意して行う。

① 舗装の性能指標は，原則として車道および側帯の舗装の新設，改築および大規模な修繕の場合に設定する。

② 舗装の性能指標およびその値は，道路の存する地域の地質および気象の状況，交通の状況，沿道の土地利用状況等を勘案して，舗装が置かれている状況ごとに，道路管理者が任意に設定する。

③ 舗装の性能指標の値は施工直後の値とするが，施工直後の値だけでは性能

の確認が不十分である場合には，必要に応じ，供用後一定期間を経た時点での値を設定する。
④ 疲労破壊輪数，塑性変形輪数および平たん性は舗装の必須の性能指標であり，路肩全体やバス停などを除き必ず設定する。
⑤ 雨水を道路の路面下に円滑に浸透させることができる構造とする場合には，舗装の性能指標として浸透水量を設定する。
⑥ 騒音値，すべり抵抗値などの舗装の性能指標は，それぞれ必要に応じて設定する。

（3）舗装の性能指標の値
1) 疲労破壊輪数
① 普通道路
　普通道路の疲労破壊輪数は，舗装路面に49kNの輪荷重を繰り返し加えた場合に，舗装に疲労破壊によるひび割れが生じるまでに要する回数で，舗装を構成する各層の厚さおよび材質が同一である区間ごとに定める。

　車道および側帯の舗装の施工直後の疲労破壊輪数（標準荷重49kN）は，舗装計画交通量に応じて**表－3.2.2**に示す値以上で設定する。舗装の設計期間が10年以外の場合は，表に示される疲労破壊輪数に当該設計期間の10年に対する割合を乗じた値以上とする。なお，橋，高架の道路，トンネルその他これらに類する構造の道路における舗装等舗装以外の構造と一体となって耐荷力を有する場合においては，**表－3.2.2**によらずに設定することができる。

　「技術基準」では，舗装計画交通量が100（台／日・方向）未満の道路については一つの区分として取り扱っている。しかしながら，本便覧では運用上，舗装計画交通量100（台／日・方向）未満の区分を40以上100未満（N_3），15以上40未満（N_2）および15未満（N_1）の3区分に分けた。

　これによって，舗装計画交通量100（台／日・方向）未満の道路にあっては，交通条件・地域条件に応じた適材適所の設計が可能となり，コスト縮減の観点からも多様な設計ができる。

表—3.2.2　疲労破壊輪数の基準値（普通道路，標準荷重49kN）

交通量区分	舗装計画交通量 （単位：台／日・方向）	疲労破壊輪数 （単位：回／10年）
N_7	3,000以上	35,000,000
N_6	1,000以上3,000未満	7,000,000
N_5	250以上1,000未満	1,000,000
N_4	100以上　250未満	150,000
N_3	40以上100未満	30,000
N_2	15以上40未満	7,000
N_1	15未満	1,500

② 小型道路

小型道路の疲労破壊輪数は，舗装路面に17kNの輪荷重を繰り返し加えた場合に，舗装に疲労破壊によるひび割れが生じるまでに要する回数で，舗装を構成する各層の厚さおよび材質が同一である区間ごとに定める。

車道および側帯の舗装の施工直後の疲労破壊輪数（標準荷重17kN）は，舗装計画交通量に応じて**表—3.2.3**に示す値以上で設定する。

表—3.2.3　疲労破壊輪数の基準値（小型道路，標準荷重17kN）

交通量区分	舗装計画交通量 （単位：台／日・方向）	疲労破壊輪数 （単位：回／10年）
S_4	3,000以上	11,000,000
S_3	650以上3,000未満	2,400,000
S_2	300以上650未満	1,100,000
S_1	300未満	660,000

2) 塑性変形輪数
① 普通道路

普通道路の塑性変形輪数は，表層温度が60℃の舗装路面に49kNの輪荷重を繰り返し加えた場合に，当該舗装路面が下方に1mm変位するまでに要する回数で，舗装の表層の厚さおよび材質が同一である区間ごとに定める。

車道および側帯の舗装の施工直後の塑性変形輪数は，道路の区分と舗装計画交通量に応じて**表－3.2.4**に示す値以上で設定する。ただし，積雪寒冷地に存する道路，近い将来に路上工事が予定されている道路，その他特別な理由によりやむを得ない場合においては，この基準値によらずに設定することができる。

表－3.2.4　塑性変形輪数の基準値（普通道路，標準荷重49kN）

区　　分	舗装計画交通量 （単位：台／日・方向）	塑性変形輪数 （単位：回／mm）
第1種，第2種，第3種第1級および第2級，第4種第1級	3,000以上	3,000
	3,000未満	1,500
その他		500

② 小型道路

小型道路の塑性変形輪数は，普通道路と同様に定める。

車道および側帯の舗装の施工直後の塑性変形輪数は，道路の区分と舗装計画交通量に係わらず500回/mm以上で設定する。

ただし，この場合の性能評価法の試験条件は普通道路と同じとする。

3) 平たん性

平たん性は舗装の表層の厚さおよび材質が同一である区間ごとに定める。

普通道路および小型道路の車道および側帯の舗装の施工直後の平たん性は，2.4mm以下で設定するが，沿道の環境保全（振動・騒音）への要求などを考慮して適切な値を設定する。

4) 浸透水量

浸透水量は舗装の表層の厚さおよび材質が同一である区間ごとに定める。
　排水性舗装，透水性舗装など雨水を路面下に浸透させることができる舗装構造とする場合の普通道路および小型道路の施工直後の浸透水量は，道路の区分に応じ，**表－3.2.5**に示す値以上で設定する。ただし，積雪寒冷地に存する道路，近い将来に路上工事が予定されている道路，その他特別な理由によりやむを得ない場合においては，この基準値によらずに設定することができる。

表－3.2.5　浸透水量の基準値（普通道路，小型道路）

区　　　　分	浸透水量（単位：ml／15s）
第1種，第2種，第3種第1級および第2級，第4種第1級	1,000
その他	300

5)　必要に応じ定める舗装の性能指標
　騒音値，すべり抵抗値などの舗装の性能指標およびその値は，舗装の目的，用途などを勘案したうえ実測例などを参考に設定する。

3－2－4　信頼性

信頼性を考慮した舗装の設計は，路面設計においても構造設計においても適用できるが，当面は供用性実態調査結果に裏付けられた構造設計に適用するとよい。信頼性を考慮した舗装の設計を行うため，設計する舗装の信頼度を設定する（本便覧の「2－4－3　信頼性」参照）。
　信頼度の設定に当たっては，次のような点に留意して行う。
① 　信頼度は，道路管理者が設計対象とする道路のネットワーク上の路線の重要度や交通の状況から見た維持修繕の難易さ等を勘案した上で舗装のライフサイクルコストを検討して設定する。
② 　信頼度の設定に際しては，下記の例を参考にするとよい。

ⅰ) 一般的なサービスレベルを要求される道路にあっては，所定の舗装計画交通量に対応した設計を行い，信頼度50％を用いる。

ⅱ) 設計期間内での予期せぬ舗装の疲労破壊が与える影響が大きい道路にあっては，信頼度75％または90％などを用いる。

3－3　路面設計条件

　路面の性能に係わる表層に使用する材料，工法および厚さの決定のための路面設計条件を適切に設定する。

　路面設計条件としては，本便覧の「3－2　目標の設定」に示すように路面設計の基本的な目標として設定された路面の設計期間，舗装計画交通量，路面の性能指標とその値が基本的な条件である。

　路面設計条件に関する詳細および具体的な設定例は，本便覧の「第4章　路面設計」を参照する。

3－4　構造設計条件

　構造設計条件には，本便覧の「3－2　目標の設定」に示すように構造設計の基本的な目標として設定された舗装の設計期間，舗装計画交通量とそれに応じた疲労破壊輪数，信頼度とともに，舗装が所要の設計期間にわたって疲労破壊しないように舗装構成を決定するために必要な構造設計条件がある。

　舗装の構造設計に当たっては，構造設計条件として交通条件，基盤条件，環境条件および材料条件等の設計条件を適切に設定する。

3－4－1　交通条件
　交通条件は，舗装の設計期間にわたる交通の質と量を将来交通量の予測値や実際の交通調査結果にもとづいて推定し設定する。

　交通条件の設定と設計方法の関係を**表－3.4.1**に示す。なお，交通条件に関する詳細や具体的な設定例は，本便覧の「第5章　アスファルト舗装の構造設計」

表—3.4.1 交通条件の設定と適用する設計方法との関係

交通条件の設定		適用する設計方法との関係等
普通道路	舗装計画交通量 （標準荷重49kN）	①本便覧の「3-2-2 舗装計画交通量」に示す方法で設定する。 ②アスファルト舗装およびコンクリート舗装の経験にもとづく設計方法の交通条件として用いる。
	累積49kN換算輪数	①輪荷重分布測定結果から算定する。 ②舗装計画交通量に応じた疲労破壊輪数を累積49kN換算輪数として設定する。 ③アスファルト舗装の経験にもとづく設計方法および理論的設計方法における交通条件として用いる。
	輪荷重分布	①輪荷重分布測定結果から各輪荷重ごとの頻度を算定する。 ②測定ができない場合は，大型車交通量から推定する。 ③コンクリート舗装の理論的設計方法における交通条件として用いる。
	車輪走行位置分布 交通量昼夜率	コンクリート舗装の理論的設計方法において輪荷重分布とともに交通条件として用いる。
小型道路	舗装計画交通量 （標準荷重17kN）	①本便覧の「3-2-2 舗装計画交通量」に示す方法で設定する。 ②アスファルト舗装およびコンクリート舗装の経験にもとづく設計方法の交通条件として用いる。
	累積17kN換算輪数	①輪荷重分布測定結果から算定する。 ②舗装計画交通量に応じた疲労破壊輪数を累積17kN換算輪数として設定する。 ③アスファルト舗装の経験にもとづく設計方法および理論的設計方法における交通条件として用いる。
	輪荷重分布	①輪荷重分布測定結果から各輪荷重ごとの頻度を算定する。 ②測定ができない場合は，小型貨物自動車交通量から推定する。 ③コンクリート舗装の理論的設計方法における交通条件として用いる。
	車輪走行位置分布 交通量昼夜率	コンクリート舗装の理論的設計方法において輪荷重分布とともに交通条件として用いる。

および「第6章　コンクリート舗装の構造設計」を参照する。
（1）普通道路
　① 標準荷重は49kNとする。
　② 交通条件としては，一般に舗装計画交通量または舗装計画交通量に応じた疲労破壊輪数（**表ー3.2.2**参照）と同じ値の累積49kN換算輪数を設定する。
（2）小型道路
　① 標準荷重は17kNとする。
　② 交通条件としては，一般に舗装計画交通量または舗装計画交通量に応じた疲労破壊輪数（**表ー3.2.3**参照）と同じ値の累積17kN換算輪数を設定する。
　③ 理論的設計方法を適用する場合には，一般に小型貨物自動車の車輪配置，接地圧，接地半径，累積17kN換算輪数または輪荷重分布，必要に応じて車輪走行位置分布，交通量の昼夜率を設定する。

3－4－2　基盤条件

　基盤条件として路床の設計CBR，弾性係数，設計支持力係数などを路床土のCBR試験やレジリエントモデュラス試験あるいは路床の平板載荷試験などにより求めて設定する。

　基盤条件を設定する際の路床厚は，一般に路床面から下方1mとする。

　路床厚が1m未満の場合は，路体の弾性係数などを求め，基盤条件の設定に用いる。

　基盤条件の設定と設計方法との関係は**表ー3.4.2**に示す。なお，基盤条件に関する詳細や具体的な設定例は，本便覧の「第5章　アスファルト舗装の構造設計」および「第6章　コンクリート舗装の構造設計」を参照する。

3－4－3　環境条件

　環境条件として気温，凍結深さ，舗装温度，降雨量を設定する。

　環境条件の設定は，実測にもとづいて行うが，測定できない場合は，類似環境

表−3.4.2　基盤条件の設定と適用する設計方法との関係

基盤条件の設定	適用する設計方法との関係等
設計CBR	アスファルト舗装およびコンクリート舗装の経験にもとづく設計方法の基盤条件として用いる。
設計支持力係数	コンクリート舗装の経験にもとづく設計方法の基盤条件として用いる。
各地点のCBRの平均	①信頼性を考慮したアスファルト舗装およびコンクリート舗装の理論解析にもとづく設計方法の基盤条件として用いる。 ②構築路床の設置の検討に用いる。
各地点の支持力係数の平均	信頼性を考慮したコンクリート舗装の理論的設計方法の基盤条件として用いる。
各地点の弾性係数およびポアソン比	信頼性を考慮したアスファルト舗装およびコンクリート舗装の理論的設計方法の基盤条件として用いる。

〔注〕アスファルト舗装の理論的設計方法を用いて路床厚の設計を行う場合は，路体の各地点の弾性係数およびポアソン比の平均値を求め，設計条件として用いる。

と考えられる箇所のアメダスなどの気象観測データを用いて設定する。

　環境条件の設定と設計方法の関係を表−3.4.3に示す。なお，環境条件に関する詳細および具体的な設定例は，本便覧の「第5章　アスファルト舗装の構造設計」および「第6章　コンクリート舗装の構造設計」を参照する。

3−4−4　材料条件

　舗装各層に使用する材料の特性や定数を設定する。

　材料条件の設定と設計方法の関係を表−3.4.4に示す。

① アスファルト舗装やコンクリート舗装の経験にもとづく設計方法では，舗装各層に使用される材料の特性は，品質規格として設定されている。

② アスファルト舗装やコンクリート舗装の理論的設計方法では，舗装各層に使用される材料の弾性係数，ポアソン比などを設定する。

　なお，材料条件に関する詳細や具体的な設定例は，本便覧の「第5章　アスファルト舗装の構造設計」および「第6章　コンクリート舗装の構造設計」を参照する。

表—3.4.3　環境条件の設定と適用する設計方法との関係

環境条件の設定	適用する設計方法との関係等
気温	①アスファルト舗装やコンクリート舗装などの凍結深さの検討に用いる。 ②アスファルト混合物層やコンクリート版の温度推定に用いる。
凍結深さ	寒冷地におけるアスファルト舗装やコンクリート舗装などの凍上抑制層が必要かどうかの検討に用いる。
舗装温度	①アスファルト舗装の理論的設計方法におけるアスファルト混合物層の弾性係数の設定に用いる。 ②コンクリート舗装の理論的設計方法におけるコンクリート版の温度差の設定に用いる。
降雨量	①透水性舗装の構造設計に用いる。 ②アスファルト舗装やコンクリート舗装などの排水施設の設計に用いる。

表—3.4.4　材料条件の設定と適用する設計方法との関係

材料条件の設定	適用する設計方法との関係等
材料の特性 （品質規格）	品質規格として設定されている舗装各層に使用する材料特性は，アスファルト舗装やコンクリート舗装の経験にもとづく設計方法における材料条件として用いる。
材料の特性や定数	舗装各層に使用される材料の弾性係数，ポアソン比などは，アスファルト舗装やコンクリート舗装の理論的設計方法における材料条件として用いる。

第4章　路面設計

4-1　概　　説

　路面設計では，設計期間にわたって設定された路面の性能指標の値を満足するように，路面を形成する層（一般に表層）の材料，工法および層厚を決定する。
　また，路面設計は，それ自身独立したものではなく，構造設計とも関連するものであることから，これを考慮し実施する必要がある。
　本章では，路面設計の具体的な方法と設計例を以下に示す。

4-2　路面設計の流れ

　本便覧では，路面を安全，円滑かつ快適な走行性を交通に提供する場または沿道環境の改善に寄与する場と位置付け，舗装の設計において路面設計をまず行い，次に，舗装各層の厚さを決める構造設計を行うという考え方を基本としている。路面設計の流れを図-4.2.1に示す。
　①　路面に要求される性能を整理する。
　②　整理した要求性能にもとづき，路面の目標として路面の設計期間，舗装計画交通量，性能指標とその値を設定する。これら路面の目標は，基本的な路面設計条件である。
　③　表層に使用する材料・工法と厚さを決定する。
　④　上記③で決定した表層厚を用いて構造設計を行う。
　なお，舗装厚の制約などで先に表層厚などが決定されている場合には，その厚さで性能指標の値を満足するように表層に使用する材料・工法を決定する。

```
(路面設計)
┌─────────────────────────────────────┐
│     ┌─────────────────────┐         │
│     │ 路面への要求性能の整理 │         │
│     └──────────┬──────────┘         │
│                ↓                    │
│     ┌─────────────────────┐  ←──┐   │
│     │   路面設計条件の設定    │     │   │
│     └──────────┬──────────┘     │   │
│                ↓                │   │
│  ┌──────────────────────────┐   │   │
│  │表層(基層)に使用する材料・工法と厚さの決定│   │   │
│  └──────────────┬───────────┘   │   │
└─────────────────┼───────────────┼───┘
                  ↓               │
         ┌─────────────────┐      │
         │     構造設計      │──────┘
         │(路面の性能の構造設計への影響確認)│
         └─────────────────┘
```

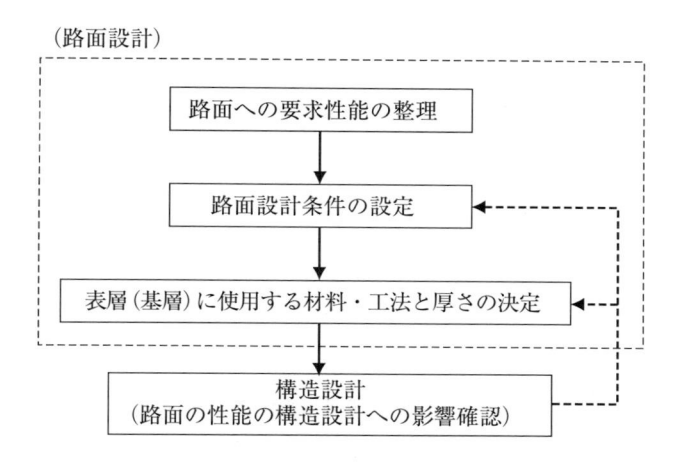

図－4.2.1　路面設計の流れ

4－3　要求性能の整理

　路面設計において，路面に要求される性能や考慮すべき事項には，さまざまなものがある。これらの整理が，路面に付与する性能の選定に先立って必要である。
　路面への要求性能などは，道路利用者，沿道住民，道路管理者等，道路に係わる立場で異なる。
　道路管理者は，道路利用者，沿道住民などの要求性能などを整理して路面の目標の設定に役立てる。
　表－4.3.1 は，道路に係わる立場の違いによる路面への要求性能など路面設計要因の一例を示したものである。

4－4　路面設計条件

　路面設計に当たっては，路面設計条件を適切に設定する。
　路面設計は，路面の基本的な目標として設定された路面の設計期間，舗装計画交通量，路面の性能指標とその値を設計条件として用いる。

表－4.3.1　道路に係わる立場の違いによる路面設計要因の一例

考慮事項	道路利用者	沿道住民，その他	道路管理者
建設，補修および道路利用に関連した安全性	・すべり抵抗性 ・視認性 ・路面テクスチャ	・施工作業員,沿道住民 ・目につきやすさ ・路面テクスチャ	・事故履歴 ・事故多発箇所 ・透水性
環境	・騒音 ・美観 ・路面テクスチャ ・塵埃	・近隣住民 ・騒音，振動，塵埃	・法規制 ・再生利用 ・大気汚染,騒音振動 ・水質汚染
路面の設計期間	・工事規制，迂回	・工事規制，迂回 ・騒音，振動	・工事規制，迂回
費用	・燃料消費 ・車両の損傷	・運送費 ・貨物の傷み	・建設費用 ・維持管理費用 ・補修費用

4－4－1　路面の設計期間

① 設計では,道路管理者が設定した路面の設計期間を設計条件として用いる。

② 設計の対象とする性能指標の値の経時的変化が把握されている場合は，それにもとづいて設定するとよい。

③ 性能指標の値の経時的変化が把握されていない場合は，既往の調査研究等を参考にして設定することが望ましい。

④ 性能指標によっては，現状では，路面の設計期間の設定が困難なものがある。このような場合は，暫定的に設計期間を設定し,性能指標の値の経時的変化を追跡調査し，将来，適切な設計期間の設定が行えるようにする方法が考えられる。

　以下には，たとえば，土木研究所から提案されている動的安定度～わだち掘れ量～供用期間の関係を示す式(4.4.1)を用いる場合を例示する〔注1〕。

・ 管理する道路で従来から使用されてきた表層用混合物の動的安定度の代表的な値と管理上の目標とするわだち掘れ量を式（4.4.1）に代入する。

・ 式（4.4.1）から管理上の目標とするわだち掘れ量となる供用期間を

算定し，供用年数を求める。
- 求めた供用年数が設計期間として妥当かどうかを考慮して設計期間を設定する。

$$DS = 0.679 (Y \cdot T \cdot W \cdot V \cdot Ct / D) \qquad (4.4.1)$$

ここに，DS：アスファルト混合物の動的安定度（回／mm）
D：わだち掘れ量（mm）
Y：供用期間（日）
T：大型車交通量（台／日）
W：輪荷重補正係数

区　　分	補正係数W
重い車両が少ない	1.0
重い車両が多い	2.0
重い車両が非常に多い	3.0

V：走行速度補正係数

種　　別	補正係数V
一般部	0.4
交差点部	0.9

（交差点部に，流出部は含まず）

Ct：温度補正係数（$\times 10^{-3}$）
（下図，参照）

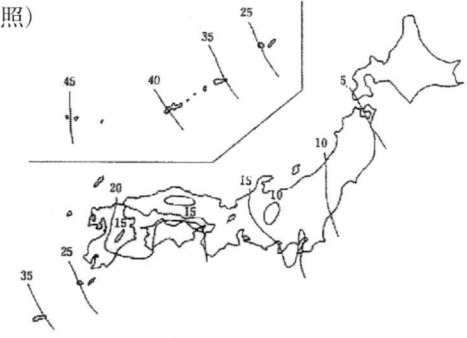

〔注1〕伊藤，近藤，池田：アスファルト混合物の動的安定度の目標値設定手法の提案，土木技術資料，31-1，1989.1

4－4－2　舗装計画交通量
　道路管理者が設定した舗装計画交通量を設計条件として用いる。

4－4－3　路面の性能指標とその値
　① 道路管理者が設定した施工直後の路面の性能指標とその値を設計条件とする。

表－4.4.1　路面の性能と性能指標，設計条件の例

路面の性能	路面の性能指標	表層材料の特性や定数の例	設定で考慮する主な条件の例
塑性変形抵抗性	塑性変形輪数*	動的安定度	舗装温度，交通渋滞延長，基層などの耐流動対策の要否
平たん性	平たん性*	標準偏差σ	規制速度
	段差量	動的安定度（構造物とのジョイント部）	規制速度
透水性	浸透水量**	透水係数，厚さ	降雨量
排水性	浸透水量**	透水係数，厚さ	降雨量
騒音低減	騒音値	空隙率，骨材粒径，厚さ	設計速度，地域の類型・人家連担等の条件
すべり抵抗性	すべり抵抗値	すべり摩擦係数	設計速度
振動低減	振動レベル	減衰率，厚さ	車道幅員，走行速度，歩道幅員，地盤条件
摩擦抵抗性	すり減り量	すり減り面積	タイヤチェーン装着車走行回数
骨材飛散抵抗性	ねじれ抵抗性	沈下量	交差点右左折車の割合
	骨材飛散抵抗性	損失率	舗装温度，タイヤチェーン装着車走行回数
明色性	路面輝度	輝度，反射率	トンネル内照明との関係
	明度	明度	トンネル内照明との関係
凍結抑制	氷板の剥がれやすさ	氷着強度	降雪量，冬期路面温度
路面温度低減	路面温度低減値	路面温度低減値，保水量（保水性舗装），厚さ	気温，日射，騒音低減性能付与の要否

〔注〕＊は，設定することが必須の路面の性能指標を示す。
　　＊＊は，雨水を路面下に浸透させることができる構造とする場合に設定する路面の性能指標を示す。
　　他は，必要に応じて設定する路面の性能指標である。

② 道路の区分と舗装計画交通量に応じて塑性変形輪数および平たん性は、必ず設定する。
③ 雨水を路面下に浸透させる舗装では、道路の区分と舗装計画交通量に応じた浸透水量を必ず設定する。
④ 騒音値など塑性変形輪数、平たん性、浸透水量以外の性能指標の値は、必要に応じて設定する。

表-4.4.1は、路面の性能と性能指標などを例示したものである。また、表-4.4.2は、性能指標とその値の設定例を示したものである。

表-4.4.2 性能指標とその値の設定例

要求性能	性能指標	目標値の設定例
塑性変形抵抗性	塑性変形輪数	3,000回/mm以上
平たん性	3mプロフィルメータによる標準偏差（σ）	2.4mm以下
透水性	現場透水試験による浸透水量	1,000ml/15s以上
騒音低減	舗装路面騒音測定車による騒音値	89dB以下
すべり抵抗性	DFテスターによるすべり摩擦係数（μ）	0.3以上

4-5 表層材料および表層厚の決定

路面設計においては、路面の設計期間にわたって設定された性能指標の値を満足するよう表層に使用する材料・工法と厚さを決定する。

また、表層のみでは性能指標の値を満足できない場合は、基層、路盤の検討も行う。

表-4.5.1は、路面に要求される性能と路面設計のアウトプットを項目として例示したものである。設計のアウトプットには材料、厚さ等のほか、施工方法等も含まれる場合がある。

表ー4.5.1　路面に要求される性能と路面設計のアウトプットの例

路面に要求される性能例	路面設計のアウトプット[注]
安全性や快適性に係わる性能例 　塑性変形抵抗性 　平たん性 　透水性，排水性 　すべり抵抗性 　摩擦抵抗性 　骨材飛散抵抗性 　明色性 　凍結抑制 環境に係わる性能例 　騒音低減 　振動低減 　路面温度低減	①表層の使用材料 ②表層厚さ (③基層の使用材料) (④基層の厚さ) (⑤施工方法)

〔注〕（　）は，必要に応じて設計に組み入れる項目

4－5－1　表層材料の決定

表層材料の決定に当たっては，次の点に留意する。

① 設定された路面の性能指標の値を満足する表層材料を選定する。選定に当たって，表層材料の種類は**表ー4.5.2～表ー4.5.4**に示す路面（表層）を構成する材料と主に期待できる性能の例を参考にするとよい。
② 性能指標の値を満足するよう表層材料の目標とする性能，品質を設定する。
③ 過去の供用実績，性能指標に関連した室内試験などから表層に使用する具体的な材料，配合，工法を決定する。
④ 性能指標の値を満足させるために開粒度アスファルト混合物を表層に用いる場合は，必要に応じて基層以下の使用材料も検討する。

表-4.5.2　路面（表層）を構成する材料と主に期待できる性能の例（1）

期待できる性能	材料種類	
	材料分類	材料・工法等
塑性変形抵抗性	アスファルト系材料	①半たわみ性舗装
	セメント系材料	①舗装用コンクリート，繊維補強コンクリート
		②プレキャスト版
平たん性	アスファルト系材料（混合物型）	①連続粒度混合物，ギャップ粒度混合物
		②常温混合物
	アスファルト系材料（表面処理型）	①薄層舗装
透水性	アスファルト系材料（混合物型）	①ポーラスアスファルト混合物
	セメント系材料	①ポーラスコンクリート
	樹脂系材料（混合物型）	①透水性樹脂モルタル
	木質系材料	①ウッドチップ，樹皮
		②木塊ブロック
	土系材料	①クレイ，ローム，ダスト
		②混合土，人工土
		③芝生
排水性	アスファルト系材料（混合物型）	①ポーラスアスファルト混合物
	セメント系材料	①ポーラスコンクリート
	樹脂系材料（混合物型）	①透水性樹脂モルタル
騒音低減	アスファルト系材料（混合物型）	①ポーラスアスファルト混合物
	セメント系材料	①ポーラスコンクリート
	樹脂系材料（混合物型）	①透水性樹脂モルタル
		②ゴム，樹脂系薄層舗装
すべり抵抗性	アスファルト系材料（混合物型）	①連続粒度混合物，ギャップ粒度混合物
		②開粒度混合物
		③常温混合物
	アスファルト系材料（表面処理型）	①チップシール
		②マイクロサーフェシング
		③薄層舗装
	セメント系材料	①ポーラスコンクリート
	樹脂系材料（表面処理型）	①ニート工法

表-4.5.3　路面（表層）を構成する材料と主に期待できる性能の例（2）

期待できる性能	材料種類	
	材料分類	材料・工法等
摩耗抵抗性	アスファルト系材料 （混合物型）	①F付混合物
		②SMA（砕石マスチックアスファルト）
	セメント系材料	①舗装用コンクリート，繊維補強コンクリート
骨材飛散抵抗性	樹脂系材料 （混合物型）	①透水性樹脂モルタル
	樹脂系材料 （表面処理型）	①排水性トップコート工法
衝撃吸収性	樹脂系材料 （混合物型）	①ゴム，樹脂系薄層舗装
	木質系材料	①ウッドチップ，樹脂
		②木塊ブロック
	土系材料	①クレイ，ローム，ダスト
		②混合土，人工土
		③芝生
路面温度低減	アスファルト系材料 （混合物型）	①ポーラスアスファルト混合物＋保水材
	セメント系材料	①ポーラスコンクリート
	土系材料	①クレイ，ローム，ダスト
		②混合土，人工土
		③芝生
	樹脂系材料 （表面処理型）	①遮熱材料の塗布，充填
明色性	アスファルト系材料	①半たわみ性舗装
	セメント系材料	①舗装用コンクリート，繊維補強コンクリート
		②プレキャスト版
	樹脂系材料 （混合物型）	①石油樹脂系結合材料
		②樹脂混合物・モルタル
		③透水性樹脂モルタル
	樹脂系材料 （表面処理型）	①ニート工法
		②排水性トップコート工法
	ブロック， タイル系材料	①インターロッキングブロック
		②石質タイル，磁器質タイル
		③レンガ
		④天然石ブロック

表ー4.5.4　路面（表層）を構成する材料と主に期待できる性能の例（3）

期待できる性能	材料種類	
	材料分類	材料・工法等
着色性	アスファルト系材料	①半たわみ性舗装
	樹脂系材料 （混合物型）	①石油樹脂系結合材料
		②樹脂混合物・モルタル
		③透水性樹脂モルタル
	樹脂系材料 （表面処理型）	①ニート工法
		②排水性トップコート工法
視認性	セメント系材料	①ポーラスコンクリート
意匠性	ブロック，タイル系材料	①インターロッキングブロック
		②石質タイル，磁器質タイル
		③レンガ
		④天然石ブロック
予防的維持	アスファルト系材料	①フォグシール
		②チップシール
		③マイクロサーフェシング
		④薄層舗装

4－5－2　表層厚の決定

表層厚の決定に当たっては，次の点に留意する。

① 表層厚は，路面の性能が確保されるように決定する。表層厚は，表層に使用する材料が同じであっても厚さによっては路面の性能確保が困難となる場合があるので，十分な性能を発揮できる厚さを確保することが重要である。

② 表層に使用する材料によっては，使用骨材の最大粒径，最小施工可能厚さを考慮して表層厚を決定する必要がある。なお，アスファルト系材料（混合物型）を用いる場合の表層厚は，施工において確実に路面の性能を確保するため，敷きならし時の骨材の引きずり等を考慮して，最大粒径の2.5倍程度以上の厚さを目安とすればよい。

4−5−3　路面設計の留意点

表層材料と表層厚の決定に関する要点は以上のとおりであるが，路面設計に当たっては，次の点に留意する。

① 路面設計では，一般に表層に使用する材料と工法および厚さを決定する。設定された路面の性能指標の値を満足する材料および適用する工法には多種多様なものがあるので，それぞれに応じた設計を行うことが重要である。

② 路面の性能に舗装構造が関連する場合には，舗装各層の構成についても検討する。アスファルト舗装の場合には，基層や瀝青安定処理路盤の塑性変形に起因するわだち掘れ，排水性舗装における不透水層，透水性舗装における舗装各層の透水性などに関する検討を行う。一方，コンクリート舗装のように，コンクリート版表面が路面として機能を果たす場合には，コンクリートに使用する材料・配合および版表面の処理法などを検討する。

③ 路面の性能指標によっては，必要に応じて供用後一定期間を経た時点における性能指標の値を設定することがあり，これを満足するよう材料・工法と厚さの候補を挙げ，経済性などを考慮して最適なものを選定する。その際，過去の事例などを参考に行うとよい。

④ 設定された路面の性能によっては，平たん性のように施工の影響や基層の性能の影響を受けるものもあるので，施工機械の選定など基層を含めた施工方法についても考慮する必要がある。

⑤ 設定された路面の性能指標が，防塵あるいは防水性（シール層を形成し，雨水等が浸入するのを防止する）で，大型車の通行がほとんどない道路では，瀝青路面処理を表層として用いることがある。

4−6　路面設計例

本節では，路面へのさまざまな要求性能に応じた路面設計を例にとり，路面設計について解説する。

4−6−1　自動車専用道路の例

　この路面設計例は，都市間自動車専用道路の場合である。道路の区分は第1種第3級である。

（1）路面への要求性能

　設計対象である道路の舗装の路面に対する道路利用者等からの要求性能および要望は以下の2項目に整理された。

① 　良好な乗り心地の路面
② 　安全に走行できる路面（すべり抵抗性，操縦性，透水性）

（2）路面設計条件

　道路区分，舗装計画交通量および路面への要求性能から路面設計条件を整理し，**表−4.6.1**に示す。

表−4.6.1　路面設計条件

性能指標	性能指標の値	備　考
路面の設計期間	（目標7年）	供用性データが不十分で，おおよその目安として設定
舗装計画交通量	4,000台/日・方向	
塑性変形輪数	3,000回/mm以上	道路の区分と舗装計画交通量から設定
平たん性	1.2mm以下	乗り心地を重視して設定
段差	5.0mm以下	設計対象区間内の橋梁伸縮継ぎ手部に対して設定
浸透水量	1,000ml/15s以上	供用1年後600ml/15s以上[注] 降雨時の安全性を重視
すべり抵抗値 μ_{80}	DFテスターによる μ_{80} 0.3以上	設計速度80km/hに対して設定

〔注〕　ここでは，道路管理者が浸透水量は施工直後の値だけでは性能の確認が不十分と考え，供用一定期間を経た時点での値として供用1年後の値も設定した例を示した。

(3) 表層および基層の材料と厚さの決定

　浸透水量が設定されていることから，設計する路面はポーラスアスファルト混合物で形成することとした。このため表層に使用する材料，工法および厚さのみならず基層に用いる材料についても決定した。

① 性能指標およびその値に着目した材料選定の考え方の例を**表－4.6.2**に示す。

表－4.6.2　性能指標およびその値に着目した材料選定の考え方の例

性能指標	材料選定の考え方
①塑性変形輪数	塑性変形輪数3,000回/mm以上のポーラスアスファルト混合物を用いる。
②平たん性	塑性変形抵抗性に優れる材料を使用することで，コルゲーションの発生を抑制する。 施工を定速度で連続して行うなどして，施工時に凹凸をできる限り小さくする。
③段　差	塑性変形抵抗性に優れる材料を用いることで，橋梁伸縮継ぎ手部の段差発生を抑制する。
④浸透水量	過去の事例等を参考に，透水性の持続性を考慮してポーラスアスファルト混合物の空隙率を20%程度とする。
⑤すべり抵抗値	排水性舗装のすべり抵抗値（μ_{80}）の追跡調査結果にもとづき，建設時のμ_{80}が0.3～0.4程度のポーラスアスファルト混合物を採用する。

② 表層および基層に使用する材料，工法および厚さの決定の例を**表－4.6.3**に示す。

4－6－2　都市内道路の例

　この路面設計例は，都市内道路の場合である。道路の区分は第4種第2級である。

（1）路面への要求性能

　設計対象である道路の舗装の路面に対する道路利用者等からの要求性能および要望は，以下の2項目に整理された。

表ー4.6.3　表層および基層に使用する材料，工法および厚さの決定例

項　目	内　容
使用する材料 ①表層 ②基層 ③タックコート材	①3,000回/mm以上の塑性変形輪数と10%以下のカンタブロ損失率を有する空隙率20%程度のポーラスアスファルト混合物を表層に用いる。なお，バインダーとしてはポリマー改質アスファルトH型を用いる。 ②排水性舗装を用いるため，基層は不透水層とする必要があり，密粒度アスファルト混合物とする。 ③基層上面の水密性を高めるため，また表層と基層の接着性を高めるため，タックコート材にはゴム入りアスファルト乳剤を用いる。
各層の厚さ ①表層 ②基層	①表層厚は過去の実績から5cmとする。 ②基層厚も過去の実績から5cmとする。

① 安全に走行できる路面（すべり抵抗）
② 沿道の環境保全（騒音，振動の低減）
（2）路面設計条件

　道路区分，舗装計画交通量および路面への要求性能から路面設計条件を整理し，**表ー4.6.4**に示す。

（3）表層および基層の材料と厚さの決定

　騒音値が設定されていることから，設計する路面はポーラスアスファルト混合物で形成することとした。このため表層に使用する材料，工法および厚さのみならず基層に用いる材料についても決定した。

　また，ポーラスアスファルト混合物を表層に使用することから，浸透水量1,000ml/15s（道路区分から設定）を路面設計条件に追加した。

① 性能指標およびその値に着目した材料選定の考え方の例を**表ー4.6.5**に示す。

表-4.6.4　路面設計条件

性能指標	性能指標の値	備　考
路面の設計期間	（目標5年）	供用性データが不十分で，おおよその目安として設定
舗装計画交通量	2,000台/日・方向	
塑性変形輪数	1,500回/mm以上	道路の区分と舗装計画交通量から設定
平たん性	1.2mm以下	平たん性を良好とすることで騒音と振動を抑制
段差	5.0mm以下	マンホール周囲に対して設定
すべり抵抗値 μ_{50}	DFテスターによる μ_{50}　0.3以上	設計速度50km/hに対して設定
騒音値	89dB以下	計測は舗装路面騒音測定車による。供用1年後90dB以下〔注〕

〔注〕　ここでは，道路管理者が騒音値は施工直後の値だけでは性能の確認が不十分と考え，供用一定期間を経た時点での値として供用1年後の値も設定した例を示した。

表-4.6.5　性能指標およびその値に着目した材料選定の考え方の例

性能指標	材料選定の考え方
①塑性変形輪数	塑性変形輪数1,500回/mm以上のポーラスアスファルト混合物を用いる。
②平たん性	施工を定速度で連続して行う。路盤の施工管理を十分に行う。また，路床の支持力の均一化を図るなど，不等沈下対策を考慮する。
③段　差	マンホール周囲の段差は維持で対応する。
④すべり抵抗値	排水性舗装のすべり抵抗値（μ_{50}）の経時変化測定結果から，建設時のμ_{50}が0.5程度のポーラスアスファルト混合物を表層に採用する。
⑤騒音値	過去の実績等を考慮し空隙率20%のポーラスアスファルト混合物を用いる。骨材粒径，粒度等も検討する。
⑥浸透水量	空隙率20%のポーラスアスファルト混合物を用いる。

② 表層および基層に使用する材料，工法および厚さの決定例を**表－4.6.6**に示す。

表－4.6.6 表層および基層に使用する材料，工法および厚さの決定例

項　目	内　　容
使用する材料 ①表層 ②基層 ③タックコート材	①過去の実績等を考慮し，空隙率20%程度のポリマー改質アスファルトH型を用いたポーラスアスファルト混合物を表層に用いる。 ポリマー改質アスファルトH型を用いることで，塑性変形輪数も満足できる。また，騒音値を考慮し，きめの整った路面を形成するため骨材の最大粒径を10mmとする。 ②排水性舗装を用いるため，基層は不透水層とする必要があり，密粒度アスファルト混合物とする。 ③基層上面の水密性を高めるため，また表層と基層の接着性を高めるため，タックコート材にはゴム入りアスファルト乳剤を用いる。
各層の厚さ ①表層 ②基層	①表層厚は過去の実績から5cmとする。 ②基層厚も過去の実績から5cmとする。
その他	混合物製造時のCO_2発生量の抑制を目的に，中温化技術を適用する。同技術を適用し，混合物製造温度を30℃程度低下させることで，15%程度のCO_2発生量の抑制が期待できる。

4－6－3　騒音低減を要求された場合の例

この路面設計例の道路の区分は，第4種第1級である。

(1) 舗装に対する要求

設計対象である道路の舗装の路面に対する道路利用者等からの要望は，以下の項目に整理された。

・沿道環境の改善（騒音の低減）

(2) 路面設計条件

道路区分，舗装計画交通量および路面への要求性能から路面設計条件を整理し，**表－4.6.7**に示す。

表-4.6.7 路面設計条件

性能指標	性能指標の値	備考
路面の設計期間	(目標5年)	供用性データが不十分で、おおよその目安として設定
舗装計画交通量	3,000台/日・方向	
塑性変形輪数	5,000回/mm以上	1年後の騒音計測が行われることからわだち掘れ等を抑制する。
平たん性	1.2mm以下	車両のゆれを押さえ、騒音を低減させる。
騒音値	89dB以下	計測は舗装路面騒音測定車による。供用1年後90dB以下〔注〕

〔注〕 ここでは、道路管理者が騒音値は施工直後の値だけでは性能の確認が不十分と考え、供用一定期間を経た時点での値として供用1年後の値も設定した例を示した。

(3) 表層および基層の材料と厚さの決定

騒音値が設定されていることから、設計する路面はポーラスアスファルト混合物で形成することとした。このため表層に使用する材料、工法および厚さのみならず基層に用いる材料についても決定した。

また、ポーラスアスファルト混合物を表層に使用することから、浸透水量1,000ml/15s(道路区分から設定)を路面設計条件に追加した。

① 性能指標およびその値に着目した材料選定の考え方の例を**表-4.6.8**に示す。
② 表層および基層に使用する材料、工法および厚さの決定例を**表-4.6.9**に示す。

4-6-4 路面温度低減を要求された場合の例

この路面設計例の道路の区分は、第3種第2級である。

(1) 舗装に対する要求

設計対象である道路の舗装の路面に対する道路利用者等からの要望は、以下の項目に整理された。

・ 路面温度の低減

表ー4.6.8　性能指標およびその値に着目した材料選定の考え方の例

性能指標	材料選定の考え方
①塑性変形輪数	塑性変形輪数5,000回/mm以上のポーラスアスファルト混合物を用いる。
②平たん性	施工を定速度で連続して行うなど，施工時に凹凸をできる限り小さくする。
③騒音値	過去の実績を考慮し，空隙率20%以上のポーラスアスファルト混合物を用いる。骨材粒径，粒度等も検討する。
④浸透水量	空隙率20%以上のポーラスアスファルト混合物を用いる。

表ー4.6.9　表層および基層に使用する材料，工法および厚さの決定例

項　目	内　容
使用する材料 ①表層	①5,000回/mm以上の塑性変形輪数を考慮し，小粒径混合物用の特殊（高耐久性）ポリマー改質アスファルトを使用したポーラスアスファルト混合物を用いることとし，目標空隙率を20%以上とする。なお，最大粒径は過去の実績により8mmとする。
②基層	②排水性舗装を用いるため，基層は不透水層とする必要があり，交通量を考慮しポリマー改質アスファルトⅡ型を用いた密粒度アスファルト混合物（13）とする。
③タックコート材	③基層上面の水密性を高めるため，また表層と基層の接着性を高めるため，タックコート材にはゴム入りアスファルト乳剤を用いる。
各層の厚さ ①表層 ②基層	①表層厚は過去の実績から5cmとする。 ②基層厚も過去の実績から5cmとする。

（2）路面設計条件

道路区分，舗装計画交通量および路面への要求性能から路面設計条件を整理し，表ー4.6.10に示す。

（3）表層および基層の材料と厚さの決定

路面温度低減値が設定されていることから，設計する路面は保水性舗装を用いて形成することとした。

表-4.6.10 路面設計条件

性能指標	性能指標の値	備　考
路面の設計期間	（目標5年）	供用性データが不十分で，おおよその目安として設定
舗装計画交通量	5,000台/日・方向	
塑性変形輪数	3,000回/mm以上	道路の区分と舗装計画交通量から設定
平たん性	2.4mm以下	「技術基準」による
路面温度低減値	ピーク温度で6℃低減	密粒度アスファルト混合物を用いた場合の路面最高温度に対して6℃低い値を性能指標の値として設定

① 性能指標およびその値に着目した材料選定の考え方の例を**表-4.6.11**に示す。

表-4.6.11 性能指標およびその値に着目した材料選定の考え方の例

性能指標	材料選定の考え方
①塑性変形輪数	塑性変形輪数3,000回/mm以上のポーラスアスファルト混合物を用いる。
②平たん性	施工を定速度で連続して行うなど，施工時に凸凹をできる限り小さくする。
③路面温度低減値	吸水・保水能力のある材料をポーラスアスファルト混合物の空隙部分に注入し，保水された水分の気化熱で温度低減を図る。 最大保水量3.0kg/m²以上を確保するためポーラスアスファルト混合物の空隙率を23%とする。

② 表層および基層に使用する材料，工法および厚さの決定例を**表-4.6.12**に示す。

表ー4.6.12 表層および基層に使用する材料，工法および厚さの決定例

項　目	内　容
使用する材料 ①表層 ②基層	①3,000回/mm以上の塑性変形輪数を考慮し，ポリマー改質アスファルトH型を使用したポーラスアスファルト混合物(13)を用いることとし，最大保水量3.0kg/m²以上を確保するため目標空隙率を23%とする。 ②表層にポーラスアスファルト混合物を用いた保水性舗装とするため，基層部は不透水とすることとし，密粒度アスファルト混合物(13)を用いることとする。
各層の厚さ ①表層 ②基層	①表層厚は過去の実績から5cmとする。 ②基層厚も過去の実績から5cmとする。

4−6−5　路面温度低減および排水性を要求された場合の例

この路面設計例の道路の区分は，第4種第2級である。
（1）舗装に対する要求
　設計対象である道路の舗装の路面に対する道路利用者等からの要望は，以下の項目に整理された。
① 路面温度の低減
② 雨水の速やかな舗装内への浸透
（2）路面設計条件
　道路区分，舗装計画交通量および路面への要求性能から路面設計条件を整理し，**表ー4.6.13**に示す。
（3）表層および基層の材料と厚さの決定
　浸透水量と路面温度低減値が設定されていることから，設計する路面は排水性舗装表面に遮熱性塗料を塗布した遮熱性舗装を用いて形成することにした。また，排水性舗装を使用することから，浸透水量1,000ml/15s以上（道路の区分から設定）を路面条件に追加した。

表-4.6.13　路面設計条件

性能指標	性能指標の値	備考
路面の設計期間	（目標5年）	供用性データが不十分で，おおよその目安として設定
舗装計画交通量	3,000台/日・方向	
塑性変形輪数	3,000回/mm以上	道路の区分と舗装計画交通量から設定
平たん性	2.4mm以下	「技術基準」による
浸透水量	1,000ml/15秒以上	道路の区分により設定
路面温度低減値	ピーク温度で6℃低減	密粒度アスファルト混合物を用いた場合の路面最高温度に対して6℃低い値を性能指標の値として設定

① 性能指標およびその値に着目した材料選定の考え方の例を**表-4.6.14**に示す。

表-4.6.14　性能指標およびその値に着目した材料選定の考え方の例

性能指標	材料選定の考え方
①塑性変形輪数	塑性変形輪数3,000回/mm以上のポーラスアスファルト混合物を用いる。
②平たん性	施工を定速度で連続して行うなど，施工時に凸凹をできる限り小さくする。
③浸透水量	ポーラスアスファルト混合物の空隙率を20%とする。
④路面温度低減	遮熱性塗料を塗布した遮熱性舗装を用いる。

② 表層および基層に使用する材料，工法および厚さの決定例を**表-4.6.15**に示す。

表— 4.6.15　表層および基層に使用する材料，工法および厚さの決定例

項　　目	内　　容
使用する材料 ①表層 ②基層	①3,000回/mm以上の塑性変形輪数を考慮し，ポリマー改質アスファルトH型を使用したポーラスアスファルト混合物(13)を用いることとし，目標空隙率を20%とする。 舗装表面に遮熱性塗料を塗布する。 ②表層にポーラスアスファルト混合物を用いた遮熱性舗装とするため，基層部は不透水とすることとし，密粒度アスファルト混合物(13)を用いることとする。
各層の厚さ ①表層 ②基層	①浸透水量を確保・持続するため5cmとする。 ②過去の実績から5cmとする。

第5章 アスファルト舗装の構造設計

5-1 概　説

　アスファルト舗装の構造設計に関する基本的事項は，本便覧の「第2章　設計の考え方」および「第3章　設計条件の設定」に示されている。本章では，より具体的なアスファルト舗装の構造設計の考え方とその方法を示す。本章の構成と他章および付録との関連は図-5.1.1に示すとおりである。

　アスファルト舗装の構造設計方法は，経験にもとづく設計方法と理論的設計方法に大別される。

　経験にもとづく設計方法では，普通道路，小型道路に分けて，それぞれの設計方法について記述する。なお，「自動車の交通量が少ない道路における舗装」や従来，「簡易舗装」と呼ばれてきた舗装の設計は，普通道路の設計の範疇として扱い，設計概念を統一して記述している。

　理論的設計方法は，多層弾性理論や，粘弾性理論にもとづくものなどがある。本書では比較的多くの実績がある多層弾性理論による設計方法について記述している。

```
┌─────────────────────────────────┐
│ 第5章 アスファルト舗装の構造設計 │
└─────────────────────────────────┘
         │
    ┌─────────┐
    │ 5-1 概 説 │
    └─────────┘
         ├──────────────┐
         │        ┌──────────────────┐
         │        │ 第2章 設計の考え方 │
         │        └──────────────────┘
         ├──────────────┐
         │        ┌──────────────────┐
         │        │ 第3章 設計条件の設定 │
         │        └──────────────────┘
         │
  ┌──────┴────────────────────┐
┌──────────────────┐   ┌──────────────────┐
│5-2 経験にもとづく設計方法│   │5-3 理論的設計方法 │
└──────────────────┘   └──────────────────┘
```

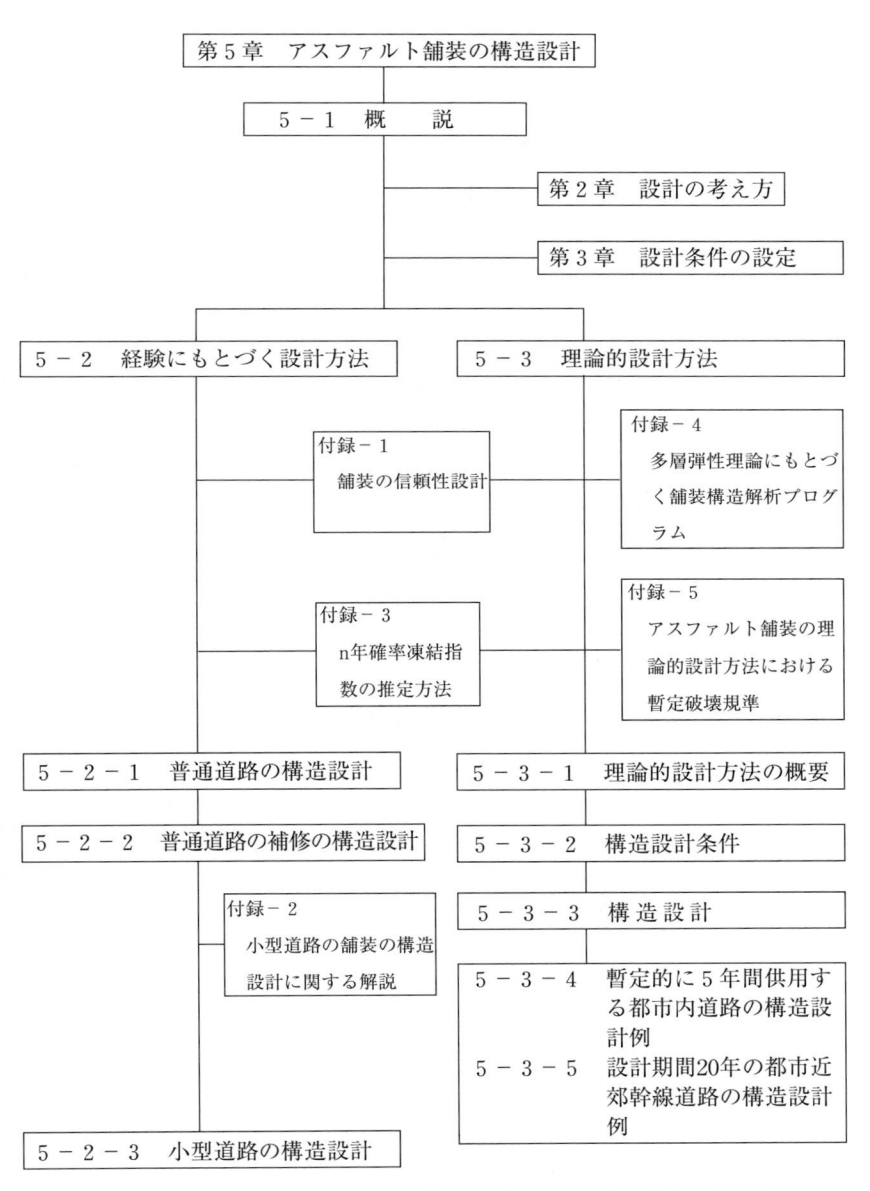

5-2 経験にもとづく設計方法	5-3 理論的設計方法
付録-1 舗装の信頼性設計	付録-4 多層弾性理論にもとづく舗装構造解析プログラム
付録-3 n年確率凍結指数の推定方法	付録-5 アスファルト舗装の理論的設計方法における暫定破壊規準
5-2-1 普通道路の構造設計	5-3-1 理論的設計方法の概要
5-2-2 普通道路の補修の構造設計	5-3-2 構造設計条件
付録-2 小型道路の舗装の構造設計に関する解説	5-3-3 構造設計
	5-3-4 暫定的に5年間供用する都市内道路の構造設計例
	5-3-5 設計期間20年の都市近郊幹線道路の構造設計例
5-2-3 小型道路の構造設計	

図-5.1.1 第5章の構成と他章および付録との関連

5－2　経験にもとづく設計方法

　経験にもとづく設計方法の主なものには，T_A法（「技術基準」別表１）がある。T_A法は，路床の支持力と舗装計画交通量から必要とされる等値換算厚を求め，この等値換算厚を下回らないように舗装構成を決定する方法であり，同法による構造設計の具体的な手順は図－5.2.1に示すとおりである。

5－2－1　普通道路の構造設計
（1）構造設計条件

　道路管理者は，設計期間とともに要求される構造的な耐久性に対する性能指標の値である疲労破壊輪数および信頼度を適切に設定する。

　構造設計に当たっては，交通条件，基盤条件，環境条件および材料条件等の設計条件を適切に設定する。

　1）　交通条件

①　舗装の目標として設定された舗装計画交通量と舗装の設計期間から疲労破壊輪数が設定される。

　舗装計画交通量は，原則として式（5.2.1）により推定する。

$$舗装計画交通量：T=\sum_{i=1}^{n} T_i/n \\ =\sum_{i=1}^{n}(T_1 \times a_i)/n \quad (5.2.1)$$

　　　　ここに，T_i：i年における大型車交通量（台／日・方向）
　　　　　　　　a_i：当初の交通量（T_1）に対するi年後の交通量の伸び率
　　　　　　　　$i=1\sim n$
　　　　　　　　n：設計期間

②　T_A法においては，交通条件として設定された疲労破壊輪数が舗装の相対的な強度を表わす等値換算厚（T_A：舗装各層を表層および基層用加熱アス

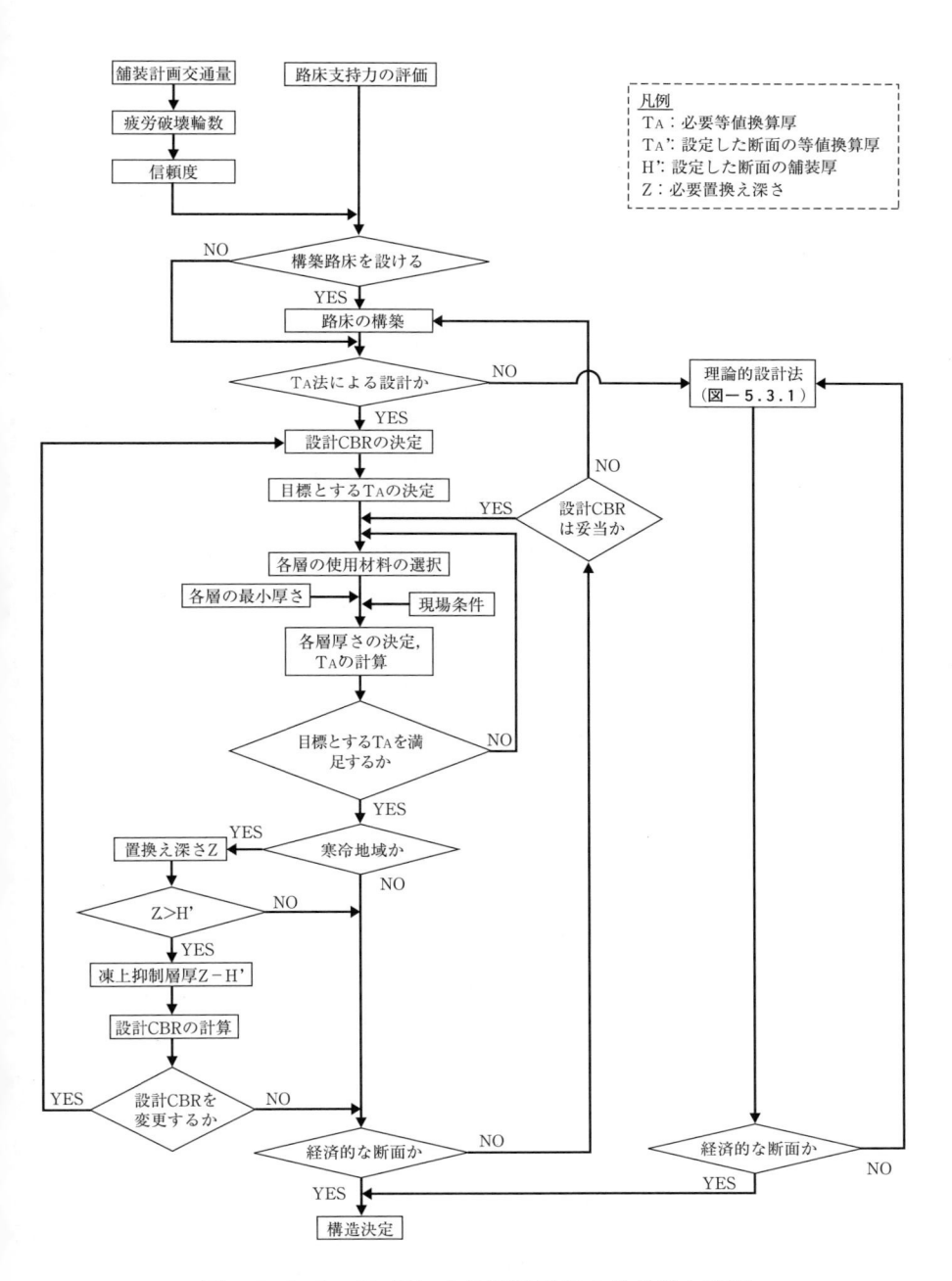

図－5.2.1　T$_A$法による構造設計の具体的な手順

ファルト混合物で設計したときの必要厚さ）を決定する直接の条件となる。舗装計画交通量の決定に当たっては，本便覧の「3－2－2　舗装計画交通量」を参照する。

③　疲労破壊輪数の設定は，本便覧の「3－2－3　（3）1）疲労破壊輪数」を参照する。また，「技術基準」では舗装計画交通量100（台／日・方向）未満の道路における疲労破壊輪数を一律に30,000（回／10年）以上に設定しているが，本便覧では，交通量区分を運用上40以上100未満（N_3），15以上40未満（N_2）および15未満（N_1）の3区分に分けた。

　交通量区分がN_1およびN_2に相当する舗装は，従来，「簡易舗装」と呼ばれてきた。またN_3の舗装は「自動車の交通量が少ない道路における舗装」に該当する場合がある。これらの舗装の設計も，基本的に本便覧で述べるT_A法を適用すればよい。これによって，舗装計画交通量100（台／日・方向）未満の道路にあっては，交通条件・地域条件に応じた適材適所の設計が可能となり，コスト縮減の観点からも多様な設計ができる。

④　設計期間における交通量およびその輪荷重が設定されている場合，また，それらを正確に予測することができる道路にあっては，**表－3.2.2**によらずに，その交通量および輪荷重にもとづき算定した累積49kN換算輪数以上を疲労破壊輪数とする。

　この場合の疲労破壊輪数の求め方は次のとおりである。

ⅰ）測定した走行車両の各輪荷重を式（5.2.2）を用いて標準荷重49kNに換算して，1日1方向当たりの49kN換算輪数（N_{49}）を求める。

ⅱ）設計期間n年における累積49kN換算輪数（N）は，式（5.2.3）で求める。

$$N_{49} = \sum_{j=1}^{m} \left[\left(\frac{P_j}{49} \right)^4 \times N_j \right] \tag{5.2.2}$$

$$N = \sum_{i=1}^{n} (N_{49} \times 365 \times a_i) \tag{5.2.3}$$

ここに，N_{49}：1日1方向当たりの49kN換算輪数

P_j：j番目の輪荷重の大きさに区分される輪荷重の代表値

m：輪荷重の大きさの区分数

$j = 1 \sim m$

N_j：P_j の通過数

N：設計期間の累積49kN換算輪数（必要疲労破壊輪数）

n：設計期間（年）

a_i：N_{49} に対するi年後の伸び率

$i = 1 \sim n$

2) 基盤条件

① 概　要

　T_A法における基盤条件には，構築路床（環境条件によっては凍上抑制層を含む）および路床（原地盤）の支持力がある。これらは交通条件とともに舗装の所要の等値換算厚（T_A）を決定する直接の条件であり，構造設計上，欠かすことのできない条件である。

　T_A法を用いて構造設計を行う場合の路床の支持力の評価は，設計CBRにより行う。路床の支持力は，同一の舗装断面としたい区間の中においても変動することがあるため，調査に当たってはその変動を十分把握できるよう配慮する。

② 路床土の調査

　路床土の調査・試験は路床の支持力評価の基礎となるものであり，土質試験などの予備調査と路床土のCBR試験とがある。これらの詳細は，**表－5．2.1**および**表－5.2.2**に示すとおりである。

表－5.2.1　路床土の予備調査

項　目	区　分	内　　容
予備調査	概　要	予備調査では，地形，地質の変化，地下水位，地表の状況，切土，盛土の種類と状態，過去の土質調査などの資料の収集および路床土または路床土としての適用性などに重点をおいた土質試験を行う。
	場　所	・土取り場 　土質の均一性，路床土としての適用性などに重点をおいて調査する。 ・既存の道路や切土路床 　調査区間の路床土の現況および乱したときの性状の変化などについて調査する。
	土質試験のための試料採取	・土取り場 　路床土として使用する地山でオーガーボウリングを行い，深さ方向にいくつかの試料を採取して含水比を変化させないようにして試験室へ送る。 ・切土路床 　路床面または予想される路床面より1m以上深い位置までオーガーボウリングを行い，土質の変化に応じて深さ方向にいくつかの試料を採取して含水比を変化させないようにして試験室へ送る。
	その他の留意点	・土質調査は，CBR試験に先立ち，必要に応じて数多く行うようにする。 ・予備調査の結果，路床土に変化のある場合には，あらかじめ舗装厚を変えるべき区間を想定する。変化の少ないと思われる区間ではCBR試験の個数を少なくし，変化の多いと思われる区間ではその個数を多くすると設計CBRを効率よく求めることができる。

表-5.2.2　路床土のCBR試験

項　目	区　分	内　　容
CBR試験	試料採取場所	盛土路床 　土取り場の露出面より50cm以上深い箇所から乱した状態で，路床土となる土を採取してCBR試験を行う。 切土路床 ・路床面下50cm以上深い箇所から乱した状態で土を採取する。 ・路床面下1m位の間で土質が変化している場合には，各層の土を採取してCBR試験を行う。 ・補修工事などで既設舗装の路床土を採取する場合は，設定した路床厚さの中央部よりも深い位置から採取する。
	試料採取箇所数	CBR試験用の試料の採取は，調査区間が比較的短い場合や，路床土がほぼ同一と見なされる場合であっても，道路延長上に3箇所以上とすることが望ましい。
	試料採取時期	試料の採取は雨期や凍結融解期を避ける。寒冷地域では融解期が終了したと思われる時期（通常5～6月）に行う。
	乱さない試料を用いる場合	・切土路床などで，乱すことで極端にCBR値が小さくなることが経験的にわかっており，しかも路床土をほとんど乱すことなく施工できる場合は，乱さない試料のCBRを用いてもよい。 ・乱さない試料は路床面より50cm以上深い箇所から採取し，含水比を変化させないようにして試験室に送る。
	その他	・路床に多量のレキなどが含まれていて，これらを除いて試験することが現場を代表しない場合などには，平板載荷試験によるK値や経験などを参考にしてCBR値を推定する。 ・砂利道上に舗装する場合のCBR試験は，切土路床に準じて行えばよい。

3) 環境条件

　　環境条件には気温，凍結深さ，降雨量などがある。これらのうち，特に気温は構造設計上，凍結深さを算定するための第一の条件であり，さらに，材料の選択においても重交通路線における耐流動対策，あるいは積雪寒冷地域における耐摩耗対策等を検討する場合にも必要な条件である。

（2）路床の設計

路床の設計とは，路床土の調査および路床の評価結果にもとづき，構築路床の厚さと支持力などを設計することをいう。

① 通常，舗装構造の設計は，**図－5.2.2**に示すように路床の設計ＣＢＲを決定したのちに構造を決定する。しかし，構造断面上の制限がある場合等では，交通条件と舗装の構成から必要な路床の支持力を算定し，構築路床の厚さと支持力を設計する。

② 構築路床を設ける場合に，現状路床の安定処理や置換えなどを行って，路床の支持力を高める処置を路床の改良という。したがって，舗装の設計には，調査をもとに現状路床の支持力を評価して必要な断面を有する舗装構成を設計する方法と，あらかじめ舗装構成を設定して，必要となる路床の支持力が得られるように構築路床を設ける方法がある。

1) 路床の評価

　　予備調査およびＣＢＲ試験の結果より，区間のＣＢＲおよび設計ＣＢＲを以下のようにして定める。

① 路床が深さ方向に異なるいくつかの層をなしている場合には，その地点のＣＢＲは路床面から路床下面までの各層のＣＢＲを用いて，式（5.2.4）によって求まる値（CBR_m）とする。なお，路床厚さは一般に100cmを用いるので，その場合はh = 100となる。

$$CBR_m = \left[\frac{h_1 CBR_1^{1/3} + h_2 CBR_2^{1/3} + \cdots h_n CBR_n^{1/3}}{h}\right]^3 \qquad （5.2.4）$$

　　ここに　CBR_m：m 地点の CBR
　　　　　　CBR_1, CBR_2, $\cdots CBR_n$：m 地点の各層の CBR

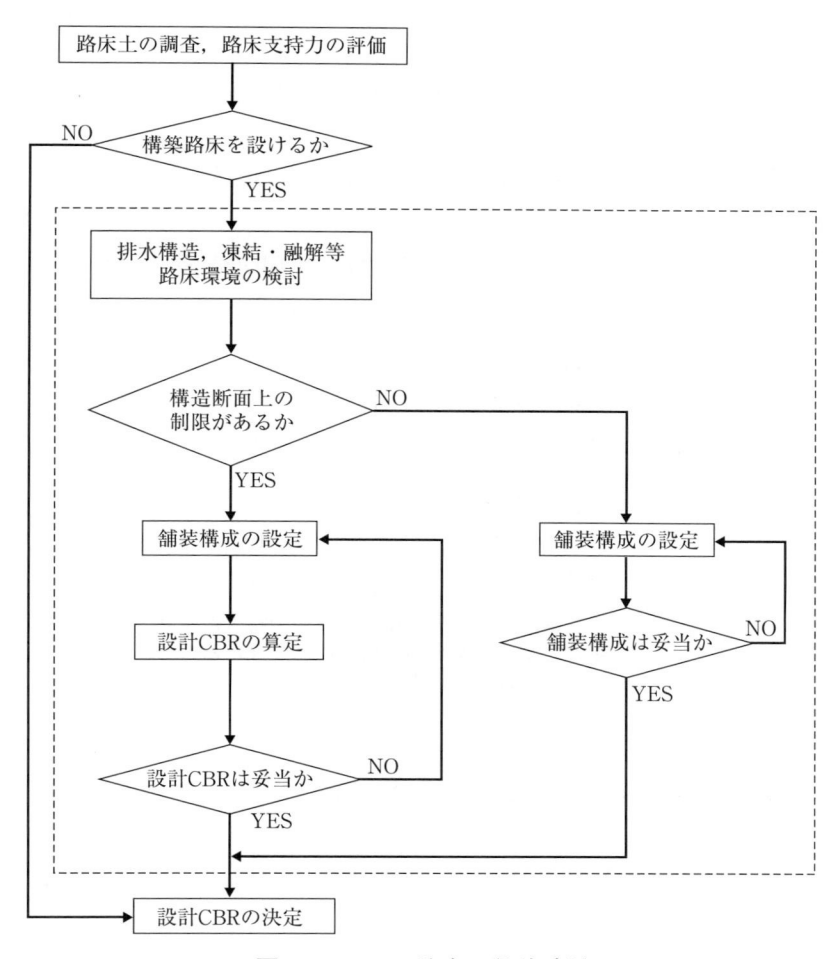

```
                路床土の調査，路床支持力の評価
                           │
                           ▼
              NO    ┌──────────────┐
         ┌─────────<   構築路床を設けるか   >
         │          └──────────────┘
         │               │ YES
         │  ┌────────────┼─────────────────────────────┐
         │  │            ▼                             │
         │  │   排水構造，凍結・融解等                  │
         │  │      路床環境の検討                       │
         │  │            │                             │
         │  │            ▼                             │
         │  │    ┌──────────────┐   NO                 │
         │  │   <  構造断面上の    >──────────┐          │
         │  │    │  制限があるか   │          │          │
         │  │    └──────────────┘          │          │
         │  │            │ YES             ▼          │
         │  │            ▼              舗装構成の設定 ◄─┐│
         │  │       舗装構成の設定             │         ││
         │  │            │                    ▼         ││
         │  │            ▼             ┌──────────┐  NO ││
         │  │       設計CBRの算定      <  舗装構成は妥当か >─┘│
         │  │            │             └──────────┘     │
         │  │            ▼                  │ YES       │
         │  │    ┌──────────────┐  NO       │           │
         │  │   <  設計CBRは妥当か >─────────┐│           │
         │  │    └──────────────┘         ││           │
         │  │            │ YES            ││           │
         │  └────────────┼────────────────┘│           │
         │               ▼                  │           │
         └──────►   設計CBRの決定  ◄─────────┘           │
```

図―5.2.2　路床の設計手順

$h_1, h_2, \cdots h_n$：m地点の各層の厚さ（cm）
$h_1 + h_2 \cdots + h_n = h$

② 同一の舗装厚で施工する区間を決定し，この区間の中にあるCBR_mのうち，極端な値を除いて，式（5.2.5）により区間のCBRを求める。

区間のCBR

$\quad$ = 各地点のCBRの平均値 − 各地点のCBRの標準偏差(σ_{n-1})（5.2.5）

③ 設計CBRは，区間のCBRから**表－5.2.3**により求める。

表－5.2.3 区間のCBRと設計CBRの関係

区間のCBR	設計CBR
（2以上3未満）	（2）
3以上4未満	3
4以上6未満	4
6以上8未満	6
8以上12未満	8
12以上20未満	12
20以上	20

〔注〕（ ）は，打換え工事などで既存の路床の設計CBRが2であるものの，構築路床を設けることが困難な場合に適用する。

④ 路床の評価上の留意点を**表－5.2.4**に示す。

表-5.2.4 路床の評価上の留意点

条　件	留　意　点
路床が深さ方向にいくつかの層をなしており，厚さ20cm未満の層がある場合	厚さ20cm未満の層はCBRの小さいほうの層に含めて計算してCBR$_m$を求める。
CBRが3未満の現状路床を改良して構築路床を設ける場合	改良厚さは，一般的な作業のできる路床の安定処理の場合は30〜100cmの間で，十分な締固め作業ができないような非常に軟弱な現状路床での安定処理や置換工法による場合は50〜100cmの間で設定する。
CBRが3未満の現状路床を改良した場合のCBR設定方法	・改良した層厚から20cm減じたものを有効な構築路床の層として扱う。 ・改良した層の下から20cmの層は，安定処理の場合，安定処理した層のCBRと現状路床土のCBRとの平均値をその層のCBRとする。置換えの場合は現状路床土と同じCBRとして計算を行う。 ・CBRが3以上の現状路床を改良して構築路床を設ける場合は，このような低減を行わなくてよい。
改良した層のCBRの上限	・改良した層のCBRの上限は20とする。 ・自然地盤の層については，CBRの上限は設けない。
置換材料のCBR	・置換材料のCBRは，本来，設計CBRを求める際のCBR試験によって評価を行う。 ・良質な盛土材料や砕石等の粒状材料を使用する場合，その材料の修正CBRによって評価してよい。この場合，施工基盤となる現状路床部分の状態によって作業性が左右されることから，修正CBRを求めるための所要の締固め度は，使用する箇所で実際に確保できるものでなければならない。 ・一般に，置換材料の修正CBRを求める場合の所要の締固め度は，90％とする。なお，修正CBRが20を超える場合は，20として評価する。
CBR$_m$の計算	・CBR$_m$の計算は，通常，路床が上部ほど高いCBRを示している場合に適用することができる。 ・路床の上部に下部と比べ極端に弱い層がある場合には，舗装構造はこの影響を受けることになるので，CBR$_m$を用いてはならない。 ・このような場合には全層が弱い層でできていると考えるか，またはその層を安定処理するか良質な材料で置き換えて計算を行う。
設計CBRの設定	・舗装構造を短区間で変えることは，施工が繁雑となるので好ましくない。舗装構造は少なくとも200mの区間は変えないように設計することが望ましい。
区間のCBRの計算	・(例) ・ある区間で7地点のCBRmを求めたら，4.8，3.9，4.6，5.9，4.8，7.0，3.3であった。 ・これらの平均値は4.9，標準偏差（σ_{n-1}）は1.2であるから，この区間のCBRは，4.9－1.2=3.7となる。
データの確認と判断	・路床の土質が同一の区間で，極端な値が得られた地点では試験法などに誤りがなかったかどうかを確認する。 ・極端な値として棄却する必要があるか，あるいは局所的に改良する必要があるか，またはその付近の舗装厚を変える必要があるかなどを判断しなければならない。 ・極端な値を棄却してよいかどうかの判断には，表-5.2.5を利用するとよい。

表－5.2.5 棄却判定に用いる γ (n, 0.05) の値

n	3	4	5	6	7	8
γ (n, 0.05)	0.941	0.765	0.642	0.560	0.507	0.468
n	9	10	11	12	13	14
γ (n, 0.05)	0.437	0.412	0.392	0.376	0.361	0.349
n	15	16	17	18	19	20
γ (n, 0.05)	0.338	0.329	0.320	0.313	0.306	0.300

(例1) 最大値が極端に大きい場合の検定

ある区間内の6地点で得られた路床土のCBR_mを，小さい方からX_1，X_2…の順に並べると次のようであった。この場合のnは6である。

(4.4, 4.8, 5.2, 5.5, 6.2, 12.2)

$$\gamma = \frac{X_n - X_{n-1}}{X_n - X_1} = \frac{12.2 - 6.2}{12.2 - 4.4} = 0.77 > 0.560 = \gamma\ (6,\ 0.05)$$

よって12.2は棄却し，区間のCBRは5.2 - 0.7 = 4.5となる。

(例2) 最小値が極端に小さい場合の検定

路床土のCBR_mの5個の測定値を小さい方からX_1，X_2…の順に並べると次のようであった。この場合のnは5である。

(2.4, 4.3, 4.7, 4.8, 5.2)

$$\gamma = \frac{X_2 - X_1}{X_n - X_1} = \frac{4.3 - 2.4}{5.2 - 2.4} = 0.678 > 0.642 = \gamma\ (5,\ 0.05)$$

よって2.4は棄却し，区間のCBRは4.8 - 0.4 = 4.4となる。

2) 構築路床

構築路床の設計とは，目標とする路床の支持力を設定し，路床改良の工法選定を行うほか，その支持力を設計期間維持することができるよう排水構造や凍結融解に対する対応を行うことをいう。

構築の対象となる路床は，CBRが3未満の軟弱路床の場合と，CBRが3

以上の路床の場合とがある。構築路床は，以下に示すように舗装の設計・施工の効率向上等の観点から合理的であると認められた場合，現状路床の改良を積極的に行う。

① 路床の設計CBRが3未満の場合
② 路床の排水や凍結融解に対する対応策をとる必要がある場合
③ 道路の地下に設けられた管路等への交通荷重の影響の緩和対策を必要とする場合
④ 舗装の仕上がり高さが制限される場合
⑤ 路床を改良したほうが経済的な場合

なお，構築路床の設計に関する留意点を**表ー5.2.6**に示す。

表ー5.2.6　構築路床の設計に関する留意点

項　目	留　意　点
設計手順	路床の設計における構築路床を設ける場合の設計手順は**図ー5.2.2**の 枠内に示すとおりである。
一定区間の舗装断面を同一とする	路床の支持力が比較的短い延長で変化している場合，一定区間の舗装断面を同一としたほうが施工面から考えても舗装の均一な品質が得られ，また，供用性にも寄与すると判断される場合に構築路床を設けることがある。
排水・凍結融解対策	軟弱な路床の場合には排水構造によって舗装全体の耐久性に大きく影響することがあるので，十分な検討が必要である。 さらに，凍結融解等による影響をできるだけ排除するために必要な路床の改良深さ，安定材等による路床の改良の程度も事前に調査しておく。
経済性	経済性の観点から構築路床を設ける場合，ライフサイクルコストを考慮し設計を行う。
目標設計CBR	目標設計CBRが設定されていない場合は，まず，適当な舗装構成を設定する。 次に，路床の目標設計CBRを算定し，その値を確保するために必要な構築路床の厚さと支持力を求める。 その後，構築路床を設置する目的，施工性および経済性などから設計CBRの妥当性を検討する。
路床支持力の統一	地域により，路床の支持力の下限を統一しておくことが，設計および施工上有利であると判断される場合は，その地域の路床の設計CBRの目標を設定し，目標設計CBRに満たない路床は目標に達するように改良することがある。

3) 凍上抑制層

　寒冷地域における舗装は，路床土の凍結融解の影響により破損することがあるので，その対策が必要である。すなわち，凍結融解の影響が大きければ，冬期は凍上により路面のひび割れや平たん性の悪化を招く一方，春先には融解により路床土の支持力が低下し，舗装の破損を招くことになる。したがって，寒冷地域の舗装では，このような破損を防ぐため，必要な深さまで路床を凍上の生じにくい材料，たとえば砂利や砂のような均一な粒状材料で置き換える必要がある。

　凍結深さから求めた必要な置換え深さと舗装の厚さを比較し，もし置換え深さが大きい場合は，路盤の下にその厚さの差だけ，凍上の生じにくい材料の層を設ける。この部分を凍上抑制層と呼び，路床の一部と考えT_Aの計算には含めない。

　凍上抑制層に関する留意点を表ー5.2.7に示す。

表ー5.2.7　凍上抑制層に関する留意点

項　目	留　意　点
置換え深さ	置換えの深さは，設計期間n年に一度生じると推定した凍結深さの70％あるいは経験値から求める。また，舗装の一部に断熱性の高い材料を使用する場合は，別途検討する必要がある。
凍結深さの推定	気象観測データから，凍結指数の年変動を統計処理して凍結深さを推定するには，まずn年確率凍結指数を求めたのち，図ー5.2.3に示す凍結指数と凍結深さとの関係を用いればよい。 n年確率凍結指数については，本便覧の「付録ー3　n年確率凍結指数の推定方法」を参照する。
設計CBRの再計算	凍上抑制層を設けるために20cm以上の置換えを行った場合，設計CBRの再計算を行う。

凍結指数（℃・日）

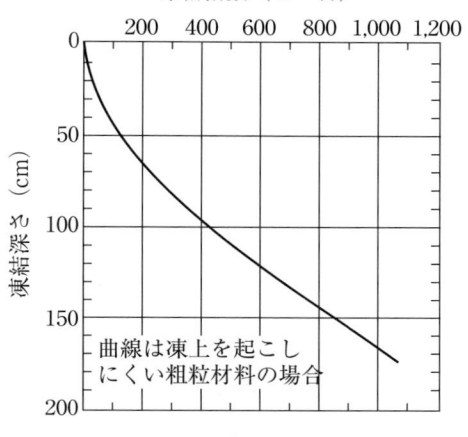

図— 5.2.3　凍結指数と凍結深さの関係

（3）構造設計

舗装の必須の性能指標である疲労破壊輪数を満足する構造設計方法として，普通道路の設計に適用するT_A法について以下に述べる。

1) T_A法による構造設計の概要

　T_A法にもとづいて設計されたアスファルト舗装は，過去の実績から所要の疲労破壊輪数を有しているとみなすことができる。

　設計条件を満足する舗装構成とするためには，舗装計画交通量，路床の支持力などの設計に用いる値の将来予測に伴うリスク等を勘案した信頼性設計を行う必要がある。

　信頼性設計の方法には，信頼度に応じた係数を用いる方法などがある。その詳細については本便覧の「付録－1　舗装の信頼性設計」を参照する。

　ここでは，信頼度に応じた係数を用いた方法による構造設計方法の例を以下に示す。

　信頼度に応じたT_Aの計算式は式（5.2.6）～式（5.2.8）に示すとおりである。

　舗装厚さの設計に当たっては，設定された信頼度に対するT_Aの計算式を用いて，路床の設計CBRと疲労破壊輪数から求められる必要等値換算厚T_A

を下回らないように舗装の各層の厚さを決定する。

信頼度90％の場合　　$T_A = \dfrac{3.84N^{0.16}}{CBR^{0.3}}$　　　　　　　　（5.2.6）

信頼度75％の場合　　$T_A = \dfrac{3.43N^{0.16}}{CBR^{0.3}}$　　　　　　　　（5.2.7）

信頼度50％の場合　　$T_A = \dfrac{3.07N^{0.16}}{CBR^{0.3}}$　　　　　　　　（5.2.8）

ここに，T_A　：必要等値換算厚（cm）
　　　　N　：疲労破壊輪数（回）
　　　　CBR：路床の設計CBR

式（5.2.6）は一般的なT_A式として従来から我が国で使われてきたものである。この式によって設計された舗装の耐用年数は，直轄国道の実態調査結果から信頼度90％に相当することが明らかになったため，信頼度90％の式と位置付けた。なお，式（5.2.7）と式（5.2.8）の定数項には，信頼度に応じた係数が含まれており，これらの式の適用に当たっては，式中のNに設定された疲労破壊輪数を代入すればよい。

2）舗装構成の決定

舗装構成の決定は，従来用いられていた実績のある断面を参考として，式（5.2.9）で求めたT_A'（設定した舗装断面の等値換算厚）が式（5.2.6）～式（5.2.8）で求めた必要T_Aを下回らないように行う。なお，構造設計に当たっては，**表－5.2.8**に示す表層と基層の最小厚さと，**表－5.2.9**および**表－5.2.10**に示す路盤各層の最小厚さの規定を満足するようにしなければならない。

$$T_A' = \sum_{i=1}^{n} a_i \cdot h_i \qquad (5.2.9)$$

ここに，T_A'：等値換算厚（cm）

表— 5.2.8 表層と基層を加えた最小厚さ

交通量区分	舗装計画交通量（台/日・方向）	表層と基層を加えた最小厚さ（cm）
N_7	3,000以上	20 (15) [注1]
N_6	1,000以上 3,000未満	15 (10) [注1]
N_5	250以上 1,000未満	10 (5) [注1]
N_4	100以上 250未満	5
N_3	40以上 100未満	5
N_2, N_1	40未満	4 (3) [注2]

〔注1〕（ ）内は、上層路盤に瀝青安定処理工法およびセメント・瀝青安定処理工法を用いる場合の最小厚さを示す。
〔注2〕 交通量区分N_1, N_2にあって、大型車交通量をあまり考慮する必要がない場合には、瀝青安定処理工法およびセメント・瀝青安定処理工法の有無によらず、最小厚さは3cmとすることができる。

a_i ：舗装各層に用いる材料・工法の等値換算係数
（表— 5.2.11参照）
h_i ：各層の厚さ（cm）
n ：層の数

舗装各層に用いる材料・工法の等値換算係数を表— 5.2.11に、表層・基層用アスファルト混合物のマーシャル安定度試験に対する基準値を表— 5.2.12に、舗装の各層に使用される材料に関する留意点を表— 5.2.13に示す。

なお、交通量区分N_1およびN_2の設計において、上層路盤と下層路盤の合計厚が15cm未満になる場合は、次のように設計する。

設計CBRが6以上の場合、上層および下層の区別をせずに路盤を同一の材料で設計し、表— 5.2.11に示す等値換算係数をそのまま用いる。

また、設計CBRが6未満の場合は、上層および下層路盤を区別した2層からなる設計とする。

このようにする理由は次のとおりである。設計CBRが6以上の場合、路床の支持力が大きく、路盤施工時の施工基盤としての役割を期待できるため、所定の品質の路盤を構築できることによる。また、設計CBRが6未満の場

合，一般に路床支持力が小さいため，その上に施工された路盤は，上層路盤としての品質を確保しにくいことによる。

なお，設計CBRが6未満の場合でも，過去の経験または試験施工などの結果から所定の品質を確保できることが確認されている場合には，下層路盤を設けずに上層路盤のみの設計としてもよい。この場合は，上層路盤のみ1層の等値換算係数を用いることになる。

表－5.2.9 路盤各層の最小厚さ（舗装計画交通量40台/日・方向以上）

工法・材料	1層の最小厚さ
瀝青安定処理（加熱混合式）	最大粒径の2倍かつ5cm
その他の路盤材	最大粒径の3倍かつ10cm

表－5.2.10 路盤各層の最小厚さ（舗装計画交通量40台/日・方向未満）

工法・材料	1層の最小厚さ
粒度調整砕石，クラッシャラン	7 cm
瀝青安定処理（常温混合式）	7 cm
瀝青安定処理（加熱混合式）	5 cm
セメント・瀝青安定処理	7 cm
セメント安定処理	12cm
石灰安定処理	10cm

表－5.2.11　舗装各層に用いる材料・工法の等値換算係数

使用する層	材料・工法	品質規格	等値換算係数 a
表層 基層	加熱アスファルト混合物	ストレートアスファルトを使用，混合物の性状は**表－5.2.12**による。	1.00
上層路盤	瀝青安定処理	加熱混合：安定度 3.43kN 以上	0.80
		常温混合：安定度 2.45kN 以上	0.55
	セメント・瀝青安定処理	一軸圧縮強さ［7日］1.5～2.9MPa 一次変位量［7日］5～30　1/100cm 残留強度率［7日］65%以上	0.65
	セメント安定処理	一軸圧縮強さ［7日］2.9MPa	0.55
	石灰安定処理	一軸圧縮強さ［10日］0.98MPa	0.45
	粒度調整砕石・粒度調整鉄鋼スラグ	修正 CBR80 以上	0.35
	水硬性粒度調整鉄鋼スラグ	修正 CBR80 以上 一軸圧縮強さ［14日］1.2MPa	0.55
下層路盤	クラッシャラン，鉄鋼スラグ，砂など	修正 CBR30 以上	0.25
		修正 CBR20 以上 30 未満	0.20
	セメント安定処理	一軸圧縮強さ［7日］0.98MPa	0.25
	石灰安定処理	一軸圧縮強さ［10日］0.7MPa	0.25

〔注〕
1．表層，基層の加熱アスファルト混合物に改質アスファルトを使用する場合には，その強度に応じた等値換算係数 a を設定する。
2．安定度とは，マーシャル安定度試験により得られる安定度（kN）をいう。この試験は直径 101.6mm のモールドを用いて作製した高さ 63.5 ± 1.3mm の円柱形の供試体を 60 ± 1℃の下で，円形の載荷ヘッドにより載荷速度 50 ± 5mm/min で載荷する。
3．一軸圧縮強さとは，安定処理材料の安定材の添加量を決定することを目的として実施される一軸圧縮試験により得られる強度（MPa）をいう。［　］内は供試体の養生期間を表わす。なお，試験条件はセメント安定処理および石灰安定処理とセメント・瀝青安定処理とでは異なる（「舗装試験法便覧」参照）。
4．一次変位量とは，セメント・瀝青安定処理路盤材料の配合設計を目的として実施される一軸圧縮試験により得られる一軸圧縮強さ発現時における供試体の変位量（1/100cm）をいう。この試験は，直径 101.6mm のモールドを用いて作製した高さ 68.0 ± 1.3mm の円柱形の供試体を載荷速度 1mm/min で載荷する。
5．残留強度率とは，一軸圧縮強さ発現時からさらに供試体を圧縮し，一次変位量と同じ変位量を示した時点の強度の一軸圧縮強さに対する割合をいう。
6．修正 CBR とは，修正 CBR 試験により得られる所定の締固め度における CBR 値（%）をいう。
7．再生アスファルト混合所において製造された再生加熱アスファルト混合物および再生路盤材混合所で製造された再生路盤材の等値換算係数も上記の数値を適用する。
8．排水性舗装に使用されるポーラスアスファルト混合物の等値換算係数は 1.0 を用いる。

表－5.2.12 マーシャル安定度試験に対する基準値

混合物の種類	突固め回数（回） N7, N6	突固め回数（回） N5～N1	空隙率 (%)	飽和度 (%)	安定度 (kN)	フロー値 (1/100cm)
①粗粒度アスファルト混合物 (20)	75	50	3～7	65～85	4.90以上	20～40
②密粒度アスファルト混合物 (20, 13)	75	50	3～6	70～85	4.90 [7.35]以上	20～40
③細粒度アスファルト混合物 (13)	75	50	3～6	70～85	4.90 [7.35]以上	20～40
④密粒度ギャップアスファルト混合物 (13)	75	50	3～7	65～85	4.90以上	20～40
⑤密粒度アスファルト混合物 (20F, 13F)	50	50	3～5	75～85	4.90以上	20～40
⑥細粒度ギャップアスファルト混合物 (13F)	50	50	3～5	75～85	4.90以上	20～40
⑦細粒度アスファルト混合物 (13F)	50	50	2～5	75～90	3.43以上	20～80
⑧密粒度ギャップアスファルト混合物 (13F)	50	50	3～5	75～85	4.90以上	20～40
⑨開粒度アスファルト混合物 (13)	75	50	－	－	3.43以上	－
⑩ポーラスアスファルト混合物 (20, 13)	50	50	－	－	－	－

〔注〕
1. N_7～N_1：交通量区分
2. 積雪寒冷地域で交通量区分 N_7 および N_6 の道路であっても，流動によるわだち掘れのおそれが少ないところにおいては突固め回数を50回とする。
3. 安定度の欄の［ ］内の値は，N_7 および N_6 で突固め回数を75回とする場合の基準値
4. 水の影響を受けやすいと思われる混合物またはそのような箇所に舗設される混合物は，次式で求めた残留安定度が75%以上であることが望ましい。
   残留安定度（%）＝（60℃，48時間水浸後の安定度／安定度）×100
5. 再生アスファルト混合所において製造した再生加熱アスファルト混合物にも同様の基準値を適用する。
6. ポーラスアスファルト混合物の設計アスファルト量の決定は，一般にマーシャル安定度試験によらないため，基準値を示していない。

表－5.2.13 舗装の各層に使用される材料に関する留意点

項　目	留　意　点
適用層と等値換算係数	通常，上層路盤に用いられる粒度調整砕石，粒度調整鉄鋼スラグなどの材料・工法を下層路盤に使用する場合は，下層路盤に示すクラッシャラン，鉄鋼スラグなどの等値換算係数を用いる。
セメント安定処理工法の厚さと等値換算係数の低減	・セメント安定処理工法を路盤に用いる場合には，その最小厚さは，舗装計画交通量 T＜1,000 では15cm，T≧1,000 では20cm以上を確保することが望ましい。 ・なお，T＜1,000 では，リフレクションクラック（セメント安定処理路盤の収縮ひび割れによって誘発されたクラック）を防止するため，**表－5.2.11**の一軸圧縮強さおよび等値換算係数を下げて用いることがある。 ・低減値の目安は，養生期間7日の一軸圧縮強度が2.5MPaで0.5，2.0MPaで0.45である。
再生混合物	表層・基層および路盤に再生アスファルト混合所において製造した再生加熱アスファルト混合物を使用する場合や，路盤に再生路盤材混合所で製造された再生路盤材を使用する場合がある。詳細については，「舗装再生便覧」を参照する。
フルデプスアスファルト舗装	市街地などで舗装厚を目標値まで厚くして施工することが困難な場合は，目標とする T_A をすべて加熱アスファルト混合物で構成するフルデプスアスファルト舗装を採用することがある。設計に当たっては，「7－3－4　フルデプスアスファルト舗装」を参照する。
瀝青安定処理工法	舗装計画交通量 T≧1,000 の上層路盤においては，粒度調整砕石に比べて平たん性を得やすいこと，ひび割れ発生後の急速な破損を防ぐことができることなどから，瀝青安定処理工法（加熱混合式）が使用されることが多い。
新たな材料・工法の等値換算係数	**表－5.2.11**の材料・工法は，現時点で等値換算係数が明確なものだけを示している。これ以外の新たな材料・工法については，その強度などに応じた等値換算係数を道路管理者が設定することで，T_A法の適用が可能となる。
等値換算係数の求め方　試験舗装	試験舗装により等値換算係数を求める方法としては，供用性の推移から，MCI，PSI等の指数が一定の値に達するときの累積49kN換算輪数を求め，T_Aが既知の工区と比較することにより各工区のT_Aを推定し，それから対象材料・工法の等値換算係数を定めることが多い。
等値換算係数の求め方　室内試験	試験舗装を通じて等値換算係数を求めるためには，多大な費用と時間を必要とするため，室内試験から等値換算係数を評価することもできる。室内試験から等値換算係数を求める方法として，一般的には弾性係数あるいは一軸圧縮強さ等の値を類似した材料と比較することから求める方法がある。このような室内試験から得られた値を等値換算係数として暫定的に定め，その値を採用してもよい。室内試験から求めた等値換算係数を一般値として定めるには，その後の供用性を確認する必要がある。

（4）構造設計例

1) 信頼性を考慮した設計CBRとT_Aの関係

　　式（5.2.6）〜式（5.2.8）に対応した路床の設計CBRとT_Aの関係を信頼度別に整理して示したものが**表－5.2.14**である。構造設計は、これらのT_Aを満足するように各層の材料と厚さを決定すればよい。

表－5.2.14 アスファルト舗装の必要等値換算厚（設計期間10年の例）

(a) 信頼度90%　式（5.2.6）

交通量区分	舗装計画交通量(台／日・方向) \ 設計CBR	3	4	6	8	12	20
N_7	3,000以上	45	41	37	34	30	26
N_6	1,000以上3,000未満	35	32	28	26	23	20
N_5	250以上1,000未満	26	24	21	19	17	15
N_4	100以上250未満	19	18	16	14	13	11
N_3	40以上100未満	15	14	12	11	10*	9*
N_2	15以上40未満	12	11	10*	9*	8*	7*
N_1	15未満	9*	9*	8*	7*	7*	7*

(b) 信頼度75%　式（5.2.7）

交通量区分	舗装計画交通量(台／日・方向) \ 設計CBR	3	4	6	8	12	20
N_7	3,000以上	40	37	33	30	27	23
N_6	1,000以上3,000未満	31	29	25	23	21	18
N_5	250以上1,000未満	23	21	19	17	15	13
N_4	100以上250未満	17	16	14	13	11	10*
N_3	40以上100未満	13	12	11	10*	9*	8*
N_2	15以上40未満	11	10*	9*	8*	7*	7*
N_1	15未満	8*	8*	7*	7*	7*	7*

(c) 信頼度50%　式（5.2.8）

交通量区分	舗装計画交通量(台／日・方向) \ 設計CBR	3	4	6	8	12	20
N_7	3,000以上	36	33	29	27	24	21
N_6	1,000以上3,000未満	28	26	23	21	19	16
N_5	250以上1,000未満	21	19	17	16	14	12
N_4	100以上250未満	15	14	13	12	10*	9*
N_3	40以上100未満	12	11	10*	9*	8*	7*
N_2	15以上40未満	10*	9*	8*	7*	7*	7*
N_1	15未満	8*	7*	7*	7*	7*	7*

＊T_Aが11未満となる場合、粒度調整砕石など**表－5.2.11**に示す材料では**表－5.2.9**および**表－5.2.10**に示す最小厚さを満足しない場合があるので、使用材料および工法の選定に注意する必要がある。

2) 各種の材料を使用した場合の設計例

　舗装を構成する材料には多くの種類があり，使用する材料の等値換算係数によって舗装厚が異なる。したがって，交通条件，材料入手の難易度，施工時の制約条件，経済性などを総合的に考慮して使用材料を選定し，設定する信頼度を適切に選択して構造設計を行う。最終的にはライフサイクルコストを考慮し採用する構造を決定する。なお，ライフサイクルコストの算定に当たっては，「舗装設計施工指針」の「付録－3　ライフサイクルコストの算定方法」を参照する。また，**表－5.2.14**に示す所要の等値換算厚に対応する舗装構成の一例を以下に示す。なお，他の設計CBRおよび信頼度にあっても同様の方法で設計することができる。

① 交通量区分N_7の設計例

ⅰ) 設計条件

表－5.2.15　設計条件

項　目	設計条件	備　考
交通量区分	N_7	
舗装の設計期間	10年	
疲労破壊輪数	35,000,000回	
舗装計画交通量	3,100台/日・方向	
信頼度	90%	
設計CBR	4	
必要T_A	41	式（5.2.6）または**表－5.2.14**

ⅱ) 設計例

　舗装を構成する各層の材料に応じた厚さは，式（5.2.9）を用いて計算する。上層路盤に粒度調整砕石，下層路盤にクラッシャランを用いた場合の計算方法は次のとおりであり，他の材料を使用する場合も同様に計算すればよい。

　使用材料の異なる5種類の舗装構造例を**表－5.2.16**に示す。

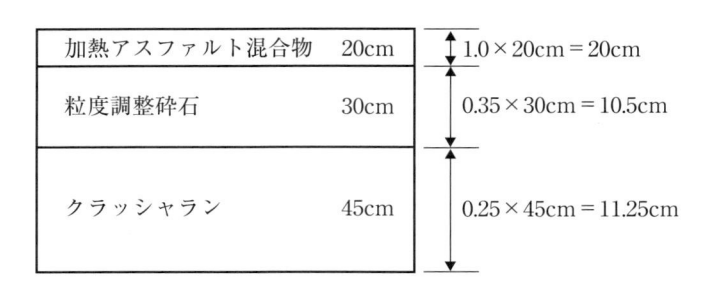

加熱アスファルト混合物	20cm	$1.0 \times 20\text{cm} = 20\text{cm}$
粒度調整砕石	30cm	$0.35 \times 30\text{cm} = 10.5\text{cm}$
クラッシャラン	45cm	$0.25 \times 45\text{cm} = 11.25\text{cm}$

$T_A' = (1.0 \times 20) + (0.35 \times 30) + (0.25 \times 45) = 41.8\text{cm}\ (>41\text{cm})$

合計厚さ $H = 95\text{cm}$

表ー5.2.16 舗装断面の一例(交通量区分 N_7,信頼度90%,設計期間10年の例)

	材料	等値換算係数	設計例 ①	②	③	④	⑤
表・基層	加熱アスファルト混合物	1.00	20	15	15	20	20
上層路盤	瀝青安定処理(加熱混合)	0.80		10			
上層路盤	セメント・瀝青安定処理	0.65			25		
上層路盤	セメント安定処理(水硬性粒度調整鉄鋼スラグ)	0.55				16	
上層路盤	石灰安定処理	0.45					19
上層路盤	粒度調整砕石(粒度調整鉄鋼スラグ)	0.35	30	27			
下層路盤	クラッシャラン(セメント安定処理)(石灰安定処理)	0.25	45	35	40	50	50
	T_A' cm		41.8	41.2	41.3	41.3	41.1
	合計厚さ cm		95	86	80	86	89

② 交通量区分N_6およびN_5の設計例

設計CBR＝4，信頼度90％とした場合の各舗装計画交通量における舗装構造例を**表－5.2.17**に示す。

表－5.2.17 舗装断面の一例
（交通量区分N_6，N_5，信頼度90％，設計期間10年の例）

	材料	N_6 ①	②	③	④	⑤	N_5 ①	②	③	④	⑤
表・基層	加熱アスファルト混合物	15	10	10	15	15	10	5	5	10	10
上層路盤	瀝青安定処理（加熱混合）		8					9			
	セメント・瀝青安定処理			23					20		
	セメント安定処理（水硬性粒度調整鉄鋼スラグ）				20					15	
	石灰安定処理					25					15
	粒度調整砕石（粒度調整鉄鋼スラグ）	20	20				15	13			
下層路盤	クラッシャラン（セメント安定処理）（石灰安定処理）	40	35	30	25	25	35	30	25	25	30
	$T_A{'}$　cm	32.0	32.2	32.5	32.2	32.5	24.0	24.3	24.3	24.5	24.3
	合計厚さ　cm	75	73	63	60	65	60	57	50	50	55

③ 交通量区分N_4およびN_3の設計例

設計CBR＝4，信頼度75％とした場合の各舗装計画交通量別の舗装構造例を**表－5.2.18**に示す。

表−5.2.18 舗装断面の一例

(交通量区分 N_4, N_3, 信頼度75%, 設計期間10年の例)

材料		N_4 ①	N_4 ②	N_4 ③	N_4 ④	N_4 ⑤	N_3 ①	N_3 ②	N_3 ③	N_3 ④	N_3 ⑤
表・基層	加熱アスファルト混合物	5	5	5	5	5	5	5	5	5	5
上層路盤	瀝青安定処理(加熱混合)		8					5			
	セメント・瀝青安定処理			10					7		
	セメント安定処理(水硬性粒度調整鉄鋼スラグ)				11					10	
	石灰安定処理					14					10
	粒度調整砕石(粒度調整鉄鋼スラグ)	16					10				
下層路盤	クラッシャラン(セメント安定処理)(石灰安定処理)	22	20	20	20	20	15	13	10	10	12
$T_{A'}$ cm		16.1	16.4	16.5	16.1	16.3	12.3	12.3	12.1	13.0	12.5
合計厚さ cm		43	33	35	36	39	30	23	22	25	27

〔注〕上層路盤にセメント安定処理などを適用すると,収縮により発生したひび割れが表層に影響する場合があるので注意を要する。

④ 交通量区分 N_2 および N_1 の設計例

設計CBR=6,信頼度50%とした場合の各舗装計画交通量別の舗装構造例を**表−5.2.19**に示す。

表—5.2.19 舗装断面の一例
(交通量区分 N_2, N_1, 信頼度50%, 設計期間10年の例)

材料		N_2 ①	N_2 ②	N_2 ③	N_2 ④	N_2 ⑤	N_1 ①	N_1 ②	N_1 ③	N_1 ④	N_1 ⑤
表・基層	加熱アスファルト混合物	4	4	4	3	3	3	3	3	3	3
上層路盤	瀝青安定処理(加熱混合)		5					5			
上層路盤	セメント・瀝青安定処理			7					7		
上層路盤	セメント安定処理[注1] (水硬性粒度調整鉄鋼スラグ)				[注2] 10					[注2] 8	
上層路盤	石灰安定処理					12					10
上層路盤	粒度調整砕石 (粒度調整鉄鋼スラグ)	12					12				
下層路盤	クラッシャラン (セメント安定処理) (石灰安定処理)										
T_A' cm		8.2	8.0	8.6	8.5	8.4	7.2	7.0	7.6	7.4	7.5
合計厚さ cm		16	9	11	13	15	15	8	10	11	13

〔注1〕上層路盤にセメント安定処理などを適用すると,収縮により発生したひび割れが表層に影響する場合があるので注意を要する。
〔注2〕**表—5.2.10**に示す最小厚さを満足しない例もあるが,過去の経験または試験施工などの結果から所定の品質を確保できる場合には採用してよい。

⑤ 同一設計CBR,同一交通量区分で信頼度を変えた場合の設計例

設計CBR=4,交通量区分 N_5 の場合を例にとり,信頼度を90,75および50%と変えた場合の設計例を**表—5.2.20～表—5.2.22**に示す。

表—5.2.20 信頼度90％の舗装断面例（交通量区分N₅，設計期間10年の例）

材料		①	②	③	④	⑤
表・基層	加熱アスファルト混合物	10	5	10	10	10
上層路盤	瀝青安定処理（加熱混合）		9			
	セメント・瀝青安定処理			15		
	セメント安定処理（水硬性粒度調整鉄鋼スラグ）				15	
	石灰安定処理					15
	粒度調整砕石（粒度調整鉄鋼スラグ）	15	13			
下層路盤	クラッシャラン（セメント安定処理）（石灰安定処理）	35	30	20	25	30
T_A' cm		24.0	24.3	24.8	24.5	24.3
合計厚さ cm		60	57	45	50	55

表—5.2.21 信頼度75％の舗装断面例（交通量区分N₅，設計期間10年の例）

材料		①	②	③	④	⑤
表・基層	加熱アスファルト混合物	10	5	10	10	10
上層路盤	瀝青安定処理（加熱混合）		8			
	セメント・瀝青安定処理			10		
	セメント安定処理（水硬性粒度調整鉄鋼スラグ）				12	
	石灰安定処理					14
	粒度調整砕石（粒度調整鉄鋼スラグ）	15	10			
下層路盤	クラッシャラン（セメント安定処理）（石灰安定処理）	25	25	20	20	20
T_A' cm		21.5	21.2	21.5	21.6	21.3
合計厚さ cm		50	48	40	42	44

表－5.2.22　信頼度50％の舗装断面例（交通量区分N_5，設計期間10年の例）

	材料	設計例				
		①	②	③	④	⑤
表・基層	加熱アスファルト混合物	10	5	10	10	10
上層路盤	瀝青安定処理（加熱混合）		9			
	セメント・瀝青安定処理			10		
	セメント安定処理 （水硬性粒度調整鉄鋼スラグ）				10	
	石灰安定処理					12
	粒度調整砕石 （粒度調整鉄鋼スラグ）	12	10			
下層路盤	クラッシャラン （セメント安定処理） （石灰安定処理）	20	15	10	15	15
	T_A'　　　cm	19.2	19.5	19.0	19.3	19.2
	合計厚さ　　cm	42	39	30	35	37

5－2－2　普通道路の補修の構造設計

　舗装の補修の構造設計では，破損箇所の原因調査を行い，必要な対策を十分に検討することが重要である。また，選定した補修工法の構造設計が必要となる場合には，補修断面の構造設計を行う。

　補修における構造設計とは，破損状態，破損原因および設計条件に応じた適切な補修工法を選定し，舗装構造を決定することをいう。舗装の補修は，維持工法から修繕工法まで多種多様な工法がある。打換え工法やオーバーレイ工法などでは，構造設計を行い，適切な補修の設計を行うことが必要となる。ここでは，補修時の破損原因調査および構造設計方法などについて述べる。

（1）舗装の破損状態の調査

　破損状態の調査は，舗装の破損原因を特定するために行うもので，日常的に行う簡易調査および定期的に行う路面の定量調査とは別に行うものである。この調査では，調査水準により，採取コアの観察調査，コアからのアスファルトの抽出および性状試験調査，さらに，たわみ量測定などの舗装構造の非破壊調査や開削

調査などがある。

なお，舗装構造の非破壊調査や開削調査などは，路面のひび割れの進行速度やひび割れの状態等を勘案し実施する。また，交通量の多い道路ほど破損の影響が大きいので，早期に調査を行うことが望ましい。**表ー5.2.23**は，非破壊調査や開削調査の実施時期の目安を示したものである。

表ー5.2.23　非破壊調査や開削調査を行うひび割れ状況の目安

舗装の種類	舗装の存する場所	ひび割れの状況
アスファルト舗装	主要幹線道路	ひび割れ率　10　(％)
	幹線道路	ひび割れ率　15　(％)
	その他	ひび割れ率　20　(％)
コンクリート舗装	すべての場所	ひび割れ度　10　(cm/m^2)

〔注1〕表中の値は，維持，修繕の要否判断を行うためのものではない。
〔注2〕ひび割れ率：調査対象面積に対するひび割れの生じている箇所の面積比
　　　ひび割れ度：調査対象面積に対するひび割れの長さの比

1)　調査項目

　破損原因の調査項目の例を日常的に行う簡易調査および定期的に行う路面の定量調査と併せて**表ー5.2.24**に示す。破損原因を正確に把握するためには，これらの3種類の調査を同時に行うこともある。

2)　路面の定量調査の試験方法

　舗装の性能については，次のような定量調査を行う。このうち，平たん性と浸透水量，騒音値およびすべり抵抗値の測定方法の詳細は「舗装性能評価法」を参照する。その他の試験方法は，「舗装試験法便覧」または「舗装試験法便覧別冊」を参照する。

①　ひび割れ率・ひび割れ度：スケッチによる方法か路面性状測定車により行う。

②　わだち掘れ量：横断プロフィルメータや路面性状測定車により行う。

③　平たん性：3mプロフィルメータまたは同等の結果が得られる方法により行う。

表－5.2.24　アスファルト舗装における調査項目の例

調査項目		簡易調査	路面の定量調査	破損原因の調査〔注〕	
				調査水準1	調査水準2
ひび割れ (疲労抵抗, 老化など)		・目視観察	・ひび割れ率 ・ひび割れ幅 ・ひび割れ深さ	・コア採取 ・抽出および性状試験	・非破壊調査 ・開削調査
わだち掘れ (塑性変形, 摩耗など)		・目視観察 ・試走(走行感覚)	・わだち掘れ量	・コア採取 ・抽出および性状試験	・切取り供試体の 物性試験 ・開削調査
平たん	平たん性	・目視観察 ・試走(走行感覚)	・平たん性	・コア採取 ・抽出および性状試験	
	段差	・目視観察 ・試走(走行感覚)	・段差量		・開削調査
透水		・目視観察	・浸透水量	・コア採取 ・空隙率測定 ・透水係数測定	
すべり抵抗		・目視観察	・すべり抵抗値	・コア採取 ・抽出および性状試験	
騒音		・聴感	・騒音値(タイヤ ／路面騒音, 沿 道環境騒音)	・コア採取 ・空隙率測定	
ポットホール		・目視観察	・長径, 短径, 個 数	・コア採取 ・抽出および性状試験	

〔注〕調査水準1：比較的簡単に行える調査であり，コア採取および採取コアを使用した試験などが含まれる。
　　　調査水準2：より大掛かりな調査で，切取り供試体のホイールトラッキング試験，非破壊試験，開削調査などが含まれる。

④　浸透水量：現場透水量試験により行う。

⑤　その他：すべり抵抗値，騒音値など

3)　破損原因の調査方法

舗装の破損原因の調査は，非破壊調査または開削調査などにより行う。

①　非破壊調査による方法

非破壊調査は，広範囲の舗装を開削せずに調査できるので，舗装構造の性能の変化を経時的に調査する場合などに適している。非破壊調査の方法としては，たとえば，次のようなものがある。

　・たわみ測定による方法

・弾性波による伝播速度測定による方法

・地中レーダによる方法

なかでも，たわみ測定による方法が最も一般的であり，測定装置としては，フォーリング・ウエイト・デフレクトメータ（FWD）やベンケルマンビームなどがある。このうち，FWDは舗装構造の解析が可能であり，測定したたわみにより，アスファルト舗装においては舗装全体の支持力や路床の支持力，コンクリート舗装においてはコンクリート版目地部の荷重伝達などを推定することも可能である。

② 開削調査による方法

開削調査は，舗装の破損原因の究明など，舗装構造の状況を部分的に詳細に調査するのに適している。開削調査では，舗装構成層の変形状況や深さ方向のひび割れ状況を観察，測定したり，路床，路盤の支持力を直接測定したりする。また，採取した路床や舗装各層の材料を用いて，室内試験よりレジリエントモデュラスの測定を行うなど，舗装の状況を各層ごとに個別に評価することも可能である。

（2）既設舗装の構造評価

既設舗装の構造は，路面の破損状況，支持力，疲労の程度などで評価する。その評価方法には，路面の破損状況にもとづく残存等値換算厚，FWDなどのたわみ測定装置で測定される表面たわみ，疲労度などの指標を用いて行う方法がある。以下に各々の方法について示す。

1) 残存等値換算厚（T_{A0}）による方法

残存等値換算厚（T_{A0}）は舗装の破損状況に応じて既設舗装の残存価値を表層・基層用加熱アスファルト混合物の等値換算厚で評価したものである。T_{A0}の計算に用いる換算係数は**表－5.2.25**に示すとおりである。T_{A0}は，「技術基準」の別表1に示されているT_A法と同様に，この換算係数を各層の厚さに乗じてその合計により求める。オーバーレイ工法の場合は，既設舗装全厚のT_{A0}を求める。打換え，表層・基層打換え工法，局部打換え工法，路上路盤再生工法の場合は，打ち換えずに残す部分のT_{A0}を求める。また，FWD試験などによる表面たわみから残存等値換算厚を算出する方法もある。

表— 5.2.25　T_{A0}の計算に用いる換算係数

層	既設舗装の構成材料	各層の状態	係　数	摘　　要
表層・基層	加熱アスファルト混合物	破損の状態が軽度で中度の状態に進行するおそれのある場合	0.9	破損の状態が軽度に近い場合を最大値，重度に近い場合を最小値に考え，中間は破損の状況に応じて係数を定める
		破損の状態が中度で重度の状態に進行するおそれのある場合	0.85～0.6	
		破損の状態が重度の場合	0.5	
上層路盤	瀝青安定処理（加熱混合）		0.8～0.4	新設時と同等と認められるものを最大値にとり，破損の状況に応じて係数を定める
	セメント・瀝青安定処理		0.65～0.35	
	セメント安定処理		0.55～0.3	
	石灰安定処理		0.45～0.25	
	水硬性粒度調整スラグ		0.55～0.3	
	粒度調整砕石		0.35～0.2	
下層路盤	クラッシャラン，鉄鋼スラグ，砂など		0.25～0.15	
	セメント安定処理および石灰安定処理		0.25～0.15	
セメントコンクリート版		破損の状態が軽度または中度の場合	0.9	
		破損の状態が重度の場合	0.85～0.5	

〔注〕舗装破損の状態の判断
　　軽度：ほぼ完全な供用性を有しており，当面の補修は不要であるもの。
　　　　　（おおむねひび割れ率が15%以下のもの）
　　中度：ほぼ完全な供用性を有してるが，局部的・機能的な補修が必要なもの。
　　　　　（おおむねひび割れ率が15～35%のもの）
　　重度：オーバーレイあるいはそれ以上の大規模な補修が必要であるもの。
　　　　　（おおむねひび割れ率が35%以上のもの）

2) 表面たわみによる方法

　　ＦＷＤ試験などによる表面たわみと実績のある舗装構造における表面たわみとの比較から構造評価する方法や，表面たわみ形状から算定した舗装各層および路床の弾性係数などを指標として舗装構造を評価する方法がある。

3) 疲労度による方法

　　供用開始より，さまざまな交通条件や環境条件のもとで舗装が受けた疲労ダメージの蓄積量を疲労度として求め，これを指標として舗装構造を評価する。

（3）破損の種類と原因

調査結果にもとづき，舗装の破損原因を把握し，どの層までの対策が必要か検

計する。舗装の破損の種類には，**表ー5.2.26**に示すものがある。

　路面の破損には，いくつかの破損を除けば，その原因が舗装構造にも起因している場合もあるので，舗装構造に係わる調査結果なども参考に原因を究明する。

　舗装構造に関する破損は，ひび割れの発生を伴うことが多く，非破壊調査や開削調査の結果にもとづき，どの層に原因があるかを究明し，補修工法の選定および補修の構造設計に活用する。

表ー5.2.26　路面に見られるアスファルト舗装の破損

破損の種類		主な原因等	原因と考えられる層	
			表層	基層以下
ひび割れ	亀甲状ひび割れ（主に走行軌跡部）	舗装厚さ不足，路床・路盤の支持力低下・沈下，計画以上の交通量履歴	○	○
	亀甲状ひび割れ（走行軌跡部～舗装面全体）	混合物の劣化・老化	○	○
	線状ひび割れ（走行軌跡部縦方向）	わだち割れ	◎	○
	線状ひび割れ（横方向）	温度応力	○	○
	線状ひび割れ（ジョイント部）	転圧不良，接着不良	◎	
	リフレクションクラック	コンクリート版，セメント安定処理の目地・ひび割れ		◎
	ヘアークラック	混合物の品質不良，転圧温度不適	◎	
	構造物周辺のひび割れ	地盤の不等沈下		◎
	橋面舗装のひび割れ	床版のたわみ	○	
わだち掘れ	わだち掘れ（沈下）	路床・路盤の沈下		◎
	わだち掘れ（流動）	混合物の品質不良	◎	
	わだち掘れ（摩耗）	タイヤチェーンの走行	◎	
平たん性の低下	平たん性　縦断方向の凹凸	混合物の品質不良，路床・路盤の支持力の不均一	◎	
	コルゲーション，くぼみ，より	混合物の品質不良，層間接着不良	◎	
	段差　　　構造物周辺の段差	転圧不足，地盤の不等沈下		◎
浸透水量の低下	滞水，水はね	空隙づまり，空隙つぶれ	◎	
すべり抵抗値の低下	ポリッシング	混合物の品質不良（特に骨材）	◎	
	ブリージング（フラッシュ）	混合物の品質不良（特にアスファルト）	◎	
騒音値の増加	騒音の増加	路面の荒れ，空隙づまり，空隙つぶれ	◎	
ポットホール	混合物の剥奪飛散	混合物の品質不良，転圧不足	○	○
その他	噴泥	ポンピング作用による路盤の浸食		◎

〔注〕◎：原因として特に可能性の大きいもの
　　　○：原因として可能性のあるもの

（4）設計条件の設定

　補修工法の選定，補修時の構造設計および材料の選択を行う際，適切な判断を下すために，破損状態の調査の他，必要に応じて支持力，舗装構造，舗装材料の性状，交通条件などの設計条件について定量的な把握を行う。また，これらと併せて，新設時の設計条件や補修履歴等についても舗装台帳等により確認する。

　補修時の路面設計および構造設計条件は，本便覧の「第3章　設計条件の設定」および「第4章　路面設計」に従って設定する。

　補修の構造設計条件で留意すべき事項を以下に述べる。

1) 交通条件

　　交通条件の設定に当たっては，既設の舗装が現況の交通条件に対して適切な構造となっているかを判断する必要がある。舗装の破損は，新設時に設定された疲労破壊輪数以上の繰返し交通荷重あるいは過大な交通荷重が作用したために，交通荷重と舗装構造のバランスが失われることにより発生する場合も多い。特に構造破損が著しく早く発生した箇所では過大な交通荷重の影響が考えられるので，車両重量を測定し，その測定結果にもとづいて補修の設計における疲労破壊輪数を設定した方がよい場合がある。

2) 設計CBR

　　設計CBRの設定に当たっては，既存の資料や路床の支持力を推定する方法を利用する。ただし，路面のたわみが特に大きい場合や広範囲におよぶ全層打換えの場合は，開削調査や非破壊調査等により設計CBRを求めることが望ましい。

3) 補修の制約条件

　　補修にあっては，以下に示すように新設と異なる設計上の制約を受ける場合がある。

① 路面の高さの制約

　　既設舗装路面の高さや周囲の住居などの沿道環境による制約について検討する。市街地等で路面の仕上がり高さに制約を受ける場合には，オーバーレイなどを採用できないことがあるので，所定の路面の性能指標の値と疲労破壊輪数を確保できる材料および工法を選定して構造設計を行う必要がある。

② 交通規制の制約

　補修工事の期間中は，部分的あるいは全面的に交通規制を行うことになる。施工場所によっては長期間の交通規制が不可能な場合もあり，工事期間を短縮できる材料および工法を選定して構造設計を行う必要がある。

③ 地下埋設物の設置位置からの制約

　地下埋設物の設置位置が浅く，埋設物の保全に特に注意が必要な場合には，自ずと舗装厚さが制限されるので，制約条件を満足する適切な材料および工法を選定して構造設計を行う必要がある。

④ 補修作業上の制約

　作業時間帯や作業スペースの制約についても検討する必要がある。

(5) 補修工法の選定

アスファルト舗装の破損原因と主な補修工法を**表－5.2.27**に示す。また，各補修工法の対策の及ぶ範囲を**図－5.2.4**に示す。横軸は機能的対策と構造的対策の性格を，縦軸は対策の及ぶ層の範囲を示している。すなわち，図の右上に位置する工法ほど構造的対策で全層に及ぶ補修であり，左下に位置する工法ほど機能的対策で表層または基層までの範囲ですむ補修である。

表－5.2.27　主な破損の種類と修繕工法の例

破損の種類	修繕工法の例
ひび割れの増大	打換え工法，表層・基層打換え工法，切削オーバーレイ工法，オーバーレイ工法，路上路盤再生工法
わだち掘れ量の増大 平たん性の低下	表層・基層打換え工法，切削オーバーレイ工法，オーバーレイ工法，路上表層再生工法
すべり抵抗値の低下	表層打換え工法，切削オーバーレイ工法，オーバーレイ工法，路上表層再生工法

補修工法は，破損状態や設計条件等に応じた適切なものを選定する。補修時に舗装構造の設計が必要となる場合には，補修の構造設計を行う。その際に対象となる工法には以下のものが挙げられる。この中から設計条件を満足する工法を適切に選定する。

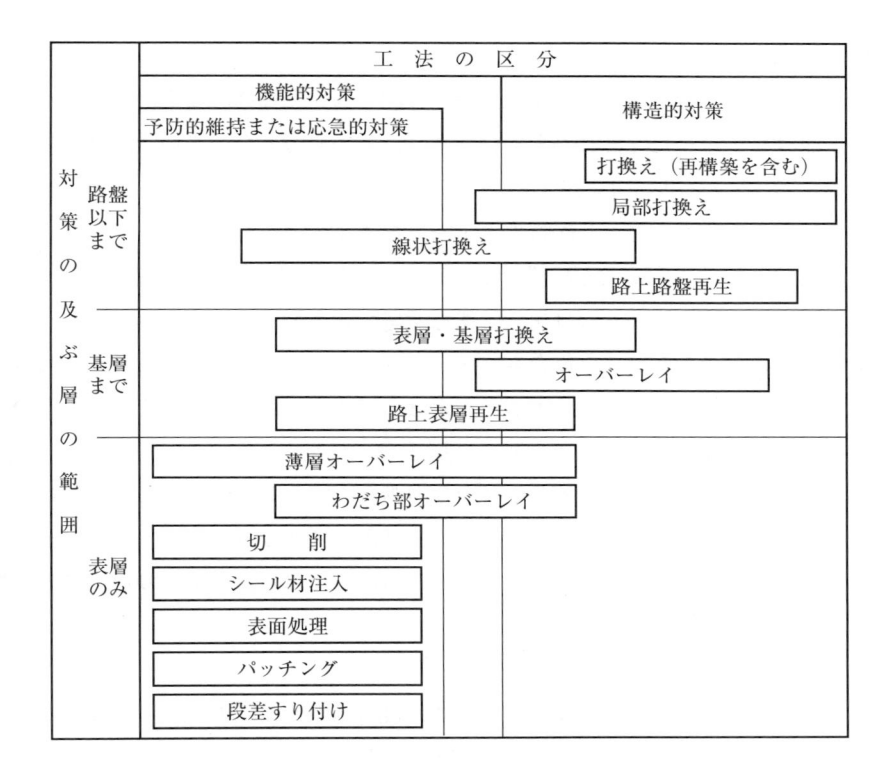

工法の区分			
対策の及ぶ層の範囲		機能的対策 予防的維持または応急的対策	構造的対策
路盤以下まで			打換え（再構築を含む）
			局部打換え
		線状打換え	
			路上路盤再生
基層まで		表層・基層打換え	
			オーバーレイ
		路上表層再生	
表層のみ		薄層オーバーレイ	
		わだち部オーバーレイ	
		切削	
		シール材注入	
		表面処理	
		パッチング	
		段差すり付け	

図－5.2.4　アスファルト舗装の補修工法

① 打換え工法
② 局部打換え工法
③ 路上路盤再生工法
④ 表層・基層打換え工法
⑤ オーバーレイ工法

補修工法選定上の留意点を以下に示す。

1) 破損の面的な規模

　　局部的な破損か広範囲な破損かを見極め，その範囲に応じた工法を選定する。なお，局部的な破損の場合は，それが広範囲な破損に進展する可能性について検討し，予防的な補修を行うこともある。

—97—

2) 補修の時期

破損の進行状況および気象条件等を考慮し適切な補修時期を決定する。

3) 流動によるわだち掘れが大きい場合は，その原因となっている層を除去しないでオーバーレイ工法を行うと再び流動する可能性が高いので，オーバーレイ工法よりも表層・基層打換え工法等を選定する。

4) ひび割れの程度が大きい場合は，路床・路盤の破損の可能性が高いので，オーバーレイ工法よりも打換え工法を選定することが望ましい。

5) 路盤のたわみが大きい場合も路床・路盤に破損が生じていると考えられるため，安易にオーバーレイ工法を選定せずに路床・路盤の調査を行い，その状況によっては打換え工法を選定する。

6) 補修に当たっては，舗装発生材を極力少なくすることが望ましい。これには発生材を減ずる工法の選定と構造の設計が必要となる。特に，発生材を有効活用する方法として各種の再生工法がある。なお，再生工法の適用に当たっては，「舗装再生便覧」を参照する。

（6）補修の構造設計

補修の舗装構造の設計はT_A法に準じて，設定された疲労破壊輪数，信頼度，設計CBR，既設舗装の残存等値換算厚（T_{A0}）を用いて行う経験にもとづいて行う方法の他，FWDやベンケルマンビームによる既設舗装のたわみ測定結果を利用する方法などがある。ここでは，残存等値換算厚によって既設舗装を評価して，補修構造を設計する方法について以下に示す。

1) 舗装構造の決定

式（5.2.6）～式（5.2.8）に示す信頼度に応じたT_Aの計算式を用いて補修断面の等値換算厚（T_A）を求め，式（5.2.10）により補修に必要な等値換算厚（t）を求める。

補修に必要な等値換算厚　$t\,(\mathrm{cm}) = T_A - T_{A0}$　　　　　（5.2.10）

したがって，加熱アスファルト混合物を用いたオーバーレイ工法，表層・基層打換え工法の場合はtの値がそのまま設計厚となる。打換え工法，局部打換え工法，路上路盤再生工法の場合はtの値を各層に適切に分配し，**表ー5.2.11**に示す等値換算係数で割り戻し，必要な各層厚を求める。

2) 設計上の留意点
① オーバーレイ厚は沿道条件などから最大値を15cm程度とするのが一般的である。これ以上の厚さが必要となる場合は，他の工法を検討する。
② 全層を打換えまたは局部打換えする場合は新設の構造設計に準じる。
③ 流動によるわだち掘れが著しい箇所では，基層まで流動している可能性がある。このような場合は，流動が及んでいる層まで除去する工法を適用することが望ましい。流動の及んでいる範囲については，横断方向に既設舗装から5個程度のコアを抜き，各層の厚さを測ることにより判断できる。また，空隙率が著しく低下している場合もその層は流動しやすい層になっている可能性が高く，過去の補修履歴から判断できる場合もある。このような流動によるわだち掘れが著しい箇所では，混合物に耐流動性の大きな混合物を使用するとよい。

なお，流動によるわだち掘れと併せて構造破損が生じている場合は，路床・路盤からの対策が望ましいが，構造的破損がない場合は切削厚さと同じだけ打ち換えればよい。
④ 路上路盤再生工法における断面設計の詳細については「舗装再生便覧」を参照する。

(7) 補修の構造設計例

ここに示す設計例は，既設舗装を残存等値換算厚（T_{A0}）によって評価し，T_A法によって補修の舗装構造を設計したものであり，路面設計に関する設計条件は考慮しないこととする。なお，実際の補修の設計時には，別途路面設計を行う必要があるが，それについては，「第4章　路面設計」に準じて行えばよい。

1) オーバーレイによる補修の例
① 既設舗装の舗装構造および破損状態

既設舗装の舗装構造は**図－5.2.5**に示すとおりである。また，既設舗装の破損状態は**表－5.2.28**に示すとおりである。わだち掘れは比較的小さいが，ひび割れ率は36％に達し構造的な破損が進行しており，舗装の構造強化が図れる工法が必要な状態にある。

表-5.2.28 既設舗装の破損状態

項　目	測定値	備　考
ひび割れ率（%）	36	わだち部に亀甲状のひび割れが発生し、平たん性も低下している。
わだち掘れ量（mm）	14	
平たん性（mm）	4.2	

加熱アスファルト混合物	10cm
粒度調整砕石	15cm
クラッシャラン	25cm

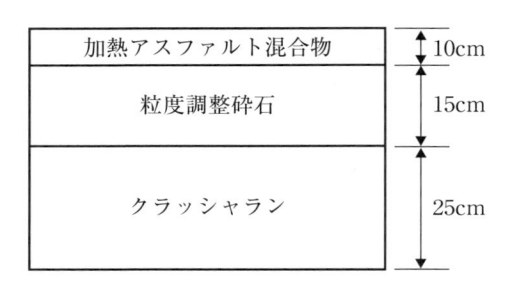

図-5.2.5　既設舗装構造

表-5.2.29　構造設計条件

項　目	設計条件	備　考
舗装の設計期間　　　　　（年）	10	
交通量区分	N_5	
舗装計画交通量　（台/日・方向）	800	
疲労破壊輪数　　　　　　（回）	1,000,000	
信頼度　　　　　　　　　（%）	75	
設計CBR	4	
沿道環境	山　地	路面のかさ上げ可能
必要T_A　　　　　　　　（cm）	21	表-5.2.14参照

② 設計条件

　　構造設計条件は表-5.2.29に示すとおりである。

③ 既設舗装の残存等値換算厚（T_{A0}）

　　既設舗装の破損は重度の破損状態にあると判断される。既設舗装のT_{A0}の計算に用いる係数は表-5.2.25を参照し表-5.2.30のように設定した。

表−5.2.30 既設舗装のT_{A0}の計算に用いる係数

各層の材料	T_{A0}の計算に用いる係数
加熱アスファルト混合物	0.5
粒度調整砕石	0.2
クラッシャラン	0.15

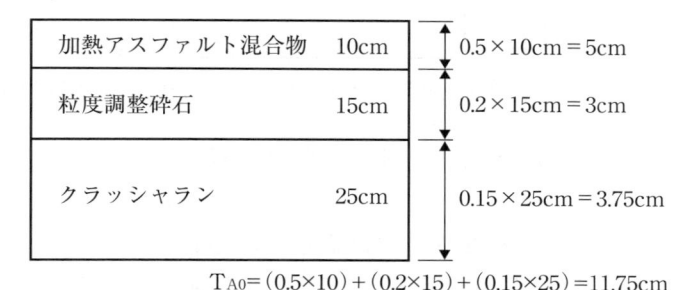

```
加熱アスファルト混合物   10cm      0.5×10cm=5cm
粒度調整砕石          15cm      0.2×15cm=3cm
クラッシャラン         25cm      0.15×25cm=3.75cm
```

$T_{A0} = (0.5 \times 10) + (0.2 \times 15) + (0.15 \times 25) = 11.75\text{cm}$

図−5.2.6 既設舗装の残存等値換算厚(T_{A0})

したがって，既設舗装のT_{A0}は，**図−5.2.6**のように算出でき$T_{A0} = 11.75$となる。

④ 補修工法の選定と構造設計

補修箇所は，路面のかさ上げ可能な山地であることから，補修工法としてオーバーレイを選定した。また，補修に必要な等値換算厚は式（5.2.10）から以下のように求めた。

補修に必要な等値換算厚 t (cm) $= T_A - T_{A0} = 21 - 11.75 = 9.25$

したがって必要オーバーレイ厚さを9.5cmとした。補修後のT_Aは**図−5.2.7**に示すとおり$T_A' = 21.25$（＞21）となり設計条件を満足する。

2) 路面の仕上がり高さに制約がある場合の例

① 既設舗装の舗装構造および破損状態

既設舗装の路面性状は**表−5.2.31**に示すとおりである。また，わだち掘れは平均48mmにもなり，開削調査を行った結果，表層のみならず基層にまでわだち掘れが及んでいた。ひび割れ率は41%に達し，構造的な破損がかな

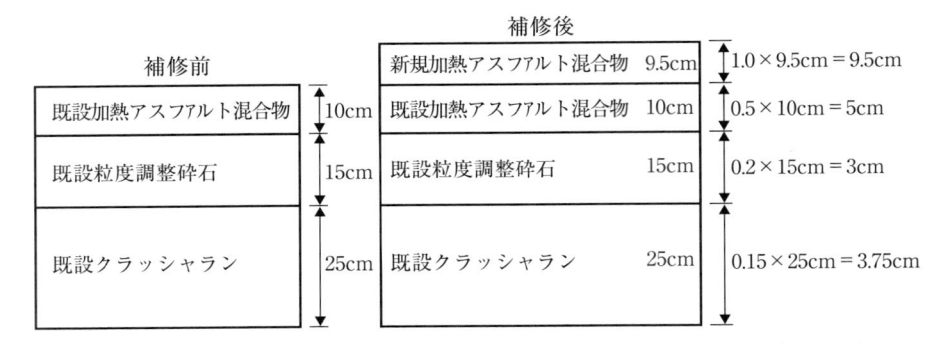

```
    補修前                        補修後
┌──────────────┐     ┌──────────────────────┐
│              │     │ 新規加熱アスファルト混合物  9.5cm │  1.0×9.5cm=9.5cm
│ 既設加熱アスファルト混合物 │ 10cm │ 既設加熱アスファルト混合物  10cm │  0.5×10cm=5cm
│ 既設粒度調整砕石    │ 15cm │ 既設粒度調整砕石       15cm │  0.2×15cm=3cm
│ 既設クラッシャラン   │ 25cm │ 既設クラッシャラン      25cm │  0.15×25cm=3.75cm
└──────────────┘     └──────────────────────┘
```

$T_A' = (1.0 \times 9.5) + (0.5 \times 10) + (0.2 \times 15) + (0.15 \times 25) = 21.25 \text{cm} (>21\text{cm})$

図－5.2.7　補修前後の舗装構造

表－5.2.31　既設舗装の破損状態

項　　目	測定値	備　　考
ひび割れ率（％）	41	亀甲状のひび割れが多く発生し，わだち掘れは基層にまで影響している。
わだち掘れ量（mm）	48	
平たん性（mm）	5.2	

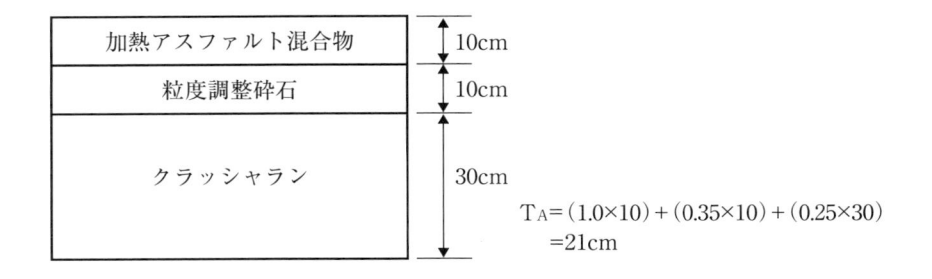

```
┌──────────────┐
│ 加熱アスファルト混合物 │ 10cm
│ 粒度調整砕石     │ 10cm
│ クラッシャラン    │ 30cm
└──────────────┘
```

$T_A = (1.0 \times 10) + (0.35 \times 10) + (0.25 \times 30) = 21\text{cm}$

図－5.2.8　既設舗装構造

り進行しており，打換え工法による補修が必要な状態にある。

　新設当時の舗装構造は**図－5.2.8**に示すとおりである。設計条件は交通量区分N_5，舗装計画交通量設計600（台/日・方向），設計CBR＝6，信頼度

表－5.2.32　構造設計条件

項　　目	設計条件	備　考
舗装の設計期間　　　　（年）	10	
交通量区分	N_6	
舗装計画交通量　（台/日・方向）	1,600	新設当時は600
疲労破壊輪数　　　　　（回）	7,000,000	
信頼度　　　　　　　　（％）	90	
設計CBR	6	
沿道環境	市街地	
補修時の制約条件	路面のかさ上げ不可	舗装厚は最大50cmまで
必要T_A　　　　　　　（cm）	28	表－5.2.14参照

90％，新設時のT_Aは21cmである。

② 設計条件

　構造設計条件は**表－5.2.32**に示すとおりである。すなわち，建設当時に比べ大型車交通量が増加したことが舗装破損の大きな要因と考えられる。

③ 既設舗装の残存等値換算厚（T_{A0}）

　既設舗装の破損は重度の破損状態にあると判断される。既設舗装のT_{A0}の計算に用いる係数は，**表－5.2.25**を参照し**表－5.2.33**のように設定した。したがって，既設舗装のT_{A0}は，**図－5.2.9**のように算出でき$T_{A0} = 11.5$となる。

④ 補修工法の選定と構造設計

　補修箇所は完全に構造破壊しているため，打換え工法が必要と判断された。また，路面のかさ上げができない市街地であることから，舗装厚さを変更せずに所要のT_Aを確保できる補修工法として，瀝青安定処理（加熱混合式）を厚層で施工するシックリフト工法を用いた打換え工法を採用することとした。補修前と後の舗装構造を併せて示すと**図－5.2.10**のようになり，補修後は$T_A' = 28.35$（＞28）となり設計条件を満足する。

表—5.2.33 既設舗装のT_{A0}の計算に用いる係数

各層の材料	T_{A0}の計算に用いる係数
加熱アスファルト混合物	0.5
粒度調整砕石	0.2
クラッシャラン	0.15

加熱アスファルト混合物 10cm	0.5×10cm＝5cm
粒度調整砕石 10cm	0.2×10cm＝2cm
クラッシャラン 30cm	0.15×30cm＝4.5cm

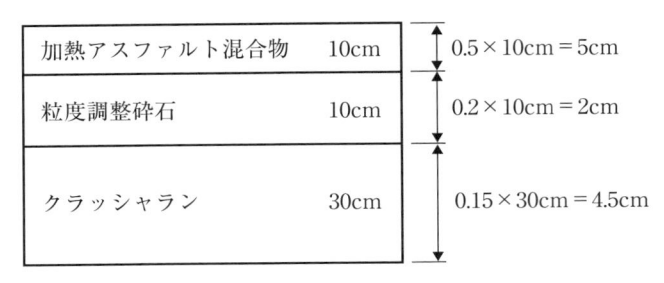

$$T_{A0}=(0.5×10)+(0.2×10)+(0.15×30)=11.5\text{cm}$$

図—5.2.9 既設舗装の残存等値換算厚（T_{A0}）

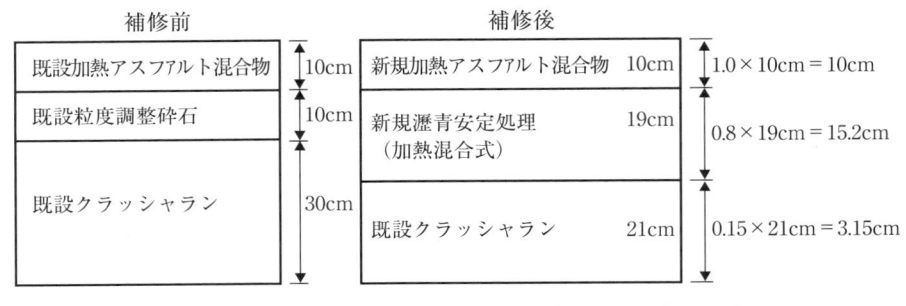

補修前　　　　　　　　　補修後

既設加熱アスファルト混合物 10cm	新規加熱アスファルト混合物 10cm	1.0×10cm＝10cm
既設粒度調整砕石 10cm	新規瀝青安定処理 19cm（加熱混合式）	0.8×19cm＝15.2cm
既設クラッシャラン 30cm	既設クラッシャラン 21cm	0.15×21cm＝3.15cm

$$T_A'=(1.0×10)+(0.8×19)+(0.15×21)=28.35\text{cm}（＞28\text{cm}）$$

図—5.2.10 補修前後の舗装構造

5−2−3 小型道路の構造設計

　小型自動車等のみの通行に供する小型道路は，緊急車両を除く大型車が通行しない道路である。このような道路の舗装の構造設計は，普通道路のように49kN輪荷重により設計することが適切とはいえない。しかし，適切な輪荷重を設定す

ることによりT_A法による設計が可能となる。ここでは，T_A法を利用した小型道路の舗装の構造設計方法について以下に述べる。なお，詳細は本便覧の「付録－2　小型道路の舗装の構造設計に関する解説」を参照する。

（1）標準荷重

設計に用いる標準荷重は，小型貨物自動車の最大輪荷重である17kNとする。小型貨物自動車の定義は，**表－5.2.34**に示すとおりである。

表－5.2.34　小型貨物自動車の定義

（道路運送車両法「道路運送車両の保安基準」より）

長さmm	幅mm	高さmm	定義	ナンバープレート
4,700以内	1,700以内	2,000以内	最大積載量2,000kg以下かつ総排気量2,000cc以下（ただし，ディーゼル車，天然ガス車は排気量無制限）	4，6，8

（2）舗装計画交通量

小型道路における舗装計画交通量とは，設計期間内の平均的な1日1方向当たりの小型貨物自動車交通量をいう。舗装計画交通量は1日1方向当たりの小型貨物自動車交通量を次のいずれかの方法で設定する。

①　実測による方法

既設の道路を改良する場合，舗装計画交通量は，その既設路線の小型貨物自動車交通量を実測し，その値にもとづいて設定する。新設路線の場合には，近傍の既設路線における小型貨物自動車交通量の実測値から設定する。

②　道路交通センサス（全国道路交通情勢調査）のデータによる方法

実測による方法が望ましいが，たとえば，近傍に既設路線がない新設路線のように実測による方法が困難な場合，舗装計画交通量は，道路交通センサスに記載されている1日1方向当たりの小型貨物自動車交通量の1/3の値に設定する。

（3）疲労破壊輪数

小型道路における疲労破壊輪数は，舗装路面に17kNの輪荷重を繰り返し加え

た場合に，舗装に疲労破壊によるひび割れが生じるまでに要する回数で，舗装を構成する各層の厚さおよび材質が同一である区間ごとに定めるものである。

累積17kN換算輪数で示される疲労破壊輪数の算定方法は，次のいずれかの方法とする。

① 疲労破壊輪数は，小型道路舗装計画交通量に応じて**表－3.2.3**に示す値以上とする。

② 設計期間における交通量および輪荷重が設定されている場合，またそれらを正確に予想できる道路にあっては，**表－3.2.3**によらずに，その交通量および輪荷重にもとづく累積17kN換算輪数以上を疲労破壊輪数とする。この場合の疲労破壊輪数の求め方は以下のとおりである。

ⅰ）測定した走行車両の各輪荷重を式（5.2.11）を用いて標準荷重17kNに換算して，1日1方向あたりの17kN換算輪数N_{17}を求める。

ⅱ）設計年数n年における累積17kN換算輪数Nは，式（5.2.12）で求める。

$$N_{17} = \sum_{j=1}^{m} \left[\left(\frac{P_j}{17}\right)^4 \times N_j \right] \qquad (5.2.11)$$

$$N = \sum_{i=1}^{n} (N_{17} \times 365 \times a_i) \qquad (5.2.12)$$

ここに，N_{17}：1日1方向あたりの17kN換算輪数
　　　　　P_j：j番目の輪荷重の大きさの区分における輪荷重の代表値
　　　　　m　：輪荷重の大きさの区分の数
　　　　　　　　$j = 1 \sim m$
　　　　　N_j：P_jの通過数
　　　　　N　：設計期間の累積17kN換算輪数，必要疲労破壊輪数
　　　　　n　：設計期間（年）
　　　　　a_i：N_{17}に対するi年後の輪荷重通過数の伸び率
　　　　　　　　$i = 1 \sim n$

（4）構造設計

舗装厚さの設計に当たっては，舗装の設計期間と小型道路舗装計画交通量に応

じた疲労破壊輪数および路床の設計CBRから求まる必要等値換算厚T_Aを下回らないように，式（5.2.9）を用いて各層の厚さを決定する。なお，式（5.2.13）は，式（5.2.6）に17kN換算輪数を適用したものである。

各層の等値換算係数は，表－5.2.11に準拠する。

したがって，式（5.2.13）の信頼度は90％相当と考えられるが，現時点で小型道路の供用性に関するデータがないため，当面は信頼度90％に相当するT_A式を適用する。

$$T_A = \frac{1.95 N^{0.16}}{CBR^{0.3}} \qquad (5.2.13)$$

ここに，T_A：必要等値換算厚
N：疲労破壊輪数
CBR：路床の設計CBR

（5）構造設計例

各交通量区分における舗装計画交通量，路床の設計CBRとT_Aの関係は，**表－5.2.35**に示すとおりである。構造設計は，これらのT_Aを満足するように各層の材料と厚さを決定すればよい。

また，設計CBR＝4における舗装断面の一例を**表－5.2.36**および**表－5.2.37**に示す。

表－5.2.35 アスファルト舗装の必要等値換算厚（設計期間10年の例）

交通量区分	舗装計画交通量(台／日・方向)	設計CBR 3	4	6	8	12	20
S_4	3,000以上	19	18	16	14	13	11
S_3	650以上3,000未満	15	14	12	11	10*	9*
S_2	300以上650未満	13	12	11	10*	9*	8*
S_1	300未満	12	11	10*	9*	8*	7*

＊T_Aが11未満となる場合，粒度調整砕石など一般材料では**表－5.2.9**および**表－5.2.10**に示す最小厚さを満足しない場合があるので，使用材料および工法の選定に注意する必要がある。

表－5.2.36 舗装断面の一例（交通量区分 S_4, S_3, 設計期間10年）

材料		S_4 ①	②	③	④	⑤	S_3 ①	②	③	④	⑤
表・基層	加熱アスファルト混合物	5	5	5	5	5	5	5	5	5	5
上層路盤	瀝青安定処理（加熱混合）		10					7			
	セメント・瀝青安定処理			13					9		
	セメント安定処理（水硬性粒度調整鉄鋼スラグ）				15					11	
	石灰安定処理					15					13
	粒度調整砕石（粒度調整鉄鋼スラグ）	20					15				
下層路盤	クラッシャラン（セメント安定処理）（石灰安定処理）	25	20	20	20	25	15	15	15	15	15
T_A' cm		18.3	18.0	18.5	18.3	18.0	14.0	14.3	14.6	14.8	14.6
合計厚さ cm		50	35	38	40	45	35	27	29	31	33

表－5.2.37 舗装断面の一例（交通量区分 S_2, S_1, 設計期間10年）

材料		S_2 ①	②	③	④	⑤	S_1 ①	②	③	④	⑤
表・基層	加熱アスファルト混合物	5	5	5	5	5	4	4	4	4	4
上層路盤	瀝青安定処理（加熱混合）		6					6			
	セメント・瀝青安定処理			7					7		
	セメント安定処理（水硬性粒度調整鉄鋼スラグ）				9					9	
	石灰安定処理					10					10
	粒度調整砕石（粒度調整鉄鋼スラグ）	10					10				
下層路盤	クラッシャラン（セメント安定処理）（石灰安定処理）	15	10	10	10	10	15	10	10	10	12
T_A' cm		12.3	12.3	12.1	12.5	12.0	11.3	11.3	11.1	11.5	11.5
合計厚さ cm		30	21	22	24	25	29	20	21	23	26

5－3 理論的設計方法

5－3－1 理論的設計方法の概要

理論的設計方法の主なものには，多層弾性理論を用いた設計方法がある。

多層弾性理論を用いた一般的な理論的設計方法の概略は，次のとおりである。

① 舗装の構造的な破壊をアスファルト混合物層の疲労ひび割れと路床を含めた舗装各層の圧縮変形が累積して路面に現れる永久変形とする。

② 仮定した舗装断面の交通荷重による応力やひずみなどの計算を行う。

③ 算出されたひずみの値が許容値に収まる場合を設計期間内に舗装の構造的な破壊を超えないものとして舗装断面を決定する，

ここに，許容値（破壊規準）は供用性との関係から設定する。

理論的設計方法は，上記のように交通荷重による舗装の挙動を力学的に理論解析し，供用性（経験）と関係づけた破壊規準を適用することから力学的経験的設計方法と呼ばれることがある。

本節では，普通道路に適用する理論的設計方法（力学的経験的設計方法）による構造設計の具体的な手順および適用上の留意点について以下に示す。

（1）理論的設計方法の具体的手順

本便覧に示す理論的設計方法による構造設計の具体的な手順は図－5.3.1のとおりであり，次に示す手順で行う。

① 舗装の設計期間，舗装の性能指標およびその値，信頼度などとともに交通条件，基盤条件，環境条件，材料条件などの構造設計条件を設定する。

設計期間内に舗装が満足すべき性能指標としては，

・疲労破壊輪数

・舗装の疲労破壊によりアスファルト混合物層下面から上方へ進行し，路面に現れるひび割れの指標であるひび割れ率

・路床を含めた舗装各層の圧縮変形の累積により路面に現れる永久変形量

を設定する。

なお，「舗装の構造に関する技術基準・同解説」（以下，「技術基準・同解

説」という）では，舗装の疲労破壊をアスファルト混合物層のひび割れとしているが，本理論的設計方法では路床を含めた舗装各層の圧縮変形の累積による永久変形も交通の繰返しによる構造的な破壊と位置付け，設計方法の中に組み入れた。

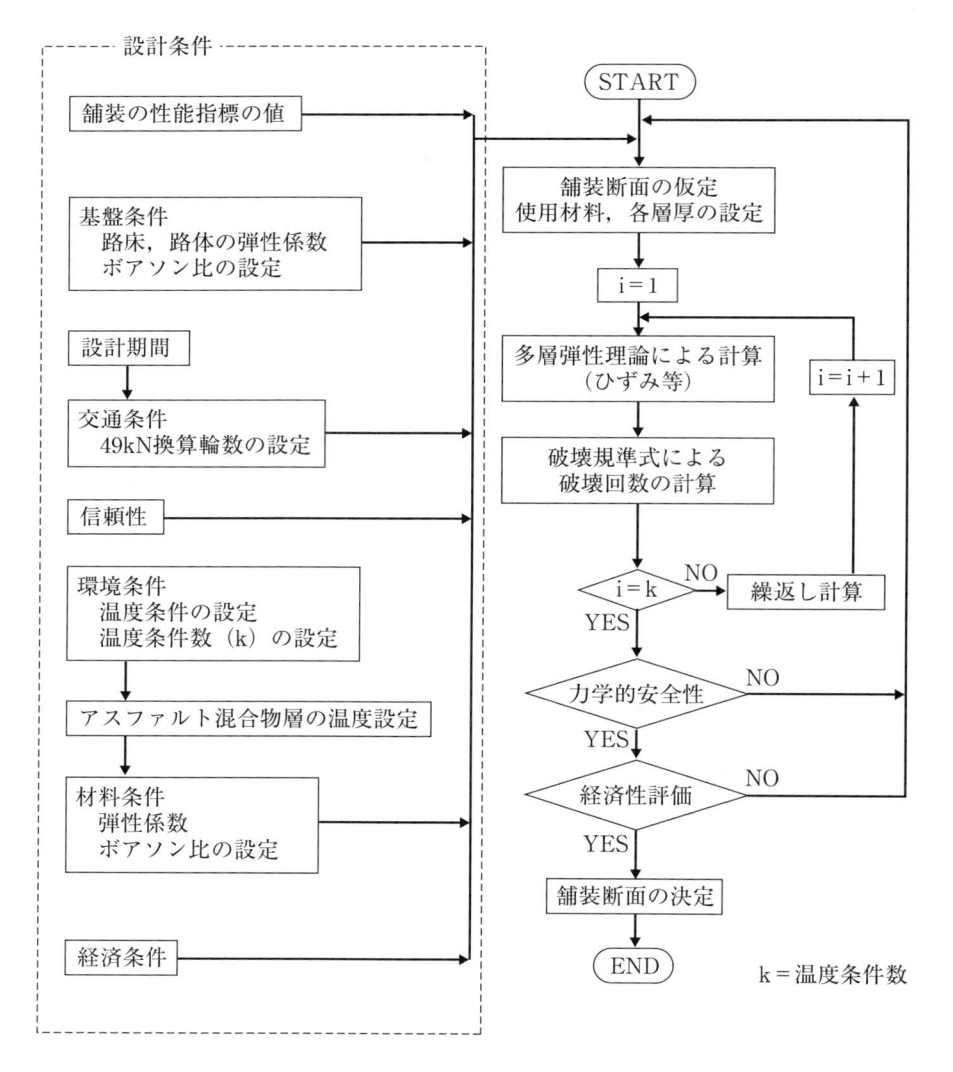

図－5.3.1　理論的設計方法による構造設計の具体的な手順

交通荷重

アスファルト混合物層 (E_1, ν_1) h_1

引張りひずみ

粒状路盤層 (E_2, ν_2) h_2

圧縮ひずみ

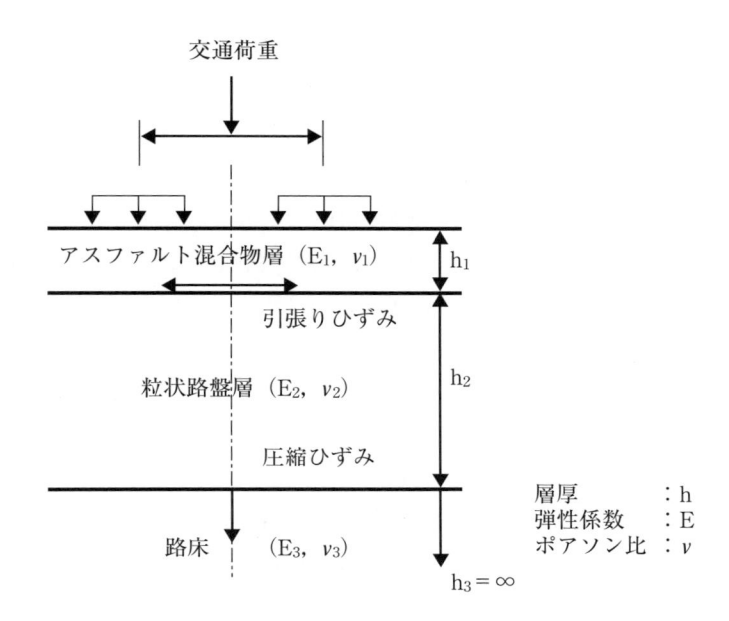

路床 (E_3, ν_3)

層厚　　：h
弾性係数：E
ポアソン比：ν

$h_3 = \infty$

図－5.3.2　舗装構造のモデル

② 舗装断面（使用材料と各層厚）を仮定する。
③ 舗装構造は，図－5.3.2のような多層弾性体としてモデル化する。舗装の各層は水平方向に一様な厚さで無限に広がる弾性体，路床は水平方向および下方に無限に広がる弾性体と仮定する。
④ 舗装各層の材料や路床の特性は，弾性係数（E）とポアソン比（ν）を用いて表わす。
⑤ アスファルト混合物層の疲労ひび割れに対してはアスファルト混合物層下面の引張りひずみが支配的な要因である。また，路床を含めた舗装各層の圧縮による永久変形に対しては路床上面の圧縮ひずみが支配的な要因であり，これらの値を多層弾性理論を用いて算出する。
⑥ 算出されたひずみに対し，上記①に示すひび割れ率や永久変形量に応じて暫定的に設定した破壊規準（詳細は，本便覧の「付録－5　参考資料：アスファルト舗装の理論的設計方法における暫定破壊規準」を参照。以下暫定破

壊規準という）を適用して許容49kN輪数を求める。

⑦　仮定した舗装断面の（許容49kN輪数／信頼度に応じた係数）と疲労破壊輪数を比較し，（許容49kN輪数／信頼度に応じた係数）≧疲労破壊輪数であれば，力学的安全性を有し，設計条件を満足する舗装断面と評価する。

⑧　一方，（許容49kN輪数／信頼度に応じた係数）＜疲労破壊輪数であれば，舗装断面を仮定し直し，（許容49kN輪数／信頼度に応じた係数）≧疲労破壊輪数となるまで上記手順を繰り返す。

⑨　設計条件を満足する複数の舗装断面の経済性比較を行い，最終的な舗装断面を決定する。

（2）本設計方法の適用上の留意点

本設計方法を適用することの利点は，

①　T_A法による場合で必要となる等値換算係数の設定が不要で，新材料・新工法を舗装各層に採用するまでの期間が短縮される可能性が大きいこと，

②　アスファルト混合物層への温度の影響などを環境条件として取り入れた構造設計が可能になること，

などがあげられる。しかし，その反面，本設計方法は，その適用において材料条件や破壊規準の適切な設定などに関して，

①　設計に用いる値である舗装各層および路床の弾性係数を適切に設定することが重要であるが，これまでに十分な実測値データの蓄積が図られていないこと，

②　供用性調査結果にもとづく十分に検証された破壊規準の設定が必要であるが，ここでの破壊規準は，AI（アメリカ・アスファルト協会）の破壊規準を，膨大な供用実績のあるT_A法で設計された舗装断面に対していくつかの仮定を設けて行った理論的な解析結果から，修正して暫定的に設定した段階のものであり，今後の長期供用性を踏まえながら我が国の実情に適合する破壊規準確立へ向けての調査研究が必要であること，

など今後解決を図るべき事項がある。

本設計方法は，このような課題が残されているが，設計方法の枠組みを組み上げ，設計に用いる値の適切な設定や暫定破壊規準の適用性などに関する今後の調

査研究の蓄積によって設計方法の改善を図り，設計の精度を向上させていく際のベースとなるものと位置付け，本便覧では示した。

これらのことから本設計方法の適用に当たっては，当面，舗装各層や路床の弾性係数に実測値を使用することや同一設計条件におけるT_A法による舗装断面との比較検討も併せて，設計条件を満足する舗装断面を選定することなどが望ましい。

なお，本設計方法は，一般的なアスファルト舗装の設計に適用するほか，路床を設計CBRで評価できない場合，サンドイッチ舗装を採用する場合のようにT_A法による構造設計が適当でないと判断された場合にも適用することが可能である。

5－3－2　構造設計条件

構造設計に当たっては，舗装の基本的な目標として設定された設計期間，舗装計画交通量，舗装の性能指標および性能指標の値，信頼度とともに交通条件，基盤条件，環境条件および材料条件等の設計条件を適切に設定する。

（1）交通条件

交通条件は，舗装の基本的な目標としての舗装の設計期間，舗装計画交通量から設定された疲労破壊輪数とする。

疲労破壊輪数の設定方法は，本便覧の「5－2－1　普通道路の構造設計」に示す方法と同じである。

普通道路の標準荷重は49kNとする。

本設計方法では，交通荷重を円形等分布荷重としてモデル化するが，舗装のひずみを算出するためには，輪荷重とタイヤ接地圧を設定する必要がある。図－5.3.3は，大型車後軸の複輪荷重をモデル化した一例である。

（2）基盤条件

路床は，本便覧の「5－3－1　理論的設計方法の概要」で述べたように下方に無限に広がる弾性体と仮定して設計上取り扱うが，基盤条件を設定する際の路床の厚さは1mを標準とし，この設定した基盤条件を路床面1m以深でも適用する。

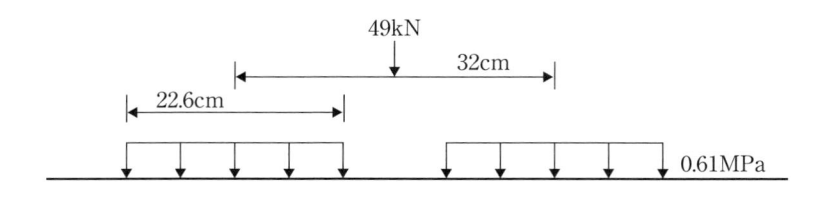

図－5.3.3　交通荷重のモデル化の一例

　基盤条件としては，構築路床，路床（原地盤）（環境条件によっては凍上抑制層を含む）の弾性係数とポアソン比を設定する。

　路床の厚さを1m未満で設計する場合には，路体を下方に無限に広がる弾性体と仮定し，路体の弾性係数とポアソン比も設定する。

　弾性係数は，各地点の平均値を設計に用いる値とする。

　以下に基盤条件設定上の留意点を示す。

① 　構築路床，路床（原地盤）および路体の弾性係数とポアソン比は，実測によることが望ましい。弾性係数とポアソン比の測定は，舗装試験法便覧別冊「3-3-2T　路盤材・路床土のレジリエントモデュラス試験方法」による。ここに弾性係数は復元状態を考慮した弾性係数（レジリエントモデュラス）とする。なお，試料採取は雨期，凍結融解期を避け，適切な深さの位置で行う。

　　弾性係数およびポアソン比の測定ができない場合，弾性係数は他の力学的な試験結果と弾性係数との相関から推定することがある。CBR値が求められている場合は，通常，式（5.3.1）から弾性係数を推定するが，材料によってはCBR値の2～10倍の値を弾性係数として用いることがある。

$$E = 10\ CBR \tag{5.3.1}$$

　　　　ここに E：弾性係数（MPa）

　なお，ポアソン比は，通常，0.4程度に仮定してよい。

② 　構築路床の場合および路床が深さ方向に異なるいくつかの層をなしている場合は，式（5.3.2）で平均弾性係数を算出する。ただし，構築路床において，その下の路床の弾性係数が20MPa未満の場合の構築路床の弾性係数

は，その厚さから20cm減じた部分に適用し，20cm厚の部分については，安定処理による場合は構築路床のすぐ下の路床の弾性係数との平均値とし，置換えの場合は構築路床のすぐ下の路床の弾性係数とする。なお，平均弾性係数の計算は通常，路床が上部ほど高い弾性係数を示している場合に適用することができる。路床の上部が下部に比べ極端に弱い層である場合には，路床全層が弱い層でできていると考えるか，またはその弱い層の部分を安定処理や良質の材料で置き換えて平均弾性係数の計算を行う。

$$E_m = \{(h_1 E_1^{1/3} + h_2 E_2^{1/3} + \cdots h_n E_n^{1/3})/h\}^3 \qquad (5.3.2)$$

ここに，E_m：平均弾性係数（MPa）
　　　　E_n：n層目の弾性係数（MPa）
　　　　h_n：n層目の厚さ（cm）
　　　　h：構築路床と路床の合計厚さ（cm）
　　　　　　（路床厚の設計を行わない場合は，h=100cm）

（3）環境条件

環境条件には，気温，降雨量などがあるが，本設計方法ではアスファルト混合物層への気温の影響と寒冷地域における凍結深さを設計に組み入れている。

1）気温

気温はアスファルト混合物層の温度および弾性係数に影響を及ぼし，さらに舗装のひずみ，構造的な耐久性に影響を及ぼす。このことから気温データにもとづき，アスファルト混合物層（瀝青安定処理路盤材料を含む）の温度を適切に設定する。

① 気温とアスファルト混合物層温度との実測データから設計に用いる温度を設定することが望ましい。アスファルト混合物層の温度測定ができない場合は，気温データからアスファルト混合物層の温度を推定する。図－5.3.4は，気温とアスファルト混合物層の温度の関係の一例であり，式（5.3.3）から求めたものである。

$$M_p = M_a \left[1 + \frac{2.54}{z + 10.16}\right] - \frac{25.4}{9(z + 10.16)} + \frac{10}{3} \qquad (5.3.3)$$

ここに，　M_p：月平均舗装温度（℃）

　　　　　M_a：月平均気温（℃）

　　　　　Z　：温度を推定しようとしている点の表層上面からの深さ（cm）

　なお，ある層の平均温度は，その層（厚さ=h'）の上面からh'/3の位置での温度とする。したがって，ある層の平均温度は，路面からその層の上面までの深さに，h'/3を加えた値をZとする。

② アスファルト混合物層の温度は，その深さ方向の温度の平均値を通常用いる。

③ アスファルト混合物層の温度設定の方法には年間，季節別，または月別の平均温度を用いる方法，あるいは年間にわたる温度出現頻度を用いる方法等があるが，本設計方法では月別，季節別の平均温度による方法などを用いる。

2） 凍結深さ

　凍結深さについては，本便覧の「5-2　経験にもとづく設計方法」の場合と同じである。

（4） 材料条件

　材料条件として舗装各層に使用する材料の弾性係数，ポアソン比を設定する。これらは原則として室内実験等にもとづいて設定するものとし，平均値を設計に用いる。

　舗装各層に使用する材料の弾性係数とポアソン比の一例および測定方法を**表ー5.3.1**に示す。

　アスファルト混合物の弾性係数は温度条件によって大きく異なるので，温度条件に応じて設定する。**図ー5.3.5**はアスファルト混合物（加熱アスファルト安定処理材料を含む）の弾性係数と温度の関係の一例である。この図は，室内測定で得らた弾性係数やフォーリングウェイトデフレクトメータ（FWD）によるたわみ量から推定した弾性係数から作成したものである。表層，基層および加熱アスファルト安定処理路盤またはこれら各層に使用する混合物の弾性係数は，現状では一律に定めがたく，室内および現場測定から得られた弾性係数の範囲として

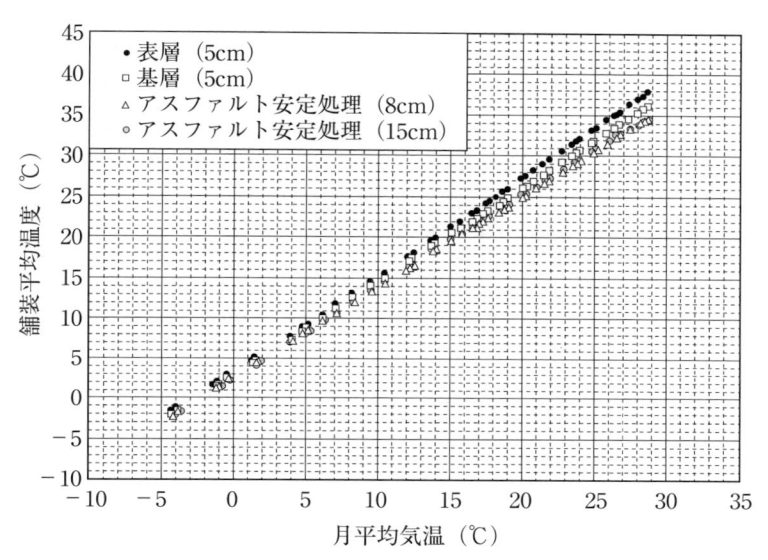

図-5.3.4 舗装平均温度と月平均気温の関係
(基層の平均温度は上層5cmの表層がある場合)
(アス処理の8cmと15cmは上層に表層・基層10cmがある場合)

表-5.3.1 舗装各層に使用する材料の弾性係数とポアソン比の例

使用材料	弾性係数（MPa）	ポアソン比	測定方法，留意点
アスファルト混合物	600～12,000	0.25～0.45 (0.35)[注2]	・舗装試験法便覧別冊「3-3-1T アスファルト混合物のレジリエントモデュラス試験方法」など ・図-5.3.4に示す舗装温度と想定される走行速度を考慮
舗装用コンクリート	25,000～35,000 (28,000)	0.15～0.25 (0.20)	JIS A1149「コンクリートの静弾性係数試験方法」など
セメント安定処理混合物	1,000～15,000[注1] 想定する圧縮強度から推定してもよい	0.10～0.30 (0.20)	舗装試験法便覧別冊「3-3-2T 路盤材・路床土のレジリエントモデュラス試験方法」など
粒状材料	100～600 (粒度調整砕石；300) (クラッシャラン；200) 他の力学的な試験結果から推定してもよい	0.30～0.40 (0.35)	舗装試験法便覧別冊「3-3-2T 路盤材・路床土のレジリエントモデュラス試験方法」など

〔注1〕一軸圧縮強度は3～15MPaである。
〔注2〕（ ）内は，代表的な値である。

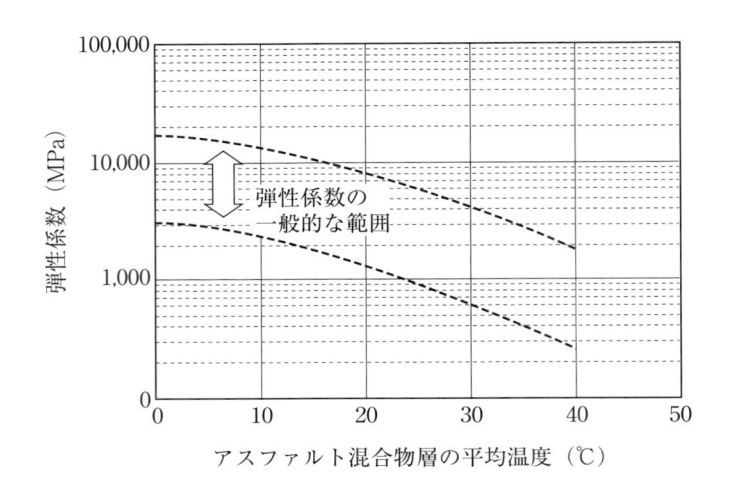

図5.3.5 アスファルト混合物層の弾性係数

示した。

セメント系混合物の弾性係数は圧縮強度に比例するので、想定する圧縮強度によって弾性係数を設定することが多い。

なお、本設計方法では設計に用いる値として施工直後の値を使用し、材料特性の経時的な変化までは取り入れていない。したがって、これらの設定値については施工後の供用性の追跡調査を行うことが重要である。

5－3－3 構造設計

理論的設計方法の手順は本便覧の「5－3－1 理論的設計方法の概要」で示したが、以下にはより具体的に設計上の留意事項とともに述べる。

（1）舗装の基本的な設計条件

舗装の基本的な目標として設定する設計条件は、次のとおりである。

1) 舗装の設計期間
① 設計では道路管理者が設定した舗装の設計期間を設計条件として用いる。
② 設計期間は、構造的な破壊に対して設定するものであり、一般国道で20年が目安として設定されることが多い。なお、都市内の一般道路などにおい

て地下埋設物の設置によって掘り返される予定がある場合には，それを考慮に入れて設計期間が設定されることがある。
③　本設計方法は，任意の設計期間に適用できる。
2)　舗装計画交通量と舗装の性能指標
①　設計では，経験にもとづく設計方法の場合と同様に道路管理者が舗装計画交通量と設計期間に応じて設定した疲労破壊輪数を設計条件として用いる。
②　本設計方法は，任意の疲労破壊輪数に適用できる。
③　設計において対象とする舗装の構造的な破損形態は，アスファルト混合物層の疲労による路面のひび割れと路床を含めた舗装各層の圧縮変形の累積により路面に現れる永久変形（構造的なわだち掘れ）である。

本設計方法では，アスファルト混合物層の疲労によるひび割れ率が20％，路床を含めた舗装各層の圧縮による永久変形が15mmの場合を構造的な破壊と仮定した。
3)　信頼度
①　設計では道路管理者が設定した舗装の信頼度を設計条件として用いる。
②　本設計方法では，設定された信頼度に応じた係数を用いる。
③　本設計方法は，任意の信頼度に適用できる。信頼度に応じた係数を**表－5.3.2**に示す。なお，詳細は本便覧の「付録－1　舗装の信頼性設計」を参照する。

表－5.3.2　信頼度に応じた係数

信頼度（％）	信頼度に応じた係数
50	1
60	1.3
70	1.8
75	2
80	2.6
85	3.2
90	4

(2) 構造設計条件

設計条件は本便覧の「5－3－2　構造設計条件」を参照して適切に設定する。設定する必要のある構造設計条件を**表－5.3.3**に示す。

本設計方法は，任意の構造設計条件に適用できる。

表－5.3.3　構造設計条件の設定項目

項目	明確にする必要のある設計条件
交通条件	①疲労破壊輪数（49kN輪数） ②交通荷重 ・単輪荷重，複輪荷重の区別 ・タイヤ1輪の荷重 ・複輪タイヤの中心間隔 ・タイヤ接地圧と接地半径
基盤条件	①路床条件を設定する際の路床厚を1mとする場合 ・構築路床，路床（原地盤）の弾性係数とポアソン比 ②路床厚の設計を1m未満で行う場合 ・上記①とともに路体の弾性係数とポアソン比
環境条件	①気温またはアスファルト混合物層の温度（年平均，月平均など） ②凍結指数
材料条件	舗装各層の弾性係数とポアソン比

1) 交通条件
① 疲労破壊輪数を交通条件として用いる。
② 交通荷重は，49kNを標準値として多層弾性理論によるひずみの計算に用いる。
③ 本設計方法は，交通荷重を円形等分布荷重として取り扱う。そのため，車輪の配置，タイヤ接地圧，タイヤ接地半径の設定が必要となる。**図－5.3.3**は，その一例である。
④ 本設計方法には交通量の季節的な変動を組み入れることができるが，交通量は設計期間内一様と仮定して設計することが一般的である。
2) 基盤条件
① 構築路床，路床（原地盤）の弾性係数とポアソン比を基盤条件として用いる。路床厚の設計を1m未満で行う場合には，さらに路体の弾性係数とポ

アソン比を基盤条件として用いる。
② 本設計方法に基盤条件の季節的な変動を組み入れることができるが，凍結融解を受けないような場合には，設計期間内一定と仮定して設計することが一般的である。
3) 環境条件
① アスファルト混合物層の弾性係数に関係する温度条件と温度条件の数を設定する。温度条件は，月別，季節別などにより設定する。
② アスファルト混合物層の温度測定結果がない場合は，設計対象箇所付近のアメダスの気温データから設定するのが一般的である。
③ 凍結深さを考慮する必要がある場合は，凍結指数を設定する。
4) 材料条件
① 舗装各層の弾性係数とポアソン比を設定する。
② アスファルト混合物の弾性係数は温度に依存し，温度条件ごとに設定する。
③ 粒状材料の弾性係数は，主に含水状態に依存し，季節的に変動すると考えられるが，季節変動が経験的に問題視されない限り，設計期間内一定と仮定して設計することが一般的である。

（3）舗装断面の仮定

舗装断面をいくつか仮定する。
① 舗装各層の厚さの設定に当たっては，施工性を含め，各層の機能を損なわない範囲で自由に定めることが可能である。ただし，本設計方法は，設計方法としての供用性による検証が経験にもとづく設計方法に比べて十分に行われていないことから，当面，**表—5.2.8**に示す表層と基層を加えた最小厚さを満たすようにすることが望ましい。
② 環境条件から凍上抑制層の設置が必要と考えられる場合は，凍上抑制層に使用する材料および厚さの仮定も行う。
③ 表層には路面設計で決定した材料と厚さを用いる。

（4）多層弾性理論によるひずみの計算

仮定した舗装断面に標準荷重49kNを載荷した場合に舗装に生じるひずみを計算する。

① 計算には，多層弾性理論にもとづくソフトウェア（舗装構造解析プログラム）を用いる（本便覧の「付録－4　多層弾性理論にもとづく舗装構造解析プログラム」を参照）。
② 仮定した舗装断面のモデルは，
・表層または表層・基層，粒状路盤，路床の3層モデル
・表層・基層，アスファルト安定処理路盤，粒状路盤，路床の4層モデル
・表層・基層，アスファルト安定処理路盤，上層粒状路盤，下層粒状路盤，路床の5層モデル
などを用いる（図－5.3.2参照）。
③ ひずみの計算は，図－5.3.6に示すようにアスファルト混合物層の疲労ひび割れの指標となるアスファルト混合物層下面の水平方向の引張りひずみ（ε_t），路床を含めた舗装各層の圧縮変形の累積による永久変形の指標となる路床上面の垂直方向の圧縮ひずみ（ε_z）を計算する。

ひずみの計算において着目する点は，図－5.3.6のA，B，C点である。

アスファルト混合物層下面の引張りひずみの着目点は，複輪荷重で交通荷重をモデル化する場合では，複輪間隔の中心直下（A点）と一輪の荷重中心直下（B点）である。引張りひずみは，A点またはB点のいずれかにおいて一般に最大の値となる。一方，単輪荷重でモデル化する場合は，荷重中心直下がひずみの着目点となる。

路床上面の圧縮ひずみの着目点は，複輪荷重でモデル化する場合では複輪間隔の中心直下（C点）であり，圧縮ひずみはC点において一般に最大の値となる。単輪荷重では荷重中心直下となる。

これら着目点における最大となる引張りひずみと圧縮ひずみをそれぞれの暫定破壊規準に適用する。
④ 路床厚の設計を行う場合は，構築路床上面の圧縮ひずみ ε_z，路体上面の垂直方向の圧縮ひずみ $\varepsilon_z{}'$ も計算する。

（5）暫定破壊規準による許容49kN輪数の計算

上記（4）で計算したひずみを暫定破壊規準に代入して，許容49kN輪数を求める。

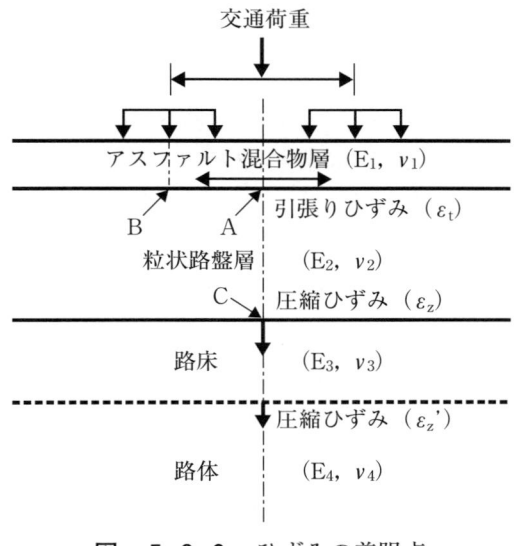

図－5.3.6 ひずみの着眼点

　本設計方法で使用する暫定破壊規準は，経験にもとづく設計方法（T_A法）で設計された舗装断面に対していくつかの仮定を設けて行った理論的な解析結果からAI（アメリカ・アスファルト協会）の破壊規準を修正して暫定的に設定したものである。暫定破壊規準の設定に関する詳細については，本便覧の「付録－5 参考資料；アスファルト舗装の理論的設計方法における暫定破壊規準」を参照する。

　なお，十分な試験研究等で適用性が確認されている破壊規準であれば，その破壊規準を用いてもよい。

1) アスファルト混合物層の暫定破壊規準式

　　アスファルト混合物層の疲労破壊に対する暫定破壊規準式を式（5.3.4）に示す。この暫定破壊規準式は，舗装の構造的な疲労によってアスファルト混合物層下面に発生したひび割れが舗装表面まで伝播し，ひび割れ率が20%に達した状態までに許容される49kN輪数を算定するのに適用する。

$$N_{fa} = \beta_{a1} \cdot (C) \cdot (6.167 \times 10^{-5} \cdot \varepsilon_t^{-3.291\beta_{a2}} \cdot E^{-0.854\beta_{a3}}) \quad (5.3.4)$$

ここに　N_{fa}：許容49kN輪数

C：アスファルト混合物層の最下層に使用する混合物の容積特性に関するパラメータ

$C = 10^M$

$$M = 4.84 \cdot \left[\frac{VFA}{100} - 0.69\right]$$

VFA；飽和度（%）

ε_t：アスファルト混合物層下面の引張りひずみ

E：アスファルト混合物層の最下層に使用する混合物の弾性係数（MPa）

β_{a1}，β_{a2}，β_{a3}：我が国の経験によるAI破壊規準に対する補正係数

$\beta_{a1} = K_a \cdot \beta_{a1}'$

K_a；図－5.3.7に示すアスファルト混合物層の厚さによるひび割れ伝播速度に対する補正係数

$\beta_{a1}' = 5.229 \times 10^4$

$\beta_{a2} = 1.314$

$\beta_{a3} = 3.018$

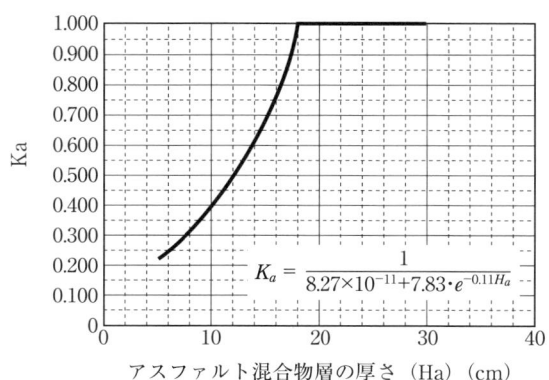

$$K_a = \frac{1}{8.27 \times 10^{-11} + 7.83 \cdot e^{-0.11H_a}}$$

図－5.3.7　ひび割れ伝播の補正係数（K_a）

2) 路床の暫定破壊規準式

路床を含めた舗装各層の圧縮変形の累積によって路面に現れた永久変形に対する暫定破壊規準式を式（5.3.5）に示す。この暫定破壊規準式は，永久変形によるわだち掘れが15mmに達するまでに許容される49kN輪数を算定するのに適用する。

$$N_{fs} = \beta_{s1} \cdot (1.365 \times 10^{-9} \cdot \varepsilon_z^{-4.477\beta_{s2}}) \qquad (5.3.5)$$

ここに，N_{fs}：許容49kN輪数

ε_z：路床上面の圧縮ひずみ

β_{s1}, β_{s2}：我が国の経験によるAI破壊規準に対する補正係数

$$\beta_{s1} = 2.134 \times 10^3$$
$$\beta_{s2} = 0.819$$

3) 路床厚の設計に対する暫定破壊規準式

路床厚の設計に対する暫定破壊規準式を式（5.3.6）に示す。

$$\frac{\varepsilon_z{'}}{\varepsilon_z} < 0.5 \qquad (5.3.6)$$

ここに，$\varepsilon_z{'}$：路体上面の圧縮ひずみ

(6) 繰返し計算

温度条件の数だけ，上記（4）と（5）を繰り返し，アスファルト混合物層と路床の暫定破壊規準式から温度条件ごとの許容49kN輪数を求める。

なお，交通量の季節的な変動や路床の弾性係数の季節的な変動を考慮して設計を行う必要のある場合は，温度条件とともにこれらを変動させた条件を設定し，設定した条件の数だけ，繰返し計算を行い，各条件ごとの許容49kN輪数を求める。

(7) 舗装断面の力学的評価

各温度条件において，上記（5）で求めた許容49kN輪数（$N_{fa,i}$，$N_{fs,i}$）から温度条件を考慮した舗装が49kN輪荷重1回当たりに受ける疲労度（ダメージの重み付き平均）を式（5.3.7）および式（5.3.8）にて算出する。

$$D_a = \frac{1}{k} \sum_{i=1}^{k} \left(\frac{N_i}{N_{fa.i}} \right) \quad (5.3.7)$$

$$D_s = \frac{1}{k} \sum_{i=1}^{k} \left(\frac{N_i}{N_{fs.i}} \right) \quad (5.3.8)$$

ここに，D_a：アスファルト混合物層が49kN輪荷重1回当たりに受ける温度条件を考慮した疲労度（ダメージの重み付き平均）

D_s：路床が49kN輪荷重1回当たりに受ける温度条件を考慮した疲労度（ダメージの重み付き平均）

k：温度条件の数

$N_{fa.i}$：温度条件iにおけるアスファルト混合物層の許容49kN輪数

$N_{fs.i}$：温度条件iにおける路床の許容49kN輪数

N_i：温度条件iにおけるアスファルト混合物層および路床のダメージを算出するための49kN輪数

たとえば，月別に温度条件を設定した場合は，i=1～12であり，N_1, N_2, ……N_{12}はすべて1となる。D_a, D_S, は12種類の$N_{fa.i}$, $N_{fs.i}$より計算する。

疲労度が1でひび割れ率約20%となる。したがって，舗装の破壊回数は式（5.3.9），式（5.3.10）で算出する。

$$N_{fa.d} = \frac{1}{D_a} \quad (5.3.9)$$

$$N_{fs.d} = \frac{1}{D_s} \quad (5.3.10)$$

ここに，$N_{fa.d}$：アスファルト混合物層の破壊回数

$N_{fs.d}$：路床の破壊回数

舗装断面の力学的評価は，表－5.3.2に示す信頼度に応じた係数（γ_R）を用いて，（アスファルト混合物層の破壊回数（$N_{fa.d}$）/信頼度に応じた係数（γ_R）および（路床の破壊回数（$N_{fs.d}$）/信頼度に応じた係数（γ_R））と（疲労破壊輪

数（N））を比較して行う。仮定した舗装断面が，

$$(N_{fa.d}/\gamma_R) \geq N, \text{ かつ, } (N_{fs.d}/\gamma_R) \geq N$$

であれば，力学的な安全性を持つものとして評価される。

一方，仮定した舗装断面が，

$$(N_{fa.d}/\gamma_R) < N, \text{ または, } (N_{fs.d}/\gamma_R) < N$$

であれば，舗装断面の再検討を行い，

$$(N_{fa.d}/\gamma_R) \geq N, \text{ かつ, } (N_{fs.d}/\gamma_R) \geq N$$

となるまで繰返し計算を行い，舗装断面の力学的な安全性を確認する。

(8) 舗装断面の経済性評価

設計条件を満足する舗装断面案の経済性をライフサイクルを考慮して検討する。

(9) 舗装断面の決定

複数の舗装断面案に対して以上のような計算，検討を行ったのち，経済性等を考慮して舗装断面を決定する。

5－3－4　暫定的に5年間供用する都市内道路の構造設計例

本節では，再開発事業が5年後に計画されている都市内道路のアスファルト舗装の場合を例にとり，本理論的設計方法による構造設計について以下に解説する。この道路は路面仕上がり高から3m下に下水道本管が既に設置されているが，下水道本管の埋設が舗装に与える影響は考慮しなくてよい。

(1) 構造設計の手順

構造設計は，**図－5.3.1**に示すフローに従って行った。

(2) 目標の設定

設定した舗装の基本的な目標は，**表－5.3.4**に示すとおりである。

1) 舗装の設計期間

　　この道路は再開発事業の行われるまで暫定的に5年間供用すればよい。このことから舗装の設計期間は5年とした。

2) 舗装計画交通量

　　舗装計画交通量は1,000以上3,000未満（台/日・方向）である。

3) 舗装の性能指標およびその値

① 舗装の性能指標は，次のとおりとした。
- 疲労破壊輪数
- 舗装の疲労破壊によりアスファルト混合物層下面から上方へ進行し，路面に現れるひび割れの指標であるひび割れ率
- 路床を含めた舗装各層の圧縮変形の累積により路面に現れる永久変形

② 性能指標の値は，次のとおりとした。
- 疲労破壊輪数は，舗装計画交通量と設計期間から3,500,000回
- ひび割れ率20%
- 永久変形量15mm

4) 信頼度

信頼度は，この道路が5年間暫定的に供用すればよいことから50%とした。

(3) 構造設計条件

構造設計条件は**表－5.3.4**と**表－5.3.5**のとおりである。

表－5.3.4 設計条件（その1）

項 目		設定した設計条件	備 考
設定された舗装の目標	舗装の設計期間	5年	
	舗装計画交通量	1,000以上3,000未満 （台/日・方向）	
	疲労破壊輪数	3,500,000回	性能指標の値であるが、交通条件でもある。
	ひび割れ率	20%	アスファルト混合物層の疲労によるひび割れに対する性能指標の値である。
	永久変形	15mm	路床を含めた舗装各層の圧縮変形の累積により路面に現れる永久変形に対する性能指標の値である。
	信頼度	50%	信頼度に応じた係数は1である（**表－5.3.2**参照）。
交通条件	交通荷重	車輪配置やタイヤ接地圧は**図－5.3.3**参照	交通荷重は複輪荷重でモデル化。
基盤条件	路床土の弾性係数とポアソン比	**表－5.3.5**参照	弾性係数は年間を通して一定とする。
環境条件	気温		月平均気温を用いる。温度条件数は12である。
材料条件	舗装各層の弾性係数とポアソン比		アスファルト混合物層は温度条件に応じた弾性係数を用いる。粒状路盤材料の弾性係数は年間を通して一定とする。

表—5.3.5　設計条件（その2）

月	月平均気温（℃）	表層・基層(10cm)平均温度(℃)	弾性係数（MPa）				ポアソン比	
			表層・基層	粒度調整砕石/上層路盤	クラッシャラン/下層路盤	路床	舗装各層	路床
1月	5	9	9,000					
2月	5	9	9,000					
3月	8	13	7,400					
4月	14	19	5,000					
5月	18	25	3,700					
6月	21	28	2,800	300	200	40	0.35	0.4
7月	25	32	2,500					
8月	26	34	1,900					
9月	23	30	2,600					
10月	17	24	4,000					
11月	12	17	6,000					
12月	7	11	8,000					
備考	アメダスの気温データ	式(5.3.3)から算出	室内測定結果から設定				表—5.3.1に示されている代表的な値を使用	

1) 交通条件
① 設定された舗装の目標の一つである疲労破壊輪数を交通条件として用いた。
② 標準荷重49kNを複輪荷重でモデル化し，タイヤ接地圧と接地半径などは**図—5.3.3**のとおりとした。
2) 基盤条件
　　路床の弾性係数は室内測定結果から40MPaとし，年間を通して一定とした。ポアソン比は**表—5.3.1**に示された代表的な値0.4を用いた。
3) 環境条件
① 温度条件は月別に設定した。温度条件の数は12である。
② 月平均気温は，設計対象箇所付近のアメダス気温データを用いた。
③ 月平均気温に対応するアスファルト混合物層平均温度は，**表—5.3.6**に示す仮定した舗装断面の表層・基層の厚さを用いて式（5.3.3）から求めた。

④ 気温データから凍結深さは設計上考慮する必要はない。
4) 材料条件
① 表層，基層に使用するアスファルト混合物の弾性係数は，室内測定結果から月別のアスファルト混合物層平均温度に対応する値を用いた。なお，表層と基層に使用するアスファルト混合物の弾性係数は，いずれの測定温度においてもほぼ同一で，本設計では同じ値を用いた。
② 粒度調整砕石，クラッシャランの弾性係数は室内測定結果から設定した。
③ 舗装各層のポアソン比は，表－5.3.1に示された代表的な値0.35を用いた。

(4) 舗装断面の仮定

舗装断面は表－5.3.6に示す4種類のものを仮定した。使用材料としては，表層および基層に加熱アスファルト混合物，上層路盤に粒度調整砕石，下層路盤にクラッシャランを用いる。

表－5.3.6 仮定した舗装断面

使用する位置	工法・材料	舗装断面（cm）			
		No.1	No.2	No.3	No.4
表層・基層	加熱アスファルト混合物	10	10	10	10
上層路盤	粒度調整砕石	15	20	15	20
下層路盤	クラッシャン	25	25	35	30

(5) 多層弾性理論によるひずみの計算

ひずみの計算は，表－5.3.6に示す4種類の仮定した舗装断面について行った。

① 仮定した舗装断面のモデルは，図－5.3.8に示すように表層・基層，粒度調整砕石上層路盤，クラッシャラン下層路盤，路床からなる4層モデルとした。
② アスファルト混合物層下面の引張りひずみ（ε_t）と路床上面の圧縮ひずみ（ε_z）は，図－5.3.8に示すひずみの着目点における値を表－5.3.5

に示す基盤条件，材料条件に対して計算した。計算に用いた交通荷重も**図ー5.3.8**中（**図ー5.3.3**と同じ交通荷重である）に示した。

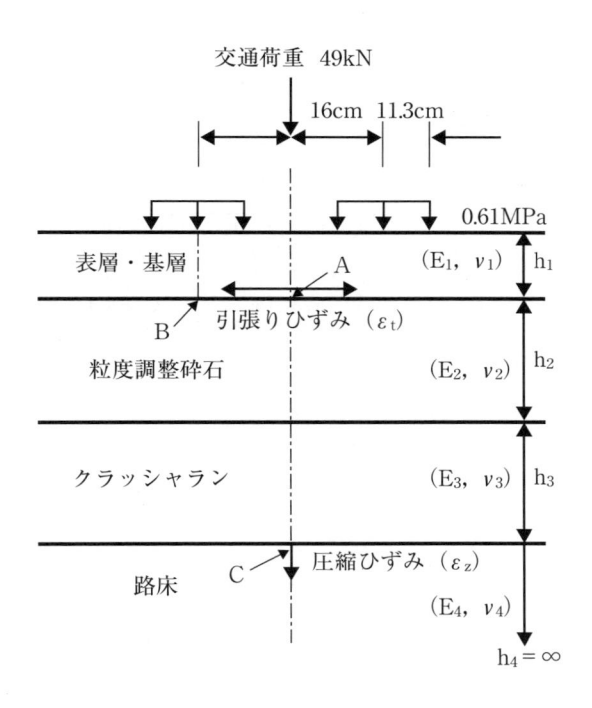

図ー5.3.8 仮定した舗装断面のモデル化とひずみの着眼点

③ ひずみの計算には多層弾性理論にもとづくソフトウェア（本便覧の「付録-4 多層弾性理論にもとづく舗装構造解析プログラム」を参照）を用い，基層下面の最大引張りひずみと路床上面の圧縮ひずみを求めた。舗装断面No.1，1月の温度条件におけるひずみ計算値は**表ー5.3.7**に示すとおりである。

(6) 暫定破壊規準による許容49kN輪数の計算

アスファルト混合物層の許容49kN輪数と路床の許容49kN輪数は，計算したひずみを用いて暫定破壊基準である式（5.3.4）と式（5.3.5）から求めた。

舗装断面No.1，1月の温度条件におけるアスファルト混合物層の許容49kN輪

表－5.3.7 舗装断面No.1のひずみ，許容49kN輪数（温度条件；1月）

項　目		厚さ(cm)	弾性係数(MPa)	ポアソン比	備　考
表層・基層		10	9,000	0.35	表－5.3.5，表－5.3.6参照。アスファルト混合物層の最下層は基層。
粒度調整砕石		15	300	0.35	
クラッシャラン		25	200	0.35	
路床			40	0.4	
アスファルト混合物層	引張りひずみ ($\times 10^{-6}$)	161			ひずみ計算値
	Ka	0.384			式（5.3.4）における補正係数Kaは，アスファルト混合物層の厚さが10cmなので，図－5.3.7中に示す式から算出
	C	1.56			式（5.3.4）におけるCの値は，基層に使用した粗粒度アスファルト混合物の飽和度73.0％から算出
	許容49kN輪数（$\times 10^6$）	3.14			式（5.3.4）から算出
路床	圧縮ひずみ（$\times 10^{-6}$）	530			ひずみ計算値
	許容49kN輪数（$\times 10^6$）	2.99			式（5.3.5）から算出

数と路床の許容49kN輪数は，表－5.3.7に示すとおりである。

なお，アスファルト混合物層の許容49kN輪数算出に用いた式（5.3.4）におけるアスファルト混合物層の最下層は基層である。基層に使用した粗粒度アスファルト混合物の容積配合に関するパラメータCおよびアスファルト混合物層厚によるひび割れ伝播速度に対する補正係数Kaの算出については，表－5.3.7の備考欄に示した。

（7）繰返し計算

表－5.3.5に示す各月別の12種の温度条件に対して上記（5）と（6）を繰り返し行った。

舗装断面No.1とNo.2のひずみ，許容49kN輪数は表－5.3.8に示す。舗装断面No.3とNo.4については表－5.3.9に示す。

（8）舗装断面の力学的評価

舗装断面の力学的評価は，次の手順で行った。

① アスファルト混合物層が49kN輪荷重1回当たりに受ける温度条件を考慮

した疲労度（D_a）を各月の温度条件で求めた引張りひずみを用いて式（5.3.7）から算出した。同様に，路床が49kN輪荷重1回当たりに受ける温度条件を考慮した疲労度（D_s）を各月の温度条件で求めた圧縮ひずみを用いて式（5.3.8）から算出した。

舗装断面No.1の場合，D_aおよびD_sは，次のようになる。

$D_a = 2.13 \times 10^{-7}$

$D_s = 5.56 \times 10^{-7}$

② アスファルト混合物層の破壊回数（$N_{fa.d}$）および路床の破壊回数（$N_{fs.d}$）は，上記①で求めたD_aおよびD_sを用いて式（5.3.9）および式（5.3.10）から算出した。

舗装断面No.1の場合，$N_{fa.d}$および$N_{fs.d}$は，次のようになる。

$N_{fa.d} = 4.69 \times 10^6$

$N_{fs.d} = 1.80 \times 10^6$

③ 舗装断面の力学的評価は，上記②に示した（アスファルト混合物層の破壊回数（$N_{fa.d}$）/信頼度に応じた係数（γ_R））および（路床の破壊回数（$N_{fs.d}$）/信頼度に応じた係数（γ_R））と（疲労破壊輪数（N））を比較し，

$$(N_{fa.d}/\gamma_R) \geq N, \text{ かつ，} (N_{fs.d}/\gamma_R) \geq N$$

であれば，力学的安全性を持つ舗装断面と評価される。

本設計例では，疲労破壊輪数は**表－5.3.4**に示すように3,500,000回である。また，信頼度は50%であり，信頼度に応じた係数は**表－5.3.2**から1となる。

舗装断面No.1の場合は，

$(N_{fa.d}/\gamma_R) = (4.69 \times 10^6/1) > N = 3.5 \times 10^6$

$(N_{fs.d}/\gamma_R) = (1.80 \times 10^6/1) < N = 3.5 \times 10^6$

となり，力学的安全性は満足しない結果となる。

④ 舗装断面No.2～4についても同様な力学的評価を行った。結果は**表－5.3.8**と**表－5.3.9**のとおりである。舗装断面No.3とNo.4は，

$(N_{fa.d}/\gamma_R) \geq N, \text{ かつ，} (N_{fs.d}/\gamma_R) \geq N$

となり，力学的な安全性をもつ舗装断面であると評価された。

表−5.3.8 仮定した舗装断面の構造設計結果（その1）

舗装断面No.		月	アスファルト混合物層の破壊回数				路床の破壊回数				舗装断面の力学的評価
			引張りひずみ ε_t ($\times 10^{-6}$)	許容49kN輪数N_{fsi} ($\times 10^6$)	49kN輪荷重1回通過によるダメージD_a ($\times 10^{-7}$)	破壊回数 $N_{fa,d}$ ($\times 10^6$)	圧縮ひずみ ε_z ($\times 10^{-6}$)	許容49kN輪数N_{fsi} ($\times 10^6$)	49kN輪荷重1回通過によるダメージD_s ($\times 10^{-7}$)	破壊回数 $N_{fs,d}$ ($\times 10^6$)	
1	表層・基層 10cm 粒度調整砕石 15cm クラッシャラン 25cm	1月	161	3.14	2.13	4.69	530	2.99	5.56	1.80	$(N_{fa,d}/\gamma_R) > N$ $(N_{fs,d}/\gamma_R) < N$ $N=3.5\times10^6$ $\gamma_R=1$ $(N_{fa,d}/\gamma_R)=4.69\times10^6$ $(N_{fs,d}/\gamma_R)=1.80\times10^6$
		2月	161	3.14			530	2.99			
		3月	177	3.46			552	2.57			
		4月	212	4.35			595	1.95			
		5月	240	5.53			625	1.63			
		6月	265	7.39			652	1.40			
		7月	275	8.43			662	1.32			
		8月	297	12.3			687	1.15			
		9月	272	7.99			659	1.34			
		10月	233	5.14			618	1.70			
		11月	196	3.82			576	2.20			
		12月	171	3.28			543	2.73			
2	表層・基層 10cm 粒度調整砕石 20cm クラッシャラン 25cm	1月	155	3.71	1.83	5.48	468	4.71	3.33	3.00	$(N_{fa,d}/\gamma_R) > N$ $(N_{fs,d}/\gamma_R) < N$ $N=3.5\times10^6$ $\gamma_R=1$ $(N_{fa,d}/\gamma_R)=5.48\times10^6$ $(N_{fs,d}/\gamma_R)=3.00\times10^6$
		2月	155	3.71			468	4.71			
		3月	171	4.01			485	4.14			
		4月	205	5.03			519	3.23			
		5月	232	6.40			543	2.73			
		6月	257	8.44			564	2.38			
		7月	266	9.74			572	2.26			
		8月	288	14.0			591	2.00			
		9月	263	9.24			569	2.30			
		10月	225	5.98			537	2.85			
		11月	189	4.47			504	3.59			
		12月	164	3.93			478	4.36			
備考			各月の温度条件における値	式(5.3.4)による	式(5.3.7)による	式(5.3.9)による	各月の温度条件における値	式(5.3.5)による	式(5.3.8)による	式(5.3.10)による	$N=3.5\times10^6$(表−5.3.4参照) $\gamma_R=1$(表−5.3.2参照)

表-5.3.9 仮定した舗装断面の構造設計結果（その2）

舗装断面No.	月	アスファルト混合物層の破壊回数				路床の破壊回数				舗装断面の力学的評価
		引張りひずみ ε_t ($\times 10^{-6}$)	許容49kN輪数 N_{fai} ($\times 10^6$)	49kN輪荷重1回通過によるダメージ D_a ($\times 10^{-7}$)	破壊回数 $N_{fa,d}$ ($\times 10^6$)	圧縮ひずみ ε_z ($\times 10^{-6}$)	許容49kN輪数 N_{fsi} ($\times 10^6$)	49kN輪荷重1回通過によるダメージ D_s ($\times 10^{-7}$)	破壊回数 $N_{fs,d}$ ($\times 10^6$)	
3 表層・基層 10cm 粒度調整砕石 15cm クラッシャラン 35cm	1月	156	3.60			424	6.77			$(N_{fa,d}/\gamma_R) > N$ $(N_{fs,d}/\gamma_R) > N$ $N=3.5\times 10^6$ $\gamma_R=1$ $(N_{fa,d}/\gamma_R)=5.30\times 10^6$ $(N_{fs,d}/\gamma_R)=4.45\times 10^6$
	2月	156	3.60			424	6.77			
	3月	172	3.91			439	5.96			
	4月	206	4.93			467	4.75			
	5月	234	6.17			487	4.07			
	6月	260	8.02	1.89	5.30	505	3.57	2.25	4.45	
	7月	270	9.13			512	3.39			
	8月	292	13.2			528	3.03			
	9月	266	8.80			509	3.46			
	10月	227	5.75			482	4.23			
	11月	190	4.37			454	5.27			
	12月	165	3.83			433	6.27			
4 表層・基層 10cm 粒度調整砕石 20cm クラッシャラン 30cm	1月	153	3.92			419	7.07			$(N_{fa,d}/\gamma_R) > N$ $(N_{fs,d}/\gamma_R) > N$ $N=3.5\times 10^6$ $\gamma_R=1$ $(N_{fa,d}/\gamma_R)=5.79\times 10^6$ $(N_{fs,d}/\gamma_R)=4.67\times 10^6$
	2月	153	3.92			419	7.07			
	3月	168	4.33			434	6.22			
	4月	202	5.36			461	4.98			
	5月	230	6.65			480	4.30			
	6月	254	8.88	1.73	5.79	498	3.75	2.14	4.67	
	7月	264	10.1			504	3.59			
	8月	287	14.2			520	3.20			
	9月	261	9.55			502	3.65			
	10月	222	6.34			475	4.46			
	11月	186	4.79			449	5.49			
	12月	162	4.15			428	6.54			
備考		各月の温度条件における値	式(5.3.4)による	式(5.3.7)による	式(5.3.9)による	各月の温度条件における値	式(5.3.5)による	式(5.3.8)による	式(5.3.10)による	$N=3.5\times 10^6$（表-5.3.4参照） $\gamma_R=1$（表-5.3.2参照）

（9）舗装断面の経済性評価と舗装断面の決定

設計条件を満足する舗装断面No.3とNo.4の経済性を比較して採用する舗装断面を決定する。

5－3－5　設計期間20年の都市近郊幹線道路の構造設計例

本節では，都市近郊に新設する幹線道路のアスファルト舗装の場合を例にとり，本理論的設計方法による構造設計について以下に解説する。

（1）構造設計の手順

構造設計は，**図－5.3.1**に示すフローに従って行った。

（2）目標の設定

設定した舗装の基本的な目標は，**表－5.3.10**に示すとおりである。

表－5.3.10　設計条件（その1）

項　目		設定した設計条件	備　考
設定された舗装の目標	舗装の設計期間	20年	
	舗装計画交通量	1,000以上3,000未満（台/日・方向）	
	疲労破壊輪数	14,000,000回	性能指標の値であるが、交通条件でもある。
	ひび割れ率	20%	アスファルト混合物層の疲労によるひび割れに対する性能指標の値である。
	永久変形	15mm	路床を含めた舗装各層の圧縮変形の累積により路面に現れる永久変形に対する性能指標の値である。
	信頼度	90%	信頼度に応じた係数は4である（**表－5.3.2参照**）。
交通条件	交通荷重	車輪配置やタイヤ接地圧は図－5.3.3参照	交通荷重は複輪荷重でモデル化。
基盤条件	路床土の弾性係数とポアソン比	**表－5.3.11　参照**	弾性係数は年間を通して一定とする。
環境条件	気温		月平均気温を用いる。温度条件数は12である。
材料条件	舗装各層の弾性係数とポアソン比		アスファルト混合物層は温度条件に応じた弾性係数を用いる。粒状路盤材料の弾性係数は年間を通して一定とする。

1) 舗装の設計期間

　　この道路は道路拡幅計画等がなく，舗装の設計期間を長く設定したほうがライフサイクルコストを低減できると考えられた。このことから舗装の設計期間は20年とした。

2) 舗装計画交通量

　　舗装計画交通量は1,000以上3,000未満（台/日・方向）である。

3) 舗装の性能指標およびその値

① 舗装の性能指標は，次のとおりとした。

　・疲労破壊輪数
　・舗装の疲労破壊によりアスファルト混合物層下面から上方へ進行し，路面に現れるひび割れの指標であるひび割れ率
　・路床を含めた舗装各層の圧縮変形の累積により路面に現れる永久変形

② 性能指標の値は，次のとおりとした。

　・疲労破壊輪数14,000,000回
　・ひび割れ率20%
　・永久変形量15mm

4) 信頼度

　　信頼度は，幹線道路であり，90%とした。

(3) 構造設計条件

構造設計条件は**表－5.3.10**と**表－5.3.11**のとおりである。

1) 交通条件

① 設定された舗装の目標の一つである疲労破壊輪数を交通条件として用いた。

② 標準荷重49kNを複輪荷重でモデル化し，タイヤ接地圧と接地半径などは**図－5.3.3**のとおりとした。

2) 基盤条件

　　路床の弾性係数は室内測定結果から40MPaとし，年間を通して一定とした。ポアソン比は**表－5.3.1**に示された代表的な値0.4を用いた。

3) 環境条件

表－5.3.11 設計条件（その2）

月	月平均気温（℃）	アスファルト混合物層平均温度(℃)		弾性係数（MPa）					ポアソン比	
				アスファルト混合物層		粒度調整砕石／上層路盤	クラッシャラン／下層路盤	路床	舗装各層	路床
		表層・基層(10cm)	加熱アスファルト安定処理(10cm)	表層・基層	加熱アスファルト安定処理					
1月	5	9	9	9,000	6,100	300	200	40	0.35	0.4
2月	5	9	9	9,000	6,100					
3月	8	13	12	7,400	5,200					
4月	14	19	18	5,000	3,700					
5月	18	25	23	3,700	2,800					
6月	21	28	27	2,800	2,100					
7月	25	32	31	2,500	1,700					
8月	26	34	32	1,900	1,400					
9月	23	30	28	2,600	2,000					
10月	17	23	22	4,000	2,900					
11月	12	17	16	6,000	4,200					
12月	7	11	11	8,000	5,500					
備考	アメダスの気温データ	式(5.3.3)から算出		室内測定結果から設定					表－5.3.1に示されている代表的な値を使用	

① 温度条件は月別に設定した。温度条件の数は12である。
② 月平均気温は，設計対象箇所付近のアメダス気温データを用いた。
③ 月平均気温に対応するアスファルト混合物層平均温度は，表－5.3.12に示す仮定した舗装断面の表層・基層の厚さ，加熱アスファルト安定処理路盤の厚さを用いて式（5.3.3）から求めた。なお，加熱アスファルト安定処理路盤層の平均温度は，厚さ10cmの場合を表－5.3.11に例示した。
④ 気温データから凍結深さは設計上考慮する必要はない。

4） 材料条件

① 表層，基層，加熱アスファルト安定処理路盤に使用するアスファルト混合物の弾性係数は，室内測定結果から月別のアスファルト混合物層平均温度に対応する値を用いた。なお，表層と基層に使用するアスファルト混合物の弾性係数は，いずれの測定温度においてもほぼ同一で，本設計では同じ値を用いた。

② 粒度調整砕石，クラッシャランの弾性係数は室内測定結果から設定した。
③ 舗装各層のポアソン比は，**表－5.3.1**に示された代表的な値0.35を用いた。

（4）舗装断面の仮定

舗装断面は**表－5.3.12**に示す4種類のものを仮定した。使用材料としては，表層および基層に加熱アスファルト混合物，上層路盤に加熱アスファルト安定処理材料と粒度調整砕石，下層路盤にクラッシャランを用いる。

表－5.3.12　仮定した舗装断面

使用する位置	工法・材料	舗装断面（cm）			
		No. 1	No. 2	No. 3	No. 4
表層・基層	加熱アスファルト混合物	10	10	10	10
上層路盤	加熱アスファルト安定処理材料	10	18	18	16
	粒度調整砕石	25	15	20	20
下層路盤	クラッシャン	40	25	30	30

（5）多層弾性理論によるひずみの計算

ひずみの計算は，**表－5.3.12**に示す4種類の仮定した舗装断面について行った。

① 仮定した舗装断面のモデルは，**図－5.3.9**に示すように表層・基層，加熱アスファルト安定処理上層路盤，粒度調整砕石上層路盤，クラッシャラン下層路盤，路床からなる5層モデルとした。
② アスファルト混合物層下面の引張りひずみ（ε_t）と路床上面の圧縮ひずみ（ε_z）は，**図－5.3.9**に示すひずみの着目点における値を**表－5.3.11**に示す基盤条件，材料条件に対して計算した。計算に用いた交通荷重も**図－5.3.9**中（**図－5.3.3**と同じ交通荷重である）に示した。
③ ひずみの計算には多層弾性理論にもとづくソフトウェア（本便覧の「付録－4　多層弾性理論にもとづく舗装構造解析プログラム」を参照）を用い，アスファルト安定処理路盤下面の最大引張りひずみと路床上面の圧縮ひずみ

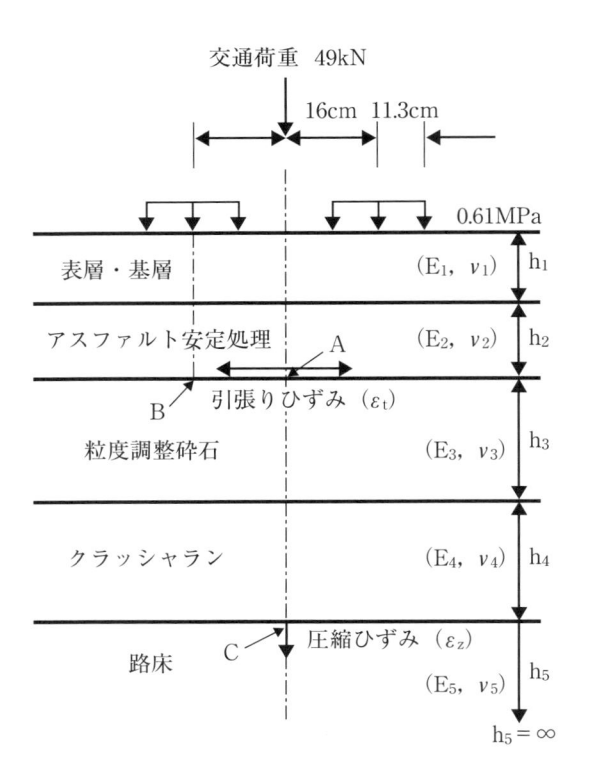

```
                     交通荷重 49kN
                         ↓
                    ←16cm→←11.3cm→
                    ↓↓↓      ↓↓↓    0.61MPa
━━━━━━━━━━━━━━━━━━━━━━━━━━━━━━━━━━━━
   表層・基層            (E₁, ν₁)   h₁
━━━━━━━━━━━━━━━━━━━━━━━━━━━━━━━━━━━━
   アスファルト安定処理   (E₂, ν₂)   h₂
         B  引張りひずみ (εₜ)
━━━━━━━━━━━━━━━━━━━━━━━━━━━━━━━━━━━━
   粒度調整砕石          (E₃, ν₃)   h₃
━━━━━━━━━━━━━━━━━━━━━━━━━━━━━━━━━━━━
   クラッシャラン        (E₄, ν₄)   h₄
━━━━━━━━━━━━━━━━━━━━━━━━━━━━━━━━━━━━
          C ↓ 圧縮ひずみ (εz)
   路床                  (E₅, ν₅)   h₅
                              h₅ = ∞
```

図―5.3.9 仮定した舗装断面モデル化とひずみの着眼点

を求めた。舗装断面No.1，1月の温度条件におけるひずみ計算値は**表―5.3.13**に示すとおりである。

（6）暫定破壊規準による許容49kN輪数の計算

アスファルト混合物層の許容49kN輪数と路床の許容49kN輪数は，計算したひずみを用いて暫定破壊基準である式（5.3.4）と式（5.3.5）から求めた。

舗装断面No.1，1月の温度条件におけるアスファルト混合物層の許容49kN輪数と路床の許容49kN輪数は，**表―5.3.13**に示すとおりである。

なお，アスファルト混合物層の許容49kN輪数算出に用いた式（5.3.4）におけるアスファルト混合物層の最下層に使用した加熱アスファルト安定処理材料の容積配合に関するパラメータCおよびアスファルト混合物層厚によるひび割れ伝

表ー5.3.13 舗装断面No.1のひずみ，許容49kN輪数（温度条件；1月）

項　目		厚さ(cm)	弾性係数(MPa)	ポアソン比	備　考
表層・基層		10	9,000	0.35	表ー5.3.11，表ー5.3.12参照。アスファルト混合物層の最下層は加熱アスファルト安定処理。
加熱アスファルト安定処理		10	6,100	0.35	
粒度調整砕石		25	300	0.35	
クラッシャラン		40	200	0.35	
路床			40	0.4	
アスファルト混合物層	引張りひずみ（×10^{-6}）	90	ひずみ計算値		
	K_a	1.0	式（5.3.4）における補正係数K_aは，アスファルト混合物層の厚さが18cmなので，1.0となる。		
	C	0.235	式（5.3.4）におけるCの値は，加熱アスファルト安定処理材料の飽和度56.0%から算出		
	許容49kN輪数（×10^7）	4.16	式（5.3.4）から算出		
路床	圧縮ひずみ（×10^{-6}）	187	ひずみ計算値		
	許容49kN輪数（×10^7）	13.6	式（5.3.5）から算出		

播速度に対する補正係数K_aの算出については，**表ー5.3.13**の備考欄に示した。

（7）繰返し計算

表ー5.3.11に示す各月別の12種の温度条件に対して上記（5）と（6）を繰り返し行った。

舗装断面No.1とNo.2のひずみ，許容49kN輪数は**表ー5.3.14**に示す。舗装断面No.3とNo.4については**表ー5.3.15**に示す。

（8）舗装断面の力学的評価

舗装断面の力学的評価は，次の手順で行った。

① アスファルト混合物層が49kN輪荷重1回当たりに受ける温度条件を考慮した疲労度（D_a）を各月の温度条件で求めた引張りひずみを用いて式（5.3.7）から算出した。同様に，路床が49kN輪荷重1回当たりに受ける温度条件を考慮した疲労度（D_s）を各月の温度条件で求めた圧縮ひずみを用いて式（5.3.8）から算出した。

舗装断面No.1の場合，D_aおよびD_sは，次のようになる。

$D_a = 2.16 \times 10^{-8}$

$D_s = 1.41 \times 10^{-8}$

② アスファルト混合物層の破壊回数（$N_{fa.d}$）および路床の破壊回数（$N_{fs.d}$）は，上記①で求めたD_aおよびD_sを用いて式（5.3.9）および式（5.3.10）から算出した。

舗装断面No.1の場合，$N_{fa.d}$および$N_{fs.d}$は，次のようになる。

$N_{fa.d} = 4.63 \times 10^7$

$N_{fs.d} = 7.10 \times 10^7$

③ 舗装断面の力学的評価は，上記②に示した（アスファルト混合物層の破壊回数（$N_{fa.d}$）/信頼度に応じた係数（γ_R））および（路床の破壊回数（$N_{fs.d}$）/信頼度に応じた係数（γ_R））と（疲労破壊輪数（N））を比較し，

$(N_{fa.d}/\gamma_R) \geq N$，かつ，$(N_{fs.d}/\gamma_R) \geq N$

であれば，力学的安全性が満足されていると評価される。

本設計例では，疲労破壊輪数は**表－5.3.10**に示すように14,000,000回である。また，信頼度は90%であり，信頼度に応じた係数は**表－5.3.2**から4となる。

舗装断面No.1の場合は，

$(N_{fa.d}/\gamma_R) = (4.63 \times 10^7/4) = 1.16 \times 10^6 < N = 1.4 \times 10^7$

$(N_{fs.d}/\gamma_R) = (7.10 \times 10^7/4) = 1.78 \times 10^7 > N = 1.4 \times 10^7$

となり，力学的安全性は満足しない結果となる。

④ 舗装断面No.2～4についても同様な力学的評価を行った。結果は**表－5.3.14**と**表－5.3.15**のとおりである。舗装断面No.3とNo.4は，

$(N_{fa.d}/\gamma_R) \geq N$，かつ，$(N_{fs.d}/\gamma_R) \geq N$

となり，力学的な安全性をもつ舗装断面であると評価された。

(9) 舗装断面の経済性評価と舗装断面の決定

設計条件を満足する舗装断面No.3とNo.4のライフサイクルコストを比較して採用する舗装断面を決定する。

表－5.3.14　仮定した舗装断面の構造設計計算結果（その1）

舗装断面No.		月	アスファルト混合物層の破壊回数			路床の破壊回数				舗装断面の力学的評価
			引張りひずみ ε_t ($\times 10^{-6}$)	許容49kN輪数 N_{fai} ($\times 10^7$)	49kN輪荷重1回通過によるダメージ D_a ($\times 10^{-8}$)	破壊回数 $N_{fa,d}$ ($\times 10^7$)	圧縮ひずみ ε_z ($\times 10^{-6}$)	許容49kN輪数 N_{fsi} ($\times 10^7$)	49kN輪荷重1回通過によるダメージ D_s ($\times 10^{-8}$)	破壊回数 $N_{fs,d}$ ($\times 10^7$)	
1	表層・基層 10cm 加熱アスファルト安定処理 10cm 粒度調整砕石 25cm クラッシャラン 40cm	1月	90	4.16	2.16	4.63	187	13.6	1.41	7.10	$(N_{fa,d}/\gamma_R) < N$ $(N_{fs,d}/\gamma_R) > N$ $N=1.4\times 10^7$ $\gamma_R=4$ $(N_{fa,d}/\gamma_R)=1.16\times 10^7$ $(N_{fs,d}/\gamma_R)=1.78\times 10^7$
		2月	90	4.16			187	13.6			
		3月	100	3.98			196	11.5			
		4月	122	4.05			215	8.17			
		5月	141	4.44			229	6.48			
		6月	161	5.25			242	5.29			
		7月	175	6.31			249	4.77			
		8月	190	7.29			260	4.07			
		9月	165	5.35			245	5.06			
		10月	138	4.45			226	6.80			
		11月	113	4.07			207	9.38			
		12月	96	4.11			193	12.1			
2	表層・基層 10cm 加熱アスファルト安定処理 18cm 粒度調整砕石 15cm クラッシャラン 25cm	1月	65	17.0	0.606	16.5	180	15.7	2.21	4.53	$(N_{fa,d}/\gamma_R) > N$ $(N_{fs,d}/\gamma_R) < N$ $N=1.4\times 10^7$ $\gamma_R=4$ $(N_{fa,d}/\gamma_R)=4.13\times 10^7$ $(N_{fs,d}/\gamma_R)=1.13\times 10^7$
		2月	65	17.0			180	15.7			
		3月	73	15.5			195	11.7			
		4月	90	15.1			228	6.58			
		5月	106	15.2			255	4.37			
		6月	124	16.2			283	2.98			
		7月	135	19.4			299	2.44			
		8月	148	21.5			322	1.86			
		9月	127	16.6			289	2.76			
		10月	104	15.1			250	4.70			
		11月	83	15.4			214	8.31			
		12月	70	16.1			190	12.8			
備考			各月の温度条件における値	式(5.3.4)による	式(5.3.7)による	式(5.3.9)による	各月の温度条件における値	式(5.3.5)による	式(5.3.8)による	式(5.3.10)による	$N=1.4\times 10^7$(表－5.3.10参照) $\gamma_R=4$(表－5.3.2参照)

—143—

表−5.3.15 仮定した舗装断面の構造設計結果（その2）

舗装断面No.		月	アスファルト混合物層の破壊回数				路床の破壊回数			舗装断面の力学的評価
			引張りひずみ ε_t ($\times 10^{-6}$)	許容49kN輪数N_{fai} ($\times 10^7$)	49kN輪荷重1回通過によるダメージD_a ($\times 10^{-8}$)	破壊回数$N_{fa,d}$ ($\times 10^7$)	圧縮ひずみ ε_z ($\times 10^{-6}$)	許容49kN輪数N_{fsi} ($\times 10^7$)	49kN輪荷重1回通過によるダメージD_s ($\times 10^{-8}$)	破壊回数$N_{fs,d}$ ($\times 10^7$)	
3 表層・基層 10cm 加熱アスファルト安定処理 18cm 粒度調整砕石 20cm クラッシャラン 30cm		1月	69	13.1	0.740	13.5	174	17.7	1.56	6.42	($N_{fa,d}/\gamma_R$)＞N ($N_{fs,d}/\gamma_R$)＞N $N=1.4\times10^7$ $\gamma_R=4$ ($N_{fa,d}/\gamma_R$)=3.38×10^7 ($N_{fs,d}/\gamma_R$)=1.60×10^7
		2月	69	13.1			174	17.7			
		3月	77	12.3			187	13.6			
		4月	95	11.9			213	8.45			
		5月	111	12.5			234	5.99			
		6月	128	14.2			255	4.37			
		7月	140	16.6			266	3.74			
		8月	153	18.6			284	2.94			
		9月	131	14.5			259	4.13			
		10月	108	12.8			230	6.38			
		11月	87	12.6			202	10.3			
		12月	74	12.7			182	15.0			
4 表層・基層 10cm 加熱アスファルト安定処理 16cm 粒度調整砕石 20cm クラッシャラン 30cm		1月	63	19.4	0.503	19.9	159	24.7	1.18	8.47	($N_{fa,d}/\gamma_R$)＞N ($N_{fs,d}/\gamma_R$)＞N $N=1.4\times10^7$ $\gamma_R=4$ ($N_{fa,d}/\gamma_R$)=4.97×10^7 ($N_{fs,d}/\gamma_R$)=2.12×10^7
		2月	63	19.4			159	24.7			
		3月	70	18.6			171	18.9			
		4月	86	18.4			196	11.5			
		5月	101	18.8			217	7.89			
		6月	118	20.1			237	5.71			
		7月	129	23.6			248	4.84			
		8月	141	26.5			266	3.74			
		9月	121	20.5			241	5.37			
		10月	99	18.7			212	8.60			
		11月	80	18.1			185	14.2			
		12月	67	19.4			166	21.1			
備考			各月の温度条件における値	式(5.3.4)による	式(5.3.7)による	式(5.3.9)による	各月の温度条件における値	式(5.3.5)による	式(5.3.8)による	式(5.3.10)による	$N=1.4\times10^7$(表−5.3.10参照) $\gamma_R=4$(表−5.3.2参照)

−144−

第6章 コンクリート舗装の構造設計

6-1 概説

　コンクリート舗装の構造設計に関する基本的事項は，本便覧の「第2章　設計の考え方」および「第3章　設計条件の設定」に示されているが，本章では，経験にもとづく設計方法および理論的設計方法によるコンクリート舗装の具体的な設計方法について示す。本章の構成と他章および付録との関連は，**図－6.1.1**に示すとおりである。

表－6.1.1　コンクリート舗装の種類と特徴

舗装の種類	普通コンクリート舗装	連続鉄筋コンクリート舗装	転圧コンクリート舗装
構造の概要	コンクリート版に予め目地を設け，版に発生するひび割れを誘導する。目地部が構造的弱点となったり，走行時の衝撃感を生じることがある。目地部には荷重伝達装置（ダウエルバー）を設ける。	コンクリート版の横目地をいっさい省いたものであり，生じるコンクリート版の横ひび割れを縦方向鉄筋で分散させる。このひび割れ幅は狭く，鉄筋とひび割れ面での骨材のかみ合わせにより連続性を保持する。	コンクリート版に予め目地を設け，版に発生するひび割れを誘導する。目地部が構造的弱点となったり，走行時の衝撃感を生じることがある。一般的には目地部には荷重伝達装置を設けない。
養生期間	少なくとも現場養生を行った供試体の曲げ強度が3.5MPa以上となるまでで，通常，普通ポルトランドセメントを用いた場合，普通コンクリート舗装，連続鉄筋コンクリート舗装では2週間，転圧コンクリート舗装では3日間程度である。		
維持	目地部の角欠けの補修や目地材の再充填が必要である。	版端起終点部の膨張目地では目地材の再充填が必要である。	目地部の角欠けの補修や目地材の再充填が必要である。

```
                第6章 コンクリート舗装の構造設計
                         │
                    6-1 概 説
                         │─────────── 第2章 設計の考え方
                         │─────────── 第3章 設計条件の設定
                         │
         ┌───────────────┴───────────────┐
   6-2 経験にもとづく設計方法         6-3 理論的設計方法
         │                                │
         │                       付録1 舗装の信頼性設計
         │                                │
         │                       付録3 n年確率凍結
         │                             指数の推定方法
         │                                │
   6-2-1 普通道路の構造設計       6-3-1 理論的設計方法の概要
   6-2-2 普通道路の補修の          6-3-2 構造設計条件
         構造設計                  6-3-3 構造設計
   6-2-3 小型道路の構造設計       6-3-4 構造設計例
         │                                │
         └───────────────┬────────────────┘
                6-4 コンクリート舗装の構造細目
```

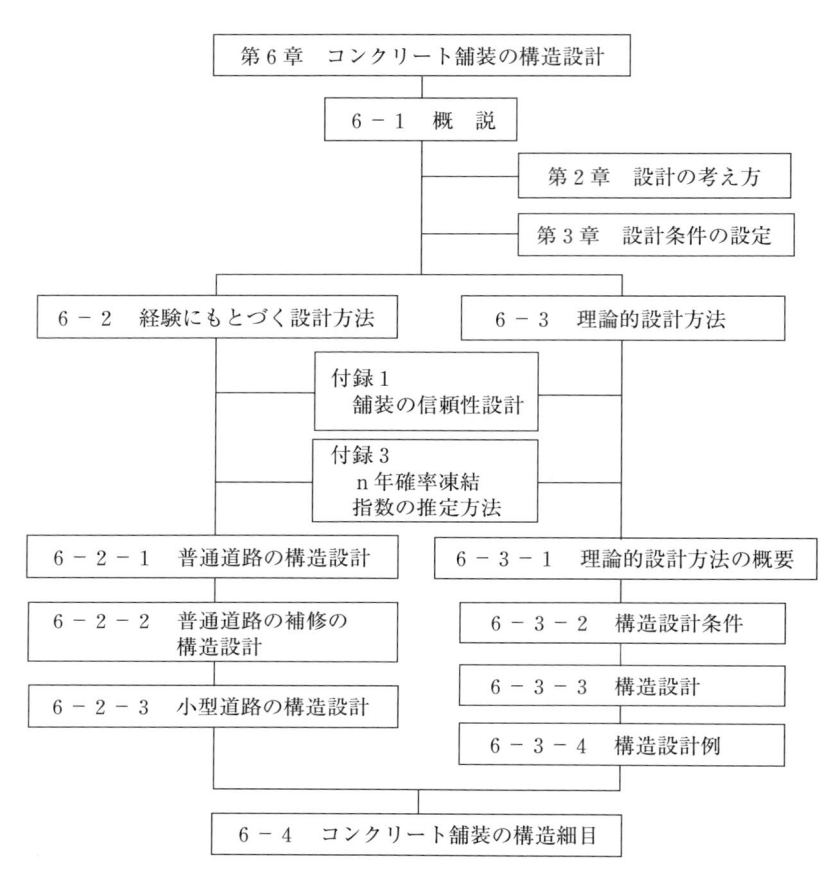

図-6.1.1 第6章の構成と他章および付録との関連

　本章で対象とするコンクリート舗装の種類は，普通コンクリート舗装，連続鉄筋コンクリート舗装および転圧コンクリート舗装であり，それらの特徴などは**表-6.1.1**に示すとおりである。

　また従来のコンクリート舗装の設計期間は20年が適用されてきており，経験にもとづく設計方法を用いる場合にはこの設計期間が原則となるが，理論的設計方法を用いる場合には設計期間を任意に設定することができる。構造設計において信頼性の考え方を導入する場合には，「技術基準・同解説」や本便覧の「2-4-3　信頼性」に示されている内容を十分に把握して対応する必要がある。

6-2　経験にもとづく設計方法

　経験にもとづく設計方法による構造設計は，交通条件，基盤条件および環境条件をもとにして，路盤およびコンクリート版のそれぞれについての厚さを設定するものである。一般的には，まず路盤面において所要の支持力が確保されるように路盤厚の設定を行い，次に舗装計画交通量に応じたコンクリート版厚を設定して舗装構造を決定する。構造設計の手順の概要を図-6.2.1のフローに示す。

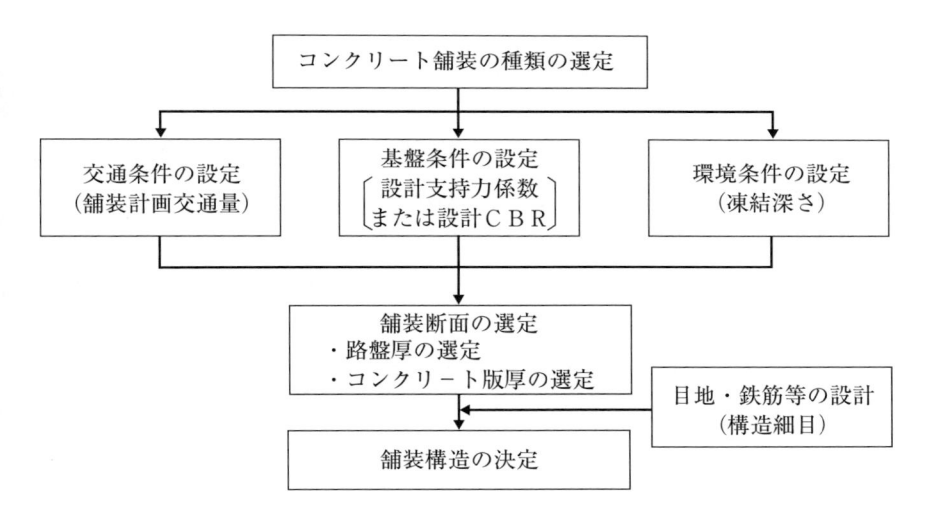

```
            ┌─────────────────────────┐
            │  コンクリート舗装の種類の選定  │
            └─────────────────────────┘
                         │
     ┌───────────────────┼───────────────────┐
     ▼                   ▼                   ▼
┌──────────┐      ┌──────────────┐      ┌──────────┐
│交通条件の設定│      │ 基盤条件の設定 │      │環境条件の設定│
│(舗装計画交通量)│     │[設計支持力係数]│      │ (凍結深さ)  │
│          │      │ または設計CBR │      │          │
└──────────┘      └──────────────┘      └──────────┘
                         │
                         ▼
                ┌──────────────┐
                │  舗装断面の選定 │
                │ ・路盤厚の選定 │         ┌──────────────┐
                │ ・コンクリート版厚の選定 │──│目地・鉄筋等の設計│
                └──────────────┘         │  (構造細目)   │
                         │                └──────────────┘
                         ▼
                ┌──────────────┐
                │  舗装構造の決定 │
                └──────────────┘
```

図-6.2.1　コンクリート舗装の構造設計の手順

6-2-1　普通道路の構造設計
(1) 構造設計条件

構造設計に当たっては，交通条件，基盤条件および環境条件を適切に設定する。
1) 交通条件

　　交通条件は，舗装構造を決定するための直接の条件である。設計に用いる交通量は，設定した舗装計画交通量とし，設定に当たっては，本便覧の「3-2-2　舗装計画交通量」を参照する。
2) 基盤条件

基盤条件は交通条件とともに舗装構造を決定する直接の条件であり、構築路床および原地盤を含めた路床（路床の厚さは1mを標準とする）の設計支持力係数（K値）あるいは設計CBRである。なお、基盤条件の設定に関しては、本便覧の「3－4－2　基盤条件」を参照する。

3）環境条件

本設計方法による構造設計で必要となる環境条件は気温データであり、寒冷地域等における凍結深さを求めるための条件である。なお、凍結深さの設定は、本便覧の「5－2－1（2）3）凍上抑制層」を参照して行い、必要に応じて所要厚の凍上抑制層を設ける。

（2）構造設計

経験にもとづく設計方法によるコンクリート舗装の構造設計のおおまかな手順は、基盤条件である路床の設計支持力係数あるいは設計CBRをもとにして路盤面における所要の支持力係数が得られるように路盤の厚さを設定し、さらに舗装計画交通量および使用する舗装用コンクリートの設計基準曲げ強度に応じてコンクリート版の厚さを設定する。

なお、コンクリート舗装各層に使用する材料の品質規格は、**表－6.2.1**に示すとおりである。

1）路床の評価

路床は、平板載荷試験の測定結果から求まる設計支持力係数、またはCBR試験の結果から求まる設計CBRによって評価を行い、設計に用いる基盤条件とする。設計支持力係数および設計CBRの算出方法を以下に示す。

① 設計支持力係数

設計支持力係数は、ほぼ同一材料の路床区間において3箇所以上の平板載荷試験（一般には直径30cmの載荷板を用いる）による実測値にもとづき次式より求める。

設計支持力係数＝各地点の支持力係数の平均値－

　　　　　各地点の支持力係数の標準偏差（σ_{n-1}）（6.2.1）

② 設計CBR

設計CBRの求め方は、本便覧のアスファルト舗装の構造設計における

表－6.2.1　コンクリート舗装各層に使用する材料の品質規格

使用する層	材料・工法	品質規格
コンクリート版	コンクリート	設計基準曲げ強度 ①普通コンクリート舗装 　4.4MPa（すべての舗装計画交通量） 　3.9MPa（舗装計画交通量が250未満で，設計基準曲げ強度4.4MPaの確保にセメント量が著しく増加するなどの場合） ②連続鉄筋コンクリート舗装 　4.4MPa（すべての舗装計画交通量） ③転圧コンクリート舗装 　4.4MPa（舗装計画交通量1,000未満の場合） 　4.9MPa（施工上の理由等から版厚が制約される場合で，舗装計画交通量100以上3,000未満の場合）
上層路盤	粒度調整砕石 粒度調整鉄鋼スラグ 水硬性粒度調整鉄鋼スラグ	修正CBR80以上，PI 4以下（鉄鋼スラグは適用せず） （試験路盤により支持力が確認できる場合は修正CBR40以上）
	セメント安定処理	一軸圧縮強さ〔7日〕2.0MPa
	石灰安定処理	一軸圧縮強さ〔10日〕0.98MPa
	密粒度アスファルト混合物	混合物の性状は表－5.2.12による。 （アスファルト中間層に使用する場合）
下層路盤	粒状材料	修正CBR20以上，PI 6以下
	セメント安定処理	一軸圧縮強さ〔7日〕0.98MPa
	石灰安定処理	一軸圧縮強さ〔10日〕0.5MPa

「5－2－1（2）1）路床の評価」を参照する。

2) 路盤厚の設計

　路盤厚の設計は，路床の設計支持力係数あるいは設計CBRをもとにして行い，路盤が厚くなる場合には一般に下層路盤と上層路盤とに分ける。なお，寒冷地域等において凍上抑制層が必要となる場合には，これを路床の一部に含めるものとし，当該層の厚さが20cm以上では，通常，設計支持力係数あるいは設計CBRの見直しが必要となる。以下には，一般的に用いられる路

盤材料の種類，および設計支持力係数あるいは設計CBRによる路盤厚の設計方法等を示す。

① 路盤材料の種類

下層路盤および上層路盤に一般的に使用される路盤材料の種類と適用方法の例を**表－6.2.2**に示す。

② 設計支持力係数による路盤厚の設計方法

路床の設計支持力係数をもとにして路盤厚を求めるには，路盤面における支持力係数が**表－6.2.3**の値となるように，**図－6.2.2**の設計曲線を用いて行う。なお，計算された路盤厚は5cmごとに切り上げて設計厚とし，15cm未満の場合は15cmを設計厚とする。

また，路盤厚を支持力係数から設計する方法には，これ以外にも試験路盤による場合がある。

表－6.2.2　一般的な路盤材料の種類と適用例

材料		下層路盤として用いる場合	1層として用いるか，または上層路盤として用いる場合
粒状材料	クラッシャラン	◎	〔注〕2参照
	切込砂利		
	砂		
	スラグ等		
	粒度調整砕石	－	◎
	粒度調整鉄鋼スラグ	－	◎
	水硬性粒度調整鉄鋼スラグ	－	◎
路盤材料安定処理	セメント安定処理	○	◎
	石灰安定処理	○	〔注〕3参照
	瀝青安定処理	－	○
密粒度アスファルト混合物(13)		－	◎（アスファルト中間層）

〔注〕
1．◎は通常用いる材料である。○は比較的使用例の少ない材料である。なお，アスファルト中間層は，路盤の耐水性や耐久性を改善するなどの目的で使用される。
2．修正CBRが80以上，0.4mmふるい通過分のPI（塑性指数）が4以下の場合には用いてよい。
3．上層路盤の一部としてアスファルト中間層を設ける場合には用いてもよい。
4．粒度調整砕石，セメント安定処理路盤材料，石灰安定処理路盤材料および瀝青安定処理路盤材料の混合方式には，路上混合方式およびプラント混合方式がある。

表ー6.2.3 コンクリート舗装の種類と路盤の所要支持力係数

項目 交通量区分 舗装計画交通量（台/日・方向） 舗装種類	路盤面における所要支持力係数（K_{30}）	
	$N_1 \sim N_4$	$N_5 \sim N_7$
	$T<250$	$250 \leqq T$
普通コンクリート舗装 連続鉄筋コンクリート舗装	150MPa/m以上	200MPa/m以上
転圧コンクリート舗装	200MPa/m以上	200MPa/m以上

〔注〕
1. 支持力係数の測定方法は，舗装試験法便覧「1-4-2 平板載荷試験方法」による。
2. 支持力係数K_{30}は直径30cmの載荷板を用いた値である。
3. 直径75cmの載荷板で測定した支持力係数K_{75}からK_{30}への換算には，$K_{75}=K_{30}/2.2$の式を用いる。

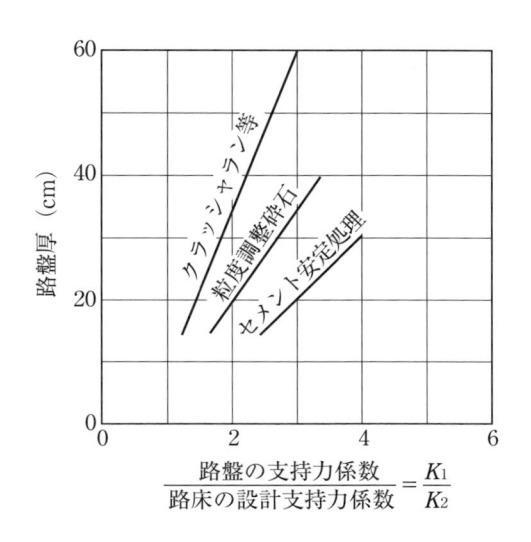

図ー6.2.2 路盤厚の設計曲線（直径30cmの載荷板による場合）

以下には，具体的な路盤厚の設計例について説明する。

ⅰ）路盤構成を1層とする場合

路床の支持力係数を6箇所で測ったところ96,121,113,89,66および

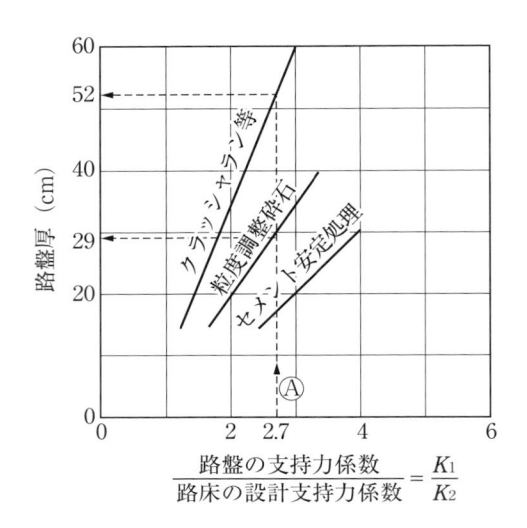

図—6.2.3 路盤厚の設計例（直径30cmの載荷板を用いる場合）

87MPa/mであった。適用道路の舗装計画交通量から路盤の支持力係数を $K_{30} = 200$ MPa/mとしたい。

路床の設計支持力係数 ≒ 75 (MPa/m)

$$\frac{\text{路盤の支持力係数}}{\text{路床の設計支持力係数}} = \frac{200}{75} \fallingdotseq 2.7$$

クラッシャラン路盤を用いるとすれば，**図—6.2.3**の$K_1/K_2 = 2.7$の点Ⓐからの垂線とクラッシャランの線との交点52cmが求まる。また，粒度調整砕石路盤を用いるものとすれば，同様の方法で29cmが求まる。これより，求められた路盤厚を5cmごとに切り上げ，設計厚はそれぞれ55cm，30cmとする。

ⅱ）路盤構成を2層とする場合

路床の設計支持力係数は57MPa/mである。下層路盤をクラッシャランで20cm厚とし，K_1を200MPa/mとするためには，上層路盤として粒度調整砕石路盤はどれだけの厚さが必要であるか。

$$\frac{K_1}{K_2} = \frac{200}{57} \fallingdotseq 3.5$$

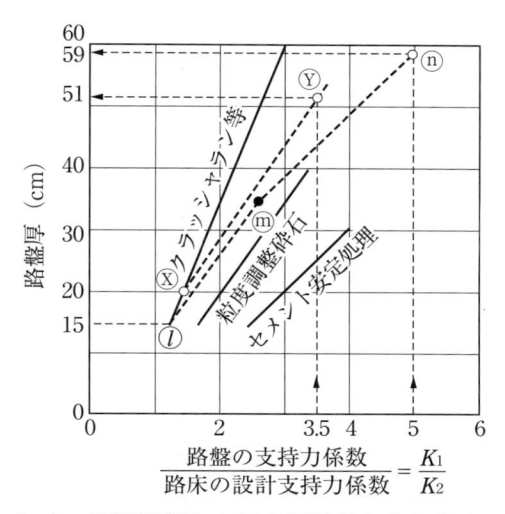

図―6.2.4 下層路盤および上層路盤とする場合の設計例
（直径30cmの載荷板を用いる場合）

であるから，**図―6.2.4**により縦軸20cmより水平線を引きクラッシャランの線と交わらせる。この点⊗より粒度調整砕石の線に平行線を引き，$K_1/K_2 = 3.5$からの垂線と交わった点⊙が求める路盤厚であり，51cmとなる。

（上層路盤）＋（下層路盤）＝51cm

　　下層路盤厚＝20cm

　　上層路盤厚＝51－20＝31cm→35cm

が求まり，粒度調整砕石路盤の厚さは35cmとなる。このように2層で設計する場合には，下層の厚さを仮定して上層を求める手順を踏むとよい。なお，計算された路盤厚が15cm未満となった場合には，15cmを設計厚とする。

iii）路盤構成を3層とする場合

　路床の設計支持力係数は40MPa/mである。クラッシャラン，粒度調整砕石，セメント安定処理路盤材料を用いて3層とし，クラッシャランの厚さは15cm，粒度調整砕石の厚さを20cmとすれば，セメント安定処理路盤はどれだけの厚さが必要であるか。

$$\frac{K_1}{K_2} = \frac{200}{40} = 5$$

まず，**図－6.2.4**の縦軸の15cmから水平線を引きクラッシャランの線との交点を⑦とする。⑦から粒度調整砕石の線に平行線を引き，20cmの厚さに相当する点を⑪とする。次に⑪からセメント安定処理の線に平行線を引き$K_1/K_2＝5$からの垂線との交点を⑪とする。⑪から水平線を引き縦軸と交わった点59cmが求める路盤厚である。したがってセメント処理路盤厚さは，59－20－15＝24cm→25cmとなる。なお，計算された路盤厚が15cm未満となった場合には，15cmを設計厚とする。

また，アスファルト中間層を用いる場合には，アスファルト中間層4cmに相当する厚さとして，通常，粒度調整砕石路盤の場合には10cm，セメント安定処理路盤の場合には5cmの厚さを低減してよい。ただし，この場合でも，低減後の厚さが15cm未満となる場合には，15cmの路盤の上にアスファルト中間層を設けることが望ましい。

③ 設計CBRによる路盤厚の設計方法

路床の設計CBRから路盤の厚さを求めるには，**表－6.2.4**に示す値を用いて行う。

④ 路床が岩盤である場合の路盤

切土部等において路床が岩盤である場合には，一般にならしコンクリートを打設して支持力を均等にする方法を検討するとよい。このならしコンクリ

表－6.2.4 設計CBRと路盤厚の関係（単位：cm）

交通量区分	路床の設計CBR / 舗装計画交通量（台/日・方向）	(2)	3	4	6	8	12以上
$N_1 \sim N_4$	T＜250	(50)	35	25	20	15	15
$N_5 \sim N_7$	250≦T	(60)	45	35	25	20	15

〔注〕
1．表中の路盤厚は，粒度調整砕石を用いる場合の値である。
2．普通コンクリート舗装および連続鉄筋コンクリート舗装の場合には設計CBR 3未満の箇所，また転圧コンクリート舗装の場合には設計CBR 4未満の箇所においては，路床の構築等を検討する。
3．転圧コンクリート舗装では，$N_1 \sim N_4$の場合でも表中下段の$N_5 \sim N_7$の場合に示す路盤厚とする。
4．（　）内は，工事条件等の制約で路床の構築が困難な場合に適用する。

ートの厚さは10cm程度とするが，岩盤延長がおおむね60m以下の場合には，路盤計画高より最小10cm下の面まで掘削して通常の路盤とする方が経済的なこともある。なお，ならしコンクリートとする場合には，目地を設けず，表面に石粉等を塗布するものとする。

　岩盤には風化しやすいものもあるので，十分に注意して設計・施工を行う必要がある。また，湧水がある場合には排水施設を設ける。

⑤　トンネル内の路盤

　トンネル内の路盤の設計は，原則として②または③に示す方法によるものとするが，路床が岩盤の場合には④に示す方法，また，インバートの箇所では所定の位置までクラッシャラン等で埋めもどして路床とみなし，その上に15cm程度の路盤を設ける方法を検討するとよい。

　なお，トンネル内では湧水等の影響を受けることが多いので，十分な排水対策を行うと同時に，路盤も水の影響を受けにくいセメント安定処理工法等を用いる必要がある。

3)　コンクリート版厚の設定

　コンクリート版厚は，交通条件として設定した舗装計画交通量に応じ，コンクリート舗装の種類と使用する舗装用コンクリートの設計基準曲げ強度をもとにして設定する。なお，コンクリート版の目地構造や使用する鉄網，縁部補強鉄筋等については，本便覧の「6－4　コンクリート舗装の構造細目」を参照する。

4)　路床の設計CBRと舗装計画交通量による具体的な舗装構造の決定方法

　上記1)～3)では，コンクリート舗装の構造設計に関する事項についての基本的な内容等を説明したが，ここでは基盤条件である設計CBRと交通条件である舗装計画交通量とから，舗装構造を決定する場合についての具体的な方法を示す。なお，ここで示す路盤厚とコンクリート版厚については，各コンクリート舗装で用いられてきた標準的な値を表にとりまとめたものであり，設計期間は20年が原則となる。

①　路盤厚の設定

　路盤厚は，普通コンクリート舗装および連続鉄筋コンクリート舗装の場合

においては**表-6.2.5**，また転圧コンクリート舗装の場合においては**表-6.2.6**を用いて設定する。

② コンクリート版厚の設定

コンクリート版厚は，普通コンクリート舗装では**表-6.2.7**，連続鉄筋コンクリート舗装では**表-6.2.8**，また転圧コンクリート舗装では**表-6.2.9**を用いて設定する。

③ 舗装構造の決定

①および②で設定した路盤厚とコンクリート版厚とを組み合わせて，各コンクリート舗装の舗装構造を決定する。

表-6.2.5 路盤の厚さ（普通コンクリート舗装，連続鉄筋コンクリート舗装）

交通量区分	舗装計画交通量（台/日・方向）	路床の設計CBR	アスファルト中間層(cm)	粒度調整砕石(cm)	クラッシャラン(cm)
$N_1 \sim N_4$	T＜250	(2)	0	25 (20)	40 (30)
		3	0	20 (15)	25 (20)
		4	0	25 (15)	0
		6	0	20 (15)	0
		8	0	15 (15)	0
		12以上	0	15 (15)	0
N_5	250≦T＜1,000	(2)	0	35 (20)	45 (45)
		3	0	30 (20)	30 (25)
		4	0	20 (20)	25 (0)
		6	0	25 (15)	0
		8	0	20 (15)	0
		12以上	0	15 (15)	0
N_6, N_7	1,000≦T	(2)	4 (0)	25 (20)	45 (45)
		3	4 (0)	20 (20)	30 (25)
		4	4 (0)	10 (20)	25 (0)
		6	4 (0)	15 (15)	0
		8	4 (0)	15 (15)	0
		12以上	4 (0)	15 (15)	0

〔注〕
1. 粒度調整砕石の欄（ ）内の値：セメント安定処理路盤の場合の厚さ
2. クラッシャランの欄（ ）内の値：上層路盤にセメント安定処理路盤を使用した場合の厚さ
3. 路床（原地盤）の設計CBRが2のときには，遮断層の設置や路床の構築を検討する。
4. 設計CBR算出時の路床の厚さは1mを標準とする。ただし，その下面に生じる圧縮応力が十分小さいことが確認される場合においては，この限りではない。

表－6.2.6 路盤の厚さ（転圧コンクリート舗装）

交通量区分	舗装計画交通量(台/日・方向)	路床の設計CBR	設計基準曲げ強度4.4MPa				設計基準曲げ強度4.9MPa			
			路盤構成A	路盤構成B			路盤構成A	路盤構成B		
			セメント安定処理(cm)	アスファルト中間層(cm)	粒度調整砕石(cm)	クラッシャラン(cm)	セメント安定処理(cm)	アスファルト中間層(cm)	粒度調整砕石(cm)	クラッシャラン(cm)
$N_1 \sim N_3$	T<100	4	20	4(0)	10(20)	25(25)	−	−	−	−
		6	15	4(0)	15(25)	0(0)	−	−	−	−
		8以上	15	4(0)	15(20)	0(0)	−	−	−	−
N_4	$100 \leq T < 250$	4	20	4(0)	10(20)	25(25)	20	4(0)	10(20)	25(25)
		6	15	4(0)	15(25)	0(0)	15	4(0)	15(25)	0(0)
		8以上	15	4(0)	15(20)	0(0)	15	4(0)	15(20)	0(0)
N_5	$250 \leq T < 1,000$	4	20	4	10	25	20	4	10	25
		6	15	4	15	0	15	4	15	0
		8以上	15	4	15	0	15	4	15	0
N_6	$1,000 \leq T < 3,000$	4	−	−	−	−	20	4	10	25
		6	−	−	−	−	15	4	15	0
		8以上	−	−	−	−	15	4	15	0

〔注〕
1．路盤構成がBの場合における（　）内の値は，アスファルト中間層を用いない場合を示す。
2．路床の支持力は，設計CBRで4相当以上とし，必要に応じて路床構築等を行う。
3．設計CBR算出時の路床の厚さは1mを標準とする。ただし，その下面に生じる圧縮応力が十分小さいことが確認される場合においては，この限りではない。
4．路盤の選定においては，N_5およびN_6の場合にはセメント安定処理路盤またはアスファルト中間層を設けることを原則とし，$N_1 \sim N_4$の場合でもセメント安定処理路盤とすることが望ましい。

表－6.2.7 コンクリート版の版厚等（普通コンクリート舗装）

交通量区分	舗装計画交通量(台/日・方向)	コンクリート版の設計			収縮目地間隔	タイバー，ダウエルバー
		設計基準曲げ強度	版厚	鉄網		
$N_1 \sim N_3$	T<100	4.4MPa (3.9MPa)	15cm (20cm)	原則として使用する。 $3 kg/m^2$	・8m ・鉄網を用いない場合5m	原則として使用する。
N_4	$100 \leq T < 250$	4.4MPa (3.9MPa)	20cm (25cm)			
N_5	$250 \leq T < 1,000$	4.4MPa	25cm		10m	
N_6	$1,000 \leq T < 3,000$	4.4MPa	28cm			
N_7	$3,000 \leq T$	4.4MPa	30cm			

〔注〕
1．表中の版厚の欄における（　）内の値は設計基準曲げ強度3.9MPaのコンクリートを使用する場合の値である。
2．$N_5 \sim N_7$の場合で鉄網を省略する場合には，収縮目地を6m程度の間隔で設置することを検討するとよい。

表—6.2.8　コンクリート版の版厚等（連続鉄筋コンクリート舗装）

交通量区分	舗装計画交通量（台/日・方向）	コンクリート版の設計		鉄筋			
				縦方向		横方向	
		設計基準曲げ強度	版厚	径	間隔(cm)	径	間隔(cm)
N_1〜N_5	T<1,000	4.4MPa	20cm	D16	15	D13	60
				D13	10	D10	30
N_6, N_7	1,000≦T	4.4MPa	25cm	D16	12.5	D13	60
				D13	8	D10	30

〔注〕
1．縦方向鉄筋および横方向鉄筋の寸法と間隔は，一般に表中に示す組合わせで版厚に応じて用いる。
2．縦目地を突合わせ目地とする場合は，ネジ付きタイバーを用いる。

表—6.2.9　コンクリート版の版厚等（転圧コンクリート舗装）

交通量区分	舗装計画交通量（台/日・方向）	コンクリート版の設計				目地間隔	鉄網,タイバー,ダウエルバー
		設計基準曲げ強度	版厚	設計基準曲げ強度	版厚		
N_1〜N_3	T<100	4.4MPa	15cm	—	—	横収縮目地間隔は5mを原則とする。	原則として使用しない。
N_4	100≦T<250	4.4MPa	20cm	4.9MPa	18*cm		
N_5	250≦T<1,000	4.4MPa	25cm	4.9MPa	22*cm		
N_6	1,000≦T<3,000	—	—	4.9MPa	25cm		

〔注〕
1．転圧コンクリート版厚の上限は一般的に25cmまでとし，＊は施工上の理由などから版厚を薄くおさえたい場合に適用する。
2．N_7の場合には，転圧コンクリート版をホワイトベースとして利用する方法などを検討するとよい。

6−2−2　普通道路の補修の構造設計

　コンクリート舗装の性能が供用に伴い低下した場合には，破損の状況に応じた適切な維持や修繕が必要であり，それらの補修工法には多種多様なものがある。
　これらのうちで，舗装の構造的な破損に対して適用される修繕工法では，補修

する舗装の状況を評価して適切な舗装断面となるように構造設計する必要がある。ここでは，補修時の構造設計について述べる。

（1）舗装の破損状態の調査

補修の必要性の判断や破損状況に応じた工法の選定および構造設計は，既設舗装の現況調査とその評価結果にもとづいて行われる。**表－6.2.10**には，コンクリート舗装における調査項目の例について，簡易調査，路面の定量調査および破損原因の調査ごとに示す。

（2）既設舗装の構造評価

既設舗装の構造的な評価は，一般に路面の破損状況，支持力，疲労抵抗性などで行われる。その評価方法には，路面（既設コンクリート版）の破損状況にもとづいてアスファルト舗装の場合の残存等値換算厚に準じて行う方法や，FWDなどのたわみ測定結果にもとづいて舗装全体の支持力や目地部における荷重伝達を

表－6.2.10　コンクリート舗装における調査項目の例

調査項目		簡易調査	路面の定量調査	破損原因の調査〔注〕	
				調査水準1	調査水準2
ひび割れ（疲労抵抗）		・目視観察	・ひび割れ度 ・ひび割れ位置 ・ひび割れ幅	・コア採取（ひび割れ深さ）	・非破壊調査 ・開削調査
平たん	摩耗わだち	・目視観察 ・試走（走行感覚）	・わだち掘れ量	・コア採取	
	平たん性	・目視観察 ・試走（走行感覚）	・平たん性		・開削調査
	段差	・目視観察 ・試走（走行感覚）	・段差量		・開削調査
透水		・目視観察	・浸透水量	・コア採取 ・空隙率測定 ・透水係数測定	
すべり抵抗		・目視観察	・すべり抵抗値		
騒音		・聴感	・騒音値（タイヤ／路面騒音，沿道環境騒音）	・コア採取 ・空隙率測定	
目地部の破損		・目視観察	・目地部の破損状態		・開削調査

〔注〕調査水準1：比較的簡単に行える調査であり，コア採取および採取コアを使用した試験などが含まれる。
　　　調査水準2：より大掛かりな調査で，非破壊調査，開削調査などが含まれる。

推定する方法等がある。

（3）破損の種類と原因

調査結果にもとづき，舗装の破損原因を把握し，舗装のどの部分までの対策が必要か検討する。舗装の破損の種類には，**表－6.2.11**に示すものがある。

舗装構造に関する破損は，一般にひび割れの発生を伴うことが多く，調査の結果から原因を究明して適切な工法を選定し，必要に応じ補修の構造設計を行う。

（4）設計条件の設定

補修工法のうちで，舗装断面（補修断面）の設計が必要となる工法を適用する場合には，本便覧の「3－4　構造設計条件」を参照して必要な設計条件を適切に設定する。その際には，非破壊調査や開削調査などによる調査結果を利用したり，併せて，建設時の設計条件や補修履歴についても，舗装台帳等により確認しておくことが必要である。

なお，構造的な破損が著しく早く発生した箇所では，過大な交通荷重の影響が考えられるので交通条件の見直しをしたり，設計CBRや路床支持力係数などの基盤条件は開削調査の結果にもとづいて設定することが望ましい。また，補修の設計に当たっては，路面の高さ，交通規制，地下埋設物の設置位置および作業上等の制約を受ける場合があるので，本便覧の「5－2－2（4）3）補修の制約条件」を参照して適切に対応する必要がある。

（5）補修工法の選定

コンクリート舗装の補修工法には，目地およびひび割れ部への注入や角欠けした箇所へのパッチングなどを行う維持工法から，ひび割れ等が進行して全面的な破損のおそれがある場合に行うオーバーレイや破損が著しく進行した場合の打換えなどの修繕工法がある。

破損に応じた適切な補修工法を選定することは，舗装のライフサイクルコストを最小化するという観点からも重要なことである。そのためには，舗装を適時に調査して状態を正確に把握し，破損が生じている場合には，その原因を特定して適切で効果的な工法で補修を行うことが必要である。なお，修繕は，路面の性能や舗装の性能が低下し，維持では不経済もしくは十分な回復効果が期待できない場合に実施するものであり，建設時の状態程度に復旧することを目的とし，若干

表－6.2.11 路面に見られるコンクリート舗装の破損

破損の種類		主な原因等	原因と考えられる層	
			路面	コンクリート版以下
ひび割れ	初期ひび割れ	施工時における異常乾燥，打設後コンクリートの急激な温度低下	○	○
	隅角部ひび割れ	路床・路盤の支持力不足，目地構造・機能の不完全，コンクリート版厚の不足，地盤の不等沈下，コンクリートの品質不良等		◎
	横断方向ひび割れ			◎
	縦断方向ひび割れ			◎
	亀甲状ひび割れ			◎
	構造物付近のひび割れ	構造物と路盤との不等沈下，構造物による応力集中		◎
平たん性の低下	摩耗わだち　ラベリング	タイヤチェーンの走行等	◎	
	平たん性　縦断方向の凹凸	地盤の不等沈下，路床・路盤の支持力不足	○	○
	段差　版と版の段差	ダウエルバー・タイバーの機能の不完全，ポンピング現象，路床・路盤の転圧不足，地盤の不等沈下		◎
	版とアスファルト舗装との段差		○	○
	構造物付近の段差			◎
浸透水量の低下	滞水，水はね	空隙づまり（ポーラスコンクリート）	◎	
すべり抵抗値の低下	ポリッシング	摩耗，粗面仕上げ面の摩損，軟質骨材の使用	◎	
騒音値の増加	騒音の増加	路面の荒れ	◎	
目地部の破損	目地材の破損	目地板の老化，注入目地材のはみ出し，老化・硬化・軟化・脱落，ガスケットの老化・変形・はく脱飛散等	◎	
	目地縁部の破損	目地構造・機能の不全	○	○
その他	はがれ（スケーリング）	凍結融解作用，コンクリートの施工不良，締固め不足	◎	
	穴あき	コンクリート中に混入した木材等不良材料の混入，コンクリートの品質不良	◎	
	座屈（ブローアップ，クラッシング）	目地構造・機能の不全		◎
	版の持ち上がり	凍上抑制層厚さの不足		◎
	路盤のエロージョン	ポンピング作用による路盤の浸食		◎

〔注〕◎：原因として特に可能性の大きいもの　○：原因として可能性のあるもの

の性能の向上を伴う場合もある。表－6.2.12には，コンクリート舗装の破損状態に応じた主な補修工法の例を示す。

表―6.2.12 コンクリート舗装の破損と主な補修工法の例

種　類	破損状況	補修工法の例
維持（局部的で軽度な修理）	目地材のはく脱飛散，目地部やひび割れ部の角欠け，穴あきなど	パッチング工法，シーリング工法，注入工法，表面処理工法
修繕（路面および構造的な修理）	ひび割れ，目地部の破損	打換え工法，オーバーレイ工法，切削オーバーレイ工法，局部打換え工法
	わだち掘れ	オーバーレイ工法，切削オーバーレイ工法，局部打換え工法
	平たん性の低下	
	段差	オーバーレイ工法
	すべり抵抗値の低下	オーバーレイ工法，切削オーバーレイ工法

（6）補修の構造設計

補修断面の設計が必要となるものには，打換え工法およびオーバーレイ工法などがあり，それらの構造設計方法を以下に示す。

1) 打換え工法

打換え工法には，コンクリート舗装とアスファルト舗装とによるものがあるが，いずれによる場合も，補修時の舗装断面の設計は，新設の場合に準拠して行う。

2) オーバーレイ工法

① アスファルト混合物によるオーバーレイ

既設コンクリート舗装上にアスファルト混合物でオーバーレイする場合の補修断面の設計は，本便覧の「5－2－2（6）1）舗装構造の決定」を参照して行う。この方法は，既設舗装のコンクリート版の破損の状態に応じた係数（**表－5.2.25**参照）を用いて残存等値換算厚（T_{A0}）を求め，所要となる補修断面の等値換算厚（T_A）との比較から，オーバーレイするアスファルト混合物の厚さを設計するものである。なお，この場合のオーバーレイの最小厚は，8 cmとすることが望ましい。

また，オーバーレイしたアスファルト混合物層への既設コンクリート版からの影響を極力避けるため，事前に不良箇所のパッチングやリフレクションクラック対策などを施したり，必要に応じて局部打換え工法，注入工法，あるいはバーステッチ工法等の併用を検討する。

　特に，リフレクションクラックは，既設コンクリート版の目地やひび割れが影響して生じることが多く，オーバーレイする厚さが薄いほど発生しやすい傾向がある。このひび割れの発生を完全に防止することは難しいが，その対策には以下に示すことを参考にするとよい。

　オーバーレイ厚が10cm以上となる場合は，コンクリート版上に開粒度アスファルト混合物を5cm程度設けることによって，リフレクションクラックを抑制する効果がある。あるいは，コンクリート版上にシートを敷設し，アスファルト混合物層に生じる変位を吸収することによって，リフレクションクラックの抑制を図ることもある。また，コンクリート版の目地位置の直上においてアスファルト混合物層をカッタ切削し，ダミー目地構造とすることもある。

② セメントコンクリートによるオーバーレイ

　既設コンクリート舗装上にセメントコンクリートでオーバーレイする工法には，既設版の挙動の影響を受けにくくするための分離層を設ける分離かさ上げ工法，既設版の上に直接オーバーレイする直接かさ上げ工法および既設版の表面をショットブラスト等で処理して新旧コンクリート版を完全に接着させる付着かさ上げ工法がある。しかしながら，これら3工法のこれまでの補修事例は少なく，構造設計方法も十分に確立されていない状況にある。

　ここでは，既設コンクリート舗装の損傷が比較的少ない場合に適用され，他2工法に比べてオーバーレイ厚が薄い付着かさ上げ工法について，鋼繊維補強コンクリートを用いた場合の設計方法を，以下に例示する。

ⅰ) オーバーレイ厚の設計

　付着かさ上げ工法で鋼繊維補強コンクリート（SFRC）をオーバーレイする場合のコンクリート版の所要厚さは次式で求めるが，最小厚さは5cm程度とすることが望ましい。

$$h_0 = h_d - C\left[\left(\frac{h_d}{h_{ad}}\right)h_e\right] \qquad (6.2.2)$$

ここに，h_0：オーバーレイするSFRC版の所要厚さ（cm）。

h_d：既設の路盤上に直接敷設されると仮定し，オーバーレイするSFRCの設計基準曲げ強度を用いて設計したSFRC版の厚さ（cm）。

h_{ad}：既設の路盤上に直接敷設されると仮定し，既設コンクリート版のコンクリート設計基準曲げ強度を用いて設計したコンクリート版の厚さ（cm）。

h_e：既設コンクリート舗装のコンクリート版の厚さ（cm）。ただし，既設コンクリート版を切削した場合は，切削後の厚さとする。

C：既設コンクリート舗装の状態による係数であり，**表－6.2.13**を参照して決める。

表－6.2.13 C値の標準

Cの値	既設コンクリート舗装の状態
1.00	既設コンクリート版にはほとんど，あるいは全く構造的なひび割れがなく，版が良好な状態の場合（ひび割れ度が，おおよそ0～3 cm/m²程度を目安とする。）
0.75	既設コンクリート版が目地部または隅角部などで初期ひび割れを呈しているが，それらのひび割れが進行していない状態の場合（ひび割れ度が，おおよそ3～10 cm/m²程度を目安とする。）

ii）オーバーレイするコンクリート版の目地位置

　付着かさ上げ工法でオーバーレイするコンクリート版の目地位置は，新旧コンクリート版が一体として挙動するので，既設コンクリート版の目地位置に合わせることが原則である。また，目地部の荷重伝達等は，既設コンクリート版の目地で機能させるという考え方から，一般にダウエルバーやタイバ

ーなどは使用しない。

iii) 既設舗装の事前補修

付着かさ上げ工法を適用する場合には，既設コンクリート舗装の破損状態とその程度を把握し，必要に応じて事前に補修を行う。特に，既設コンクリート版に発生したひび割れが微細であっても，リフレクションクラックの懸念がある場合には，バーステッチ工法等によって事前に十分な対策をとる。

6－2－3 小型道路の構造設計

新たに設けられた小型車専用の小型道路におけるコンクリート舗装の構造は，普通道路の場合と同様に，設定した舗装計画交通量（小型道路の標準荷重は17kN）を交通条件とし，これに基盤条件と環境条件等を加味して所要の疲労破壊輪数が確保できるように設計する必要があるが，現状では経験にもとづいて適切に設計できるだけの供用性に関するデータの蓄積が十分ではない。

以上のような現状にあるがここでは，本便覧の「付録－2　小型道路の舗装の構造設計に関する解説」の**付表－2.3.1**に示されている小型道路の舗装計画交通量の区分に対応する普通道路における舗装計画交通量の考え方にもとづき，小型道路におけるコンクリート舗装の舗装構造の設定方法について以下に述べる。

（1）標準荷重，舗装計画交通量，疲労破壊輪数

小型道路における標準荷重，舗装計画交通量および疲労破壊輪数は，本便覧の「3－2－3（3）1）疲労破壊輪数」を参照する。

（2）小型道路の舗装計画交通量に対応する普通道路の舗装計画交通量の区分

小型道路の舗装計画交通量（台／日・方向）が3,000以上の場合（交通量区分：S_4）は，普通道路における舗装計画交通量（台／日・方向）の100以上250未満（交通量区分：N_4）に相当するものと考える。

小型道路の舗装計画交通量が3,000未満（交通量区分：$S_1 \sim S_3$）の場合は，普通道路における舗装計画交通量の100未満（交通量区分：$N_1 \sim N_3$）に相当するものと考える。

（3）舗装構造

小型道路に適用するコンクリート舗装の各層の構成は，その舗装計画交通量に

対応する上記（2）に示す普通道路の舗装計画交通量におけるものとする。すなわち，路盤厚は表－6.2.5～表－6.2.6，コンクリート版厚は表－6.2.7～表－6.2.9に示す厚さから舗装構成を設定する。普通コンクリート舗装の場合の版厚等を例示すれば，表－6.2.14のとおりである。

なお，小型道路を通行する大型車は緊急車両のみであり，上記の考え方で設計したコンクリート舗装は構造的に安全側過ぎる可能性もあるので，今後の供用性の調査結果をもとにして見直しを図っていくことが必要である。また，構造設計条件が詳細に設定できる場合には，次節の「6－3　理論的設計方法」に従って設計することが望ましい。

表－6.2.14　小型道路における普通コンクリート舗装の版厚等

交通量区分	小型道路の舗装計画交通量（台/日・方向）	コンクリート版の設計			収縮目地間隔	タイバー・ダウエルバー
		設計基準曲げ強度	版厚	鉄網		
S_1～S_3	3,000未満	4.4MPa（3.9MPa）	15cm（20cm）	原則として使用する。3 kg/m²	・8 m ・鉄網を用いない場合は5 m	原則として使用する。
S_4	3,000以上		20cm（25cm）			

〔注〕版厚の欄（　）内の値：設計基準曲げ強度3.9MPaのコンクリートを使用する場合の値

6－3　理論的設計方法

6－3－1　理論的設計方法の概要

コンクリート舗装の理論的設計方法は，交通荷重と温度変化に伴いコンクリート版に発生する応力の繰返しによる疲労ひび割れが，舗装の設計期間内に設計で設定されたひび割れ度などを超えないように舗装構造を決定するものである。

この方法の利点は，任意の舗装の設計期間に対して，信頼性を考慮したコンクリート舗装断面を決定できることにある。

この設計方法は，表－6.1.1に示す普通コンクリート舗装，連続鉄筋コンクリート舗装および転圧コンクリート舗装に適用できる。

本設計方法による構造設計の一般的な設計手順は図－6.3.1のとおりであり，次に示す手順で行う。
① 舗装の設計期間，舗装の性能指標およびその値，信頼度などとともに交通条件，基盤条件，環境条件，材料条件などの構造設計条件を設定する。
　　設計期間内に舗装が満足すべき構造的な性能指標としては，
　・疲労破壊輪数
　・舗装の疲労破壊によりコンクリート版に現れるひび割れの指標であるひび割れ度

を一般に設定する。なお，本設計方法における疲労破壊輪数は，舗装計画交通量に応じた輪荷重分布（輪荷重の大きさごとの通過輪数）をもとにした舗装の設計期間における累積値として設計上取り扱う（本便覧の「6－3－2　構造設計条件」参照）。
② コンクリート舗装の種類を仮定する。
③ 舗装断面の設計を，次の3段階で行う。
　・路盤の設計
　・コンクリート版の設計
　・コンクリート版の目地等の構造細目
④ 路盤の設計は，路盤厚および路盤材料の種類を変化させ，目標とする路盤支持力係数を満足するように路盤厚を求める。その際，路盤の所要厚さは，路床支持力係数および路盤支持力係数，あるいは路床と使用する路盤材料の弾性係数とポアソン比をもとにして設定する。
⑤ コンクリート版厚は，コンクリート版の厚さおよび曲げ強度などを仮定し，輪荷重応力と温度応力の合成応力とその作用度数から疲労度を算定して，コンクリート版が疲労破壊するか否かの力学的評価から求める。
⑥ 設計条件を満足する複数の舗装断面の経済性比較を行い，最終的な舗装断面を決定する。

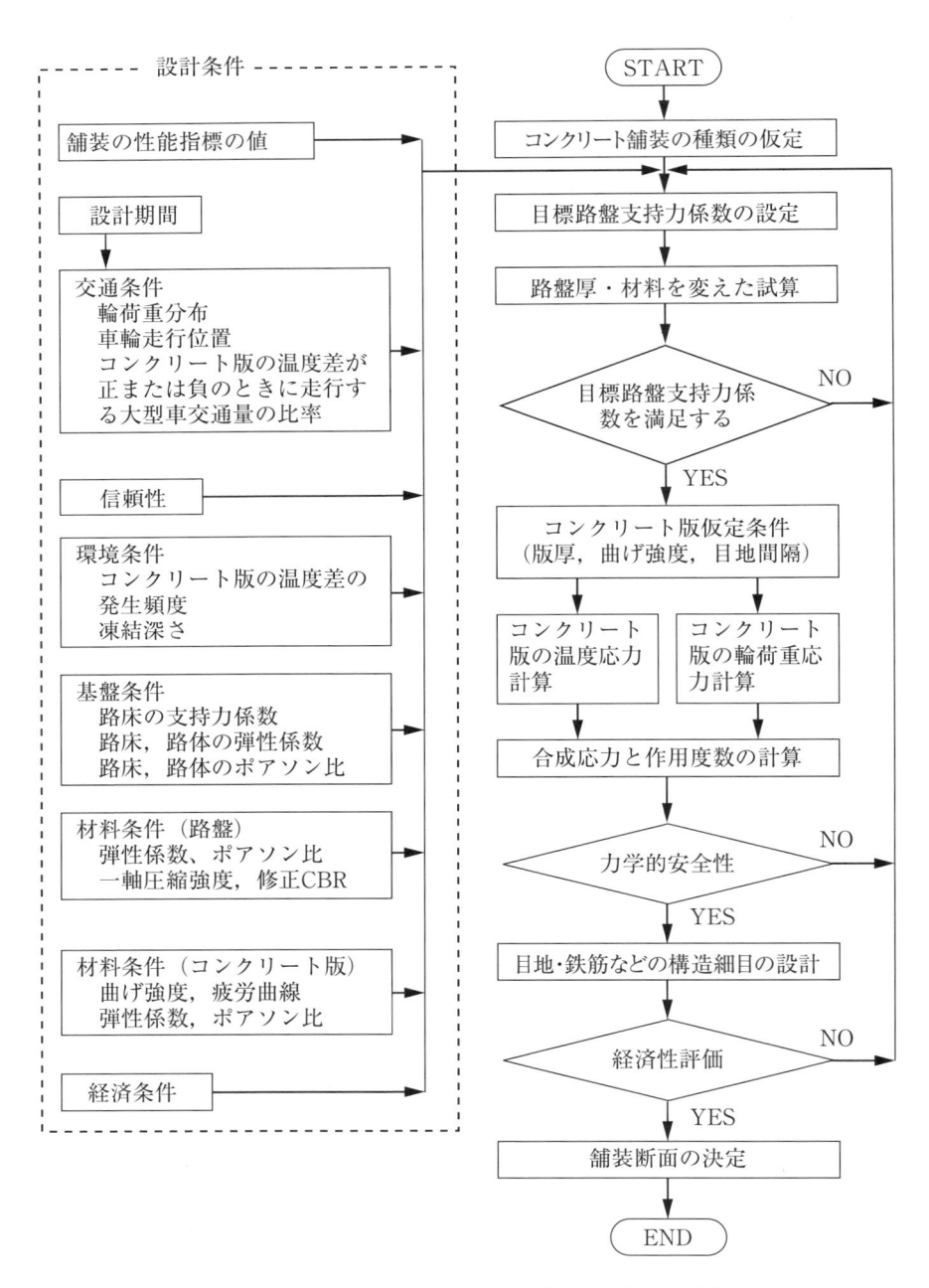

図— 6.3.1 理論的設計方法による構造設計の具体的な手順

6－3－2　構造設計条件

　構造設計に当たっては，舗装の基本的な目標として設定された設計期間，舗装計画交通量，舗装の性能指標および性能指標の値，信頼度とともに交通条件，基盤条件，環境条件および材料条件等の設計条件を適切に設定する。

（1）交通条件

　交通条件は，コンクリート版に生じる輪荷重応力の計算と疲労抵抗性の指標となる疲労度の算定に必要な条件である。

　交通条件としては，下記の3項目を設定する。

① 舗装の基本的な目標としての舗装の設計期間と舗装計画交通量に応じて求められる輪荷重分布（輪荷重群ごとの通過輪数）

② 車両走行位置の影響を設計で考慮するために必要な車輪走行位置分布

③ 車両が走行する際のコンクリート版の温度条件を設計で考慮するために必要なコンクリート版の温度差が正または負の時に走行する大型車交通量の比率

1）輪荷重群と通過輪数

　　この設計方法では，舗装計画交通量と舗装の設計期間から設定される疲労破壊輪数に相当するものとして，設計期間における舗装計画交通量に応じた輪荷重群ごとの通過輪数を用いることとする。これらは次の手順で設定する。

① 舗装計画交通量に応じて道路を走行する輪荷重をその大きさごとの輪荷重群に区分する。

② 各輪荷重群の通過輪数は，一日一方向あたりの交通量から求める。

③ 上記②で求めた各輪荷重群の通過輪数に，舗装の設計期間（年）と年間日数（365日）を乗じて，各輪荷重群ごとの設計期間内の累積通過輪数を設定する。なお，設計においては，各輪荷重群における中央値を輪荷重の代表値として用いる。

　　輪荷重群ごとの通過輪数は，実測値から設定することが望ましい。実測値が得られない場合には，近隣路線の測定結果や車両重量調査結果などを参考として決定してもよい。なお，輪荷重群ごとの通過輪数は，コンクリート版の疲労度算定に大きな影響を与えるので，その設定に当たっては十分な検討

が必要である。

2) 車輪走行位置分布

舗装上を走行する車両の横断方向の車輪走行位置分布を設定する。

コンクリート版に生じる輪荷重応力は,設計上着目する点を設定して求める。この場合に,車輪走行位置は必ずしも着目点に集中するわけではないので,着目点から離れた位置を走行する車輪の影響を考慮するために車輪走行位置分布の設定が必要である。

車輪走行位置分布は,実測値から設定することを原則とする。実測値が得られていない場合には,**表ー6.3.1**に示す値を用いてもよい。

表ー6.3.1　車輪の走行位置と走行頻度の関係の例

		車線数	走 行 頻 度			
		車線の幅員m	2	2	2	4
	路肩〔注〕	走行位置cm	3.25	3.75	4.50	3.00以上
自由縁部	舗装した十分な幅の路肩がある場合	縦縁から　15	0.10	0.05	0.05	0.05
		〃　45	0.15	0.10	0.10	0.10
		〃　75	0.30	0.25	0.15	0.25
		〃　105	0.20	0.25	0.25	0.20
	路肩幅が0.5m程度で未処理の場合	〃　15	0.05	0.03	0.02	0.02
		〃　45	0.10	0.05	0.05	0.05
		〃　75	0.15	0.10	0.10	0.10
		〃　105	0.30	0.25	0.15	0.25
縦 目 地 部		〃　15	0.65	0.55	0.45	0.35
		〃　45	0.30	0.35	0.25	0.25
		〃　75	0.20	0.20	0.20	0.15
		〃　105	0.15	0.20	0.15	0.10

〔注〕路肩の条件が本表の中間にあるときは,適切に判断して設定する。

3) コンクリート版の温度差が正または負の時に走行する大型車交通量の比率

コンクリート版の温度差が正または負の時に走行する大型車交通量の比率を設定する。ここに,温度差とは,コンクリート版上面の温度からコンクリート版下面の温度を差し引いたものである。

これは，コンクリート版の疲労度算定において輪荷重応力と温度応力の合成応力を用いるが，温度応力はコンクリート版の温度差の正負により影響を受け，輪荷重応力の作用度数も温度差の正または負の場合ごとに求める必要があるためである。

　設計においては，厳密には温度差が正または負において走行する各輪荷重群ごとの通過輪数の比率が必要であるが，その比率を正確に求めることは困難であるので，大型車交通量の比率が代表値として用いられる。この比率により各輪荷重群ごとの通過輪数を，コンクリート版の温度差が正の場合の通過輪数と，負の場合の通過輪数に配分する。大型車交通量の比率を代表値とするのは，疲労度の算定に当たって大型車の輪荷重による影響が大きいためである。

　この比率は，実測値から設定することを原則とする。実測値が得られていない場合には，**表－6.3.2**に示す値を用いてもよい。

表－6.3.2　温度差が正または負の時に走行する大型車の比率の例

項目	温度差が正の時に走行する大型車数／大型車の全交通量	温度差が負の時に走行する大型車数／大型車の全交通量
都　市　部	0.70	0.30
郊　外　部	0.60	0.40

（2）基盤条件

　基盤条件としては，路床の支持力を設定する。

　路盤厚を設計する手法には，路床支持力係数を設定する場合のほかに，路床土の弾性係数およびポアソン比を設定する場合がある。

　これらの値は実測により求めることを原則とするが，過去の使用実績等の資料から適切に判断できる場合には，その値を用いてもよい。なお，測定方法は「舗装試験法便覧別冊」などを参照する。

（3）環境条件

本設計方法において必要な環境条件は気温である。この気温条件は，コンクリート版内に温度変化を生じさせて温度応力に影響を及ぼし，そして寒冷地域においては凍結深さにも影響を及ぼす。

1) コンクリート版の温度差とその発生頻度

コンクリート版には，輪荷重応力と同時に温度応力が作用する。温度応力は，主にコンクリート版上下面の温度差によって発生するものであり，温度応力の計算に必要となるコンクリート版の温度差を設定する。

また，温度応力は繰り返し作用する応力であるので，疲労度の算定に当たっては各温度差の発生頻度の設定も必要である。

コンクリート版の温度差とその発生頻度は，地域はもちろん，設計対象路線の立地条件によっても変動するので，実測値から設定することが望ましい。実測値が求められていない場合には，**表－6.3.3**に示す値を用いてもよい。

表－6.3.3　コンクリート版の温度差とその発生頻度の例

版厚 (cm) 温度差 (℃)	温度差の小さいところ						温度差の大きいところ						備考
	15	20	23	25	28	30	15	20	23	25	28	30	
19(18〜19.9)	0	0	0	0	0	0	0	0	0.002	0.005	0.010	0.012	温度差が正の時間に対する割合
17(16〜17.9)	0	0	0	0	0	0	0	0.005	0.015	0.018	0.018	0.020	
15(14〜16.9)	0	0	0.001	0.002	0.004	0.007	0.005	0.020	0.028	0.032	0.037	0.038	
13(12〜14.9)	0.005	0.007	0.012	0.016	0.021	0.025	0.015	0.040	0.040	0.040	0.040	0.040	
11(10〜12.9)	0.020	0.028	0.032	0.037	0.045	0.053	0.040	0.060	0.050	0.050	0.045	0.045	
9(8〜10.9)	0.050	0.060	0.075	0.085	0.080	0.080	0.070	0.070	0.075	0.080	0.080	0.080	
7(6〜8.9)	0.100	0.110	0.110	0.110	0.110	0.115	0.100	0.100	0.100	0.100	0.100	0.105	
5(4〜6.9)	0.135	0.140	0.150	0.155	0.150	0.140	0.120	0.120	0.125	0.125	0.125	0.125	
3(2〜4.9)	0.190	0.195	0.200	0.205	0.210	0.210	0.200	0.195	0.190	0.190	0.190	0.185	
1(0〜2.9)	0.500	0.460	0.420	0.390	0.380	0.370	0.450	0.390	0.375	0.360	0.355	0.350	
−1(0.1〜2.0)	0.650	0.615	0.610	0.600	0.530	0.480	0.510	0.450	0.420	0.410	0.400	0.390	温度差が負の時間に対する割合
−3(2.1〜4.0)	0.350	0.360	0.345	0.335	0.360	0.380	0.340	0.330	0.330	0.320	0.320	0.320	
−5(4.1〜6.0)	0	0.025	0.044	0.063	0.100	0.120	0.150	0.200	0.220	0.220	0.225	0.230	
−7(6.1〜8.0)	0	0	0.001	0.002	0.010	0.020	0	0.020	0.030	0.048	0.052	0.055	
−9(8.1〜10.0)	0	0	0	0	0	0	0	0	0.002	0.003	0.005		

〔注〕温度差の小さいところとは，気温の日振幅（全振幅）が14℃をほとんど超えない地方をいう。

2) 凍結深さ

寒冷地域の舗装においては，凍結深さの検討を行い，必要に応じて凍上抑制層を設ける。凍結深さについては，本便覧の「5－2－1（2）3）凍上抑制層」を参照する。

(4) 材料条件

路盤厚およびコンクリート版厚の設計に必要な材料条件は，以下のように設定する。

1) 路盤

路盤厚の設計手法に応じて，路盤における目標支持力係数，または使用する路盤材料の弾性係数とポアソン比を設定する。

後者の値は，使用する路盤の種類等によって異なるので，実測にもとづいて設定することを原則とし，弾性係数は測定値の平均値を設計で用いる。

過去の使用実績等の資料から適切に判断できる場合には，その値を用いてもよい。なお，これらの測定方法は「舗装試験法便覧別冊」などを参照する。

2) コンクリート版

使用するコンクリートの疲労曲線，曲げ強度，弾性係数，ポアソン比および温度膨張係数を設定する。

これらの値は実測値にもとづくことを原則とし，コンクリートの曲げ強度と弾性係数は，それぞれの測定値の平均値を設計で用いる。

弾性係数，ポアソン比および温度膨張係数については，適切に判断できる資料があれば，それにもとづいてもよい。一般に，弾性係数はコンクリートの強度と関連があるので，曲げ強度に応じて弾性係数を設定するとよい。なお，ポアソン比は0.20，温度膨張係数は10×10^{-6}／℃が代表的な値の例である。また**表－5.3.1**に示される値を参考にするとよい。

6－3－3 構造設計

理論的設計方法の手順は，本便覧の「6－3－1 理論的設計方法の概要」で示したとおりであり，以下にはより具体的に設計上の留意事項とともに述べる。

(1) 舗装の基本的な設計条件

舗装の基本的な目標として設定する設計条件は,以下に示すとおりである。

1) 舗装の設計期間
① 設計では道路管理者が設定した舗装の設計期間を設計条件として用いる。
② 本設計方法は,任意の設計期間に適用できる。

2) 舗装計画交通量と舗装の性能指標
① 本設計方法では,道路管理者が舗装計画交通量と設計期間に応じて設定した疲労破壊輪数を,舗装計画交通量に応じた輪荷重群ごとの通過輪数の設計期間における累積値として設計上取り扱い,設計条件とする。
② 本設計方法は,任意の疲労破壊輪数に対応できる。
③ 設計において対象とする舗装の構造的な破損は,コンクリート版の疲労によるひび割れであり,舗装の性能指標はひび割れ度とする。
　本設計方法では,普通コンクリート舗装の場合,コンクリート版の疲労によるひび割れ度$10cm/m^2$を構造的な破壊と仮定する。

3) 信頼度
① 設計では,道路管理者が設定した舗装の信頼度を設計条件として用いる。
② 本設計方法では,設定された信頼度に応じた係数を用いる。
③ 本設計方法は,任意の信頼度に適用でき,信頼度に応じた係数を**表-6.3.4**に示す。なお,詳細は,本便覧の「付録-1　舗装の信頼性設計」を参照する。

表-6.3.4　信頼度に応じた係数

信頼度（％）	信頼度に応じた係数
50	0.7
60	0.8
70	1
75	1.1
80	1.3
85	1.5
90	1.8

（2）コンクリート舗装の種類の仮定

対象とする道路に適用するコンクリート舗装の種類を仮定する。

本設計方法で取り扱うことができる舗装の種類は，普通コンクリート舗装，連続鉄筋コンクリート舗装および転圧コンクリート舗装である。

（3）路盤厚の設計

路盤厚の設計では，路盤面において目標とする路盤支持力を確保できるように路盤厚を決定する。

設計に当たっては，目標とする路盤支持力および使用する路盤材料の種類を仮定する。

路盤厚の設計には次の2つの方法がある。

1) 路床の支持力と目標とする路盤支持力から路盤厚を決定する方法

　　この方法は，本便覧の「6－2－1（2）2）②設計支持力係数による路盤厚の設計方法」に準じて行うものである。

2) 多層弾性理論による路盤支持力係数の計算値から路盤厚を決定する方法

　　この方法は，路盤上に載荷するモデルを用い，路床および使用する路盤材料の弾性係数とポアソン比を設定し，さらに路盤厚を変化させて，多層弾性理論により路盤支持力係数を式（6.3.1）から求める。そして，この値が目標とする路盤支持力係数を満足するように厚さを決定するものである。

$$K_{75} = p / w \qquad (6.3.1)$$

　　ここに，K_{75}：路盤支持力係数（MPa/m）

　　　　　　　p：荷重強度（MPa）

　　　　　　　　　荷重強度は通常0.22MPaとする．なお，荷重は98kN，載荷半径は0.375mである．

　　　　　　　w：多層弾性理論によって求めた荷重中心下の路盤のたわみ（m）

（4）コンクリート版厚の設計

コンクリート版厚の設計は，輪荷重応力と温度応力の合成応力によってコンクリート版が，舗装の設計期間にわたって設定した疲労破壊によるひび割れ度を超えないように版厚を決定するものである。

1) コンクリート舗装の種類と応力に影響を与える設計条件

　仮定したコンクリート舗装の種類に応じて**表－6.3.5**に示す輪荷重応力と温度応力に影響を与える設計条件を設定する。

表－6.3.5　コンクリート舗装の種類と応力に影響を与える設計条件

舗装の種類	普通コンクリート舗装	連続鉄筋コンクリート舗装	転圧コンクリート舗装
コンクリート版厚	○	○	○
舗装用コンクリートの曲げ強度	○	○	
転圧コンクリートの曲げ強度			○
横目地間隔	○		○

2) コンクリート版厚の仮定

　応力計算を行うコンクリート版厚を数種類仮定する。

3) 応力の計算

　コンクリート版に生じる輪荷重応力および温度応力の計算には，以下に示す式（6.3.2）と式（6.3.4）を用いる。なお，応力算定の精度が十分確認された他の計算手法(FEM等)であれば，その応力式を用いることもできる。

① 輪荷重応力

ⅰ）輪荷重応力の計算

　設計で着目するコンクリート版の疲労ひび割れには，横ひび割れと縦ひび割れがあり，疲労着目点はコンクリート舗装の種類によって**表－6.3.6**に示すように異なる。疲労着目点としては，

　横ひび割れ：縦自由縁部および縦目地縁部の版中央位置

　縦ひび割れ：横目地部および横ひび割れ部の最多車輪通過位置である。

　輪荷重応力は，選定した疲労着目点に対して，**表－6.3.5**に示す設計条件と，交通条件，材料条件を用いて輪荷重群ごとに式（6.3.2）から計算する。

表ー6.3.6　疲労着目点

着　目　点	縦自由縁部	縦目地縁部	横目地部	横ひび割れ部
想定ひび割れ	横ひび割れ	横ひび割れ	縦ひび割れ	縦ひび割れ
普通コンクリート舗装	◎	○	○	
連続鉄筋コンクリート舗装				◎
転圧コンクリート舗装	◎	○	○	
一般に，版厚は◎の着目点から決定する場合が多いが，幅員，交通条件などによっては○の着目点で版厚を決定する場合もある。				

$$\sigma_e = 2.12(1 + 0.54\,v) \cdot C_L \cdot C_T \cdot 1000P \cdot (log(100L) - 0.75log(100r) - 0.18)/(h^2 \cdot 10^6)$$
（6.3.2）

ここで，σ_e：輪荷重応力(MPa)

v：コンクリートのポアソン比

C_L：横ひび割れを対象としたときの係数。（このときC_Tは1.0とする）。縦自由縁部1.0，適当量のタイバーを用いた縦目地縁部0.75。

C_T：縦ひび割れを対象としたときの係数。（このときC_Lは1.0とする）。ダウエルバーを用いた普通コンクリート舗装および連続鉄筋コンクリート舗装では0.8，転圧コンクリート舗装では0.9。

P　：輪荷重（kN）

L　：剛比半径；$L = \{Eh^3 / [12(1 - v^2)K_{75}]\}^{0.25}$ （m）

E　：コンクリートの弾性係数（MPa）

K_{75}：路盤支持力係数（MPa/m）

r　：タイヤ接地半径

　　　$r = 0.12 + P/980$ （m）

h：コンクリート版厚（m）

次に，輪荷重応力に対する車輪走行位置分布の影響を考慮する必要がある。各車両の走行位置の違いによる載荷状態を考慮した疲労着目点に生ずる輪荷重応力を，式（6.3.2）から求めた値に**表ー6.3.7**，**表ー6.3.8**，**表ー**

6.3.9に示す低減係数を乗じて求める。

表－6.3.7　走行位置による輪荷重応力の低減係数の例
（普通コンクリート舗装・転圧コンクリート舗装の縦自由縁部，縦目地縁部の場合）

走行位置 （縦自由縁部・縦目地縁部からの距離）m	0.15	0.45	0.75	1.05
その走行位置に載荷したときの着目点の応力 着目点上に載荷したときの着目点の応力	1.00	0.70	0.50	0.35

表－6.3.8　走行位置による輪荷重応力の低減係数の例
（普通コンクリート舗装の横目地，連続鉄筋コンクリート舗装の横ひび割れ部の場合）

走行位置 （最多車輪通過位置からの距離）m	0.15	0.45	0.75	1.05
その走行位置に載荷したときの着目点の応力 着目点上に載荷したときの着目点の応力	1.00	0.20	0.10	0.01

表－6.3.9　走行位置による輪荷重応力の低減係数の例
（転圧コンクリート舗装の横目地部の場合）

走行位置 （最多車輪通過位置からの距離）m	0.15	0.45	0.75	1.05
その走行位置に載荷したときの着目点の応力 着目点上に載荷したときの着目点の応力	1.00	0.30	0	0

ii）設計期間における輪荷重応力の作用度数

上記 i ）で求めたすべての輪荷重応力に対して，設計期間における作用度数を式（6.3.3）により計算する。

$$N_{\sigma e i,j} = N_{Pi} \times \beta_j \tag{6.3.3}$$

ここに，$N_{\sigma e i,j}$：輪荷重P_iが疲労着目点からの距離jを通過したときに，疲労着目点に発生する輪荷重応力$\sigma_{i,j}$の設計期間内における

作用度数

N_{Pi}：輪荷重P_iの設計期間内の通過輪数

β_j：疲労着目点からの距離jにおける走行頻度

② 温度応力

コンクリート版に発生する温度応力は，**表－6.3.5**に示す設計条件と，交通条件，材料条件より求める。温度応力は，環境条件として設定したコンクリート版の温度差ごとに式（6.3.4）から計算する。

$$\sigma_t = 0.35 \cdot C_w \cdot \alpha \cdot E \cdot \Theta \tag{6.3.4}$$

ここに，σ_t ：温度応力（MPa）

C_w：そり拘束係数。横ひび割れを対象とする場合は**表－6.3.10**に示す値を用いる。縦ひび割れを対象とする場合は，温度差が正の場合には0.85，負の場合には0.40を用いる。

α：コンクリートの温度膨張係数（／℃）

Θ：コンクリート版上下面の温度差（版上面温度－版下面温度，℃）

表－6.3.10 そり拘束係数の例

収縮目地間隔（m）		5.0	6.0	7.5	8.0	10.0	12.5	15.0
拘束係数 C_w	温度差が正の場合	0.85	0.91	0.95	0.95	0.96	0.97	0.98
	温度差が負の場合	0.40	0.55	0.73	0.78	0.90	0.93	0.95

③ 合成応力

ⅰ）合成応力の計算

コンクリート版には，輪荷重応力と温度応力が同時に作用するので，両者の合成応力を式（6.3.5）から計算する。

$$\sigma_m = \sigma_{ei,j} + \sigma_{t,k} \tag{6.3.5}$$

ここに，σ_m ：合成応力

$\sigma_{ei,j}$：輪荷重P_iが走行位置jを通過した場合の輪荷重応力

$\sigma_{t,k}$：コンクリート版上下面温度差kによる温度応力

したがって，合成応力の個数mは，

$$m = i \times j \times k$$

となる。たとえば，輪荷重が10種類（i=10），走行位置が4種類（j=4），コンクリート版の温度差が10種類（k=10）の場合には，$10 \times 4 \times 10 = 400$種類の合成応力を求める。

ⅱ）合成応力の作用度数の計算

上記③ⅰ）で求めた各合成応力の設計期間内の作用度数を求める。これは，上記① ⅱ)で求めた輪荷重応力の作用度数に，環境条件で設定したコンクリート版の温度差の発生頻度を乗じて式（6.3.6）から求める。

$$N_{\sigma m} = N_{\sigma e i,j} \times N_{\sigma t k} \times R_T \tag{6.3.6}$$

ここに，$N_{\sigma m}$ ：合成応力 σ_m の設計期間内の作用度数

$N_{\sigma e i,j}$ ：輪荷重 $\sigma_{e i,j}$ の設計期間内の作用度数

$N_{\sigma t k}$ ：温度応力 $\sigma_{t k}$ の作用度数（温度差の発生頻度）

R_T ：コンクリート版の温度差が正または負の時に走行する大型車交通量の比率

4） 疲労度の算定

疲労度は，求められた合成応力とその作用度数および材料条件で設定したコンクリートの疲労曲線より算定する。

本設計方法では，ひび割れ度10cm/m²において疲労度1.0と仮定している。

合成応力に対する許容輪数をコンクリートの疲労曲線からまず求める。コンクリートの疲労曲線は，次に示す式のどちらを用いてもよく，それらの式の選択は設計者の判断による。

(a) $1.0 \geqq SL > 0.9$ $\quad N_{Am} = 10^{((1.0\text{-}SL)/0.044)}$

$\quad\;\; 0.9 \geqq SL > 0.8$ $\quad N_{Am} = 10^{((1.077\text{-}SL)/0.077)}$ $\qquad$（6.3.7）

$\quad\;\; 0.8 \geqq SL$ $\qquad\quad N_{Am} = 10^{((1.224\text{-}SL)/0.118)}$

(b) $N_{Am} = 10^{((a\text{-}SL)/b)}$ $\hfill$（6.3.8）

$\quad a = 1.11364 + 0.00165 P_f \quad b = 0.09722 - 0.00021 P_f$

ここに，SL：合成応力／コンクリートの曲げ強度

N_{Am}：合成応力mに対するコンクリートの許容輪数

P_f：コンクリートの疲労破壊確率

式（6.3.7）は，我が国のコンクリート舗装の実績によって検証されている疲労曲線から数式化したものである。

式（6.3.8）で示される疲労曲線は，最近の研究結果によって定められた疲労曲線であり，コンクリートの疲労曲線を破壊確率によって表している。たとえば，破壊確率50％は，疲労破壊回数の平均値を表している。ただし，ここでいう破壊確率とは，コンクリートの材料としての疲労破壊確率であり，コンクリート舗装の疲労破壊確率ではない。

上記3）③で求められた各合成応力σ_mとコンクリートの曲げ強度よりSLを計算する。このSLと式（6.3.7）もしくは式（6.3.8）を用いて，σ_mに対する許容輪数N_{Am}を求める。

次に疲労度を式（6.3.9）から算定する。

$$FD = \sum_{i=1}^{m} \frac{N_{\sigma i}}{N_{Ai}} \quad (6.3.9)$$

ここで，　FD　：疲労度
　　　　　$N_{\sigma i}$　：i番目の合成応力の作用度数
　　　　　N_{Ai}　：i番目の合成応力に対する許容輪数
　　　　　m　：作用する合成応力の数

5) 繰返し計算

仮定したコンクリート版厚について上記3）〜4）を繰り返す。

6) コンクリート版の力学的評価

コンクリート版厚の力学的評価は，疲労度（FD）と**表－6.3.4**に示した信頼度に応じた係数（γ_R）を用いて行う。

仮定したコンクリート版が

$(FD \cdot \gamma_R) \leq 1.0$

であれば，力学的な安全性をもつものとして評価する。

$(FD \cdot \gamma_R) > 1.0$

であれば，コンクリート版の厚さなど舗装断面を変更し，$(FD \cdot \gamma_R) \leq 1.0$となるまで繰返し計算を行い，舗装断面の力学的な安全性を確認する。

（5）目地・鉄筋などの構造細目の設計

コンクリート版の目地構造，使用する鉄網および縁部補強筋等の設計は，本便覧の「6－4　コンクリート舗装の構造細目」に従って行う。

（6）経済性による評価

複数の仮定した舗装断面に対する上記のような計算をもとにした構造に関する力学的な安全性を検討した後，経済性等も考慮して舗装断面を決定する。

6－3－4　構造設計例

本節では，東京付近郊外に位置する高規格幹線道路の新設で地下埋設物の設置の予定はない場合を例にとり，本理論的設計方法による構造設計について以下に解説する。

（1）構造設計の手順

構造設計は**図－6.3.1**に示すフローに従って行った。

（2）目標の設定

設定した舗装の基本的な目標は**表－6.3.11**に示す。

1) 舗装の設計期間

舗装の設計期間は，20年である。

2) 舗装計画交通量

舗装計画交通量は1,000以上3,000未満（台/日・方向）である。

3) 舗装の性能指標とその値

舗装計画交通量と舗装の設計期間から設定される疲労破壊輪数に相当するものとして，**表－6.3.12**に示す設計期間における輪荷重群ごとの通過輪数を設定した。

また，舗装の性能指標の値としてコンクリート版のひび割れ度$10cm/m^2$を設定した。

4) 信頼度

信頼度は高規格幹線道路であることから90%とした。

（3）コンクリート舗装の種類

コンクリート舗装の種類は，普通コンクリート舗装である。この道路は，舗装

表－6.3.11　設計条件

項　目		設定した設計条件	備　考
設定された舗装の目標	舗装の設計期間	20年	
	舗装計画交通量	1,000以上3,000未満（台/日・方向）	
	疲労破壊輪数	表－6.3.12参照	疲労破壊輪数に相当する設計期間における輪荷重群ごとの通過輪数として設定。
	ひび割れ度	10cm/m^2	
	信頼度	90%	信頼度に応じた係数は1.8である（表－6.3.4参照）
コンクリート舗装の種類		普通コンクリート舗装	舗装した十分な路肩があり，車線数4，車線幅は3.25m。
コンクリート版の条件	版厚	25，28，30cm	版厚を3種類仮定
	曲げ強度	4.4MPa	実測値の平均値
	弾性係数	28,000MPa	実測値の平均値
	ポアソン比	0.2	代表的な値から設定
	温度膨脹係数	10×10^{-6}/℃	代表的な値から設定
	横収縮目地間隔	10m	
	目地	ダウエルバー使用	
交通条件	輪荷重群と通過輪数	表－6.3.12参照	
	車輪走行位置分布	表－6.3.13参照	代表的な値から設定
	温度差が正または負の時に走行する大型車の比率	表－6.3.14参照	代表的な値から設定
基盤条件	路床支持力係数	K_{75}＝34MPa/m	実測値の平均値
路盤条件	セメント安定処理	q_u＝2MPa	実測値の平均値
	粒度調整砕石	修正CBR＞80	実測値の平均値
	目標路盤支持力係数	K_{75}＝100MPa/m	
環境条件	コンクリート版の温度差とその発生頻度	表－6.3.15参照	代表的な値から設定

された十分な路肩があり，車線数4の道路で，幅員は3.25mである。目地にはダウエルバーを使用し，横収縮目地間隔は10mとした。

（4）構造設計条件

1）交通条件

表―6.3.12 輪荷重群と通過輪数

輪荷重（kN）	1日の通過輪数	20年間の通過輪数
9.8	9,998	72,985,400
19.6	2,418	17,651,400
29.4	1,802	13,154,600
39.2	980	7,154,000
49.0	505	3,686,500
58.8	329	2,401,700
68.6	182	1,328,600
78.4	81	591,300
88.2	36	262,800
98.0	19	138,700

〔注〕疲労破壊輪数に相当するものとして舗装の設計期間20年間の通過輪数を設定した。

① 輪荷重群と設計期間における通過輪数は，表―6.3.12のとおりである。
② 車輪走行位置分布は，表―6.3.13のとおりである。
③ コンクリート版の温度差が正または負の時に走行する大型車交通量の比率は，表―6.3.14に示す値を用いた。

2）環境条件
① コンクリート版の温度差は，対象路線が東京付近に位置していることから，温度差の小さいところの場合とし，温度差とその発生頻度は，表―6.3.15に示す値を用いた。

表―6.3.13 車輪通過位置分布

（車線数：4 車線の幅員：3.00m以上）

項　目		走行頻度
自由縁部	舗装した十分な幅の路肩がある場合の走行位置（縁部から）cm	15	0.05
		45	0.1
		75	0.25
		105	0.2

表－6.3.14 コンクリート版の温度差が正または
負のときに走行する大型車の比率（%）

項　目	温度差正	温度差負
大型車の比率	60	40

〔注〕大型車の比率＝〔（温度差が正または負のときに走行する大型車数）／（大型車の全交通量）〕×100

表－6.3.15 コンクリート版の温度差とその発生頻度

区分		温度差の小さいところ		
版厚（cm）		25	28	30
温度差（℃）	19（18－19.9）	0	0	0
	17（16－17.9）	0	0	0
	15（14－15.9）	0.002	0.004	0.007
	13（12－13.9）	0.016	0.021	0.025
	11（10－11.9）	0.037	0.045	0.053
	9（8－9.9）	0.085	0.080	0.080
	7（6－7.9）	0.110	0.110	0.115
	5（4－5.9）	0.155	0.150	0.140
	3（2－3.9）	0.205	0.210	0.210
	1（0－1.9）	0.390	0.380	0.370
	－1（0.1－2.0）	0.600	0.530	0.480
	－3（2.1－4.0）	0.335	0.360	0.380
	－5（4.1－6.0）	0.063	0.100	0.120
	－7（6.1－8.0）	0.002	0.010	0.020
	－9（8.1－10.0）	0	0	0

② 気温データから凍結深さは設計上考慮する必要はない。

3）基盤条件

原地盤は比較的支持力が良好で，地下水位も低い。

路床の支持力係数は，平板載荷試験結果の平均値から$K_{75} = 34\text{MPa/m}$とした。

4) 材料条件

材料条件は，**表－6.3.11**に示す。

コンクリートの曲げ強度および弾性係数は測定値の平均値を設計で用い，これらは，4.4MPaおよび28,000MPaであった。

（5）路盤の設計

路盤は，**表－6.3.16**に示す2種類について検討した。

表－6.3.16 検討した路盤の種類

項目	No.A	No.B
路盤の種類	セメント安定処理 （q_u = 2MPa）	粒度調整砕石 （修正CBR＞80）

路盤の設計は，路床の支持力係数と目標とする路盤支持力係数より路盤厚を決定する方法で行った。

この方法では，**図－6.2.2**に示す路盤厚設計曲線を用いる。

設定した目標路盤支持力係数K_{75}は100MPa/mである。

K_2 = 路床の支持力係数（K_{75}） = 34（MPa/m）

K_1 = 目標路盤支持力係数（K_{75}） = 100（MPa/m）

であるので，

$K_1 / K_2 = 2.94 ≒ 3.0$

となる。したがって，**図－6.2.2**より，セメント安定処理路盤では20cm，粒度調整砕石路盤では35cmとなった。

（6）コンクリート版厚の設計

1) コンクリート版厚の仮定

コンクリート版厚は，**表－6.3.17**のように仮定した。

表－6.3.17 仮定したコンクリート版厚

項　目	No.1	No.2	No.3
コンクリート版厚(cm)	25	28	30

2) 輪荷重応力の計算における疲労着目点

仮定したコンクリート舗装の種類は普通コンクリート舗装である。設計で想定されるひび割れは**表－6.3.6**から横ひび割れであり，輪荷重応力の計算における疲労着目点は縦自由縁部とした。

3) 輪荷重応力の計算

疲労着目点における輪荷重応力は，式（6.3.2）から計算した。コンクリート版厚28cm，輪荷重9.8kNの場合を例示すると，輪荷重応力は次のようになる。

$$\sigma_e = (1 + 0.54 v) \cdot C_L \cdot C_T \cdot 1000P \cdot (log(100L) - 0.75log(100r) - 0.18) / (h^2 \cdot 10^6) \quad （6.3.2）$$

ポアソン比：$v = 0.20$

横ひび割れを対象としたときの係数（縦自由縁部）：$C_L = 2.12$

縦ひび割れを対象としたときの係数（横ひび割れを対象とする場合）：
$$C_T = 1.0$$

輪荷重：$P = 9.8$（kN）

剛比半径：$L = \{Eh^3 / 12(1-v^2)K_{75}\}^{0.25}$
$= \{28000 \times (0.28)^3 / [12(1-0.2^2) \times 100]\}^{0.25} = 0.85$ （m）

タイヤ接地半径：$r = 0.12 + P/980 = 0.12 + 9.8/980 = 0.13$ （m）

これらの値を式（6.3.2）に代入すると，輪荷重応力 σ_e は，

$\sigma_e = 0.27$ （MPa）

となる。

このようにして，各輪荷重により縦自由縁部に発生する輪荷重応力を算定する。

次に車輪走行位置が疲労着目点から離れた位置にある場合の縦自由縁部に発生する輪荷重応力を計算する。この場合は，走行位置による輪荷重応力の低減係数として，**表－6.3.7**に示す値を用いた。たとえば，縦自由縁部から45cm離れた位置を9.8kNの輪荷重が通過した場合に，疲労着目点に発生する輪荷重応力は，低減係数0.7を用いて，

$\sigma_{e, 9.8, 45} = 0.27 \times 0.7 = 0.19$ (MPa)

となる。

このような方法を繰り返し，各走行位置を走行する各輪荷重による疲労着目点における輪荷重応力を求めると，**表－6.3.18**の結果となった。

表－6.3.18　輪荷重応力と作用度数（コンクリート版厚；28cm）

輪荷重 (kN)	疲労着目点の輪荷重応力[1] (MPa)	走行位置[2]15cm 輪荷重応力 (MPa) (低減係数1.00)	作用度数（走行頻度0.5）	走行位置45cm 輪荷重応力 (MPa) (低減係数0.70)	作用度数（走行頻度0.1）	走行位置75cm 輪荷重応力 (MPa) (低減係数0.50)	作用度数（走行頻度0.25）	走行位置105cm 輪荷重応力 (MPa) (低減係数0.35)	作用度数（走行頻度0.20）
9.8	0.27	0.27	3,649,270	0.19	7,298,540	0.14	18,246,350	0.09	14,597,080
19.6	0.52	0.52	882,570	0.36	1,765,140	0.26	4,412,850	0.18	3,530,280
29.4	0.77	0.77	657,730	0.54	1,315,460	0.39	3,288,650	0.27	2,630,920
39.2	1.00	1.00	357,700	0.70	715,400	0.50	1,788,500	0.35	1,430,800
49.0	1.22	1.22	184,330	0.85	368,650	0.61	921,630	0.43	737,300
58.8	1.43	1.43	120,090	1.00	240,170	0.72	600,430	0.50	480,340
68.6	1.63	1.63	66,430	1.14	132,860	0.82	332,150	0.57	265,720
78.4	1.82	1.82	29,570	1.27	59,130	0.91	147,830	0.64	118,260
88.2	2.01	2.01	13,140	1.41	26,280	1.01	65,700	0.70	52,560
98.0	2.19	2.19	6,940	1.53	13,870	1.10	34,680	0.77	27,740

〔注〕①疲労着目点の輪荷重応力は，式（6.3.2）を用いて計算した。
　　　②走行位置は縦自由縁部からの距離である。
　　　③各走行位置を走行する輪荷重によって疲労着目点に生じる輪荷重応力は，（疲労着目点の輪荷重応力）×（低減係数）によって求めた。低減係数は，**表－6.3.7**に示す値を用いた。
　　　④輪荷重応力の作用度数は，（20年間の通過輪数）×（走行頻度）から求めた。20年間の通過輪数の値は，**表－6.3.12**に示す。
　　　走行頻度の値は**表－6.3.13**に示す。

4）輪荷重応力の作用度数

輪荷重応力の作用度数は，式（6.3.3）を用いて求めた。すなわち，**表－6.3.12**に示す設計期間20年の通過輪数と**表－6.3.13**の走行頻度の

積から求めた．

たとえば，輪荷重9.8kN，走行位置45cmの位置に発生する輪荷重応力の設計期間における作用度数は，

$N\sigma_{e\,9.8,\,45} = N_{Pi} \times \beta_j = 72{,}985{,}400 \times 0.1 = 7{,}298{,}540$

となる．

このような方法を繰り返し，各走行位置を走行する各輪荷重による疲労着目点における輪荷重応力の作用度数を求めると，**表—6.3.18**の結果を得た．

5) 温度応力の計算

温度応力は，式（6.3.4）から求めた．

収縮目地間隔は，**表—6.3.11**に示すように10mとした．そり拘束係数は，**表—6.3.10**から温度差が正の場合0.96，温度差が負の場合0.90を用いた．

たとえば，コンクリート版の温度差が15℃および−1℃の場合の温度応力は，次のように計算される．

コンクリート版の温度差が15℃の場合，

$\sigma_{t,\,15} = 0.35 \cdot C_w \cdot \alpha \cdot E \cdot \Theta$
$\qquad = 0.35 \times 0.96 \times 0.00001 \times 28{,}000 \times 15$
$\qquad = 1.41 \text{（MPa）}$

となる．

コンクリート版の温度差が−1℃の場合，

$\sigma_{t,\,-1} = 0.35 \cdot C_w \cdot \alpha \cdot E \cdot \Theta$
$\qquad = 0.35 \times 0.90 \times 0.00001 \times 28{,}000 \times (-1)$
$\qquad = -0.09 \text{（MPa）}$

となる．

このような方法を繰り返し，コンクリート版の各温度差について温度応力を求めると，**表—6.3.19**の結果となる．

6) 合成応力の計算

上記3)と5)で求めた輪荷重応力と温度応力から式（6.3.5）を用いて合成応力を計算した．

表−6.3.19　温度応力の計算例

温度差（℃）	温度応力（MPa）	備考
15（14−15.9）	1.41	温度差が正の場合 収縮目地間隔10m そり拘束係数：0.96
13（12−13.9）	1.22	
11（10−11.9）	1.03	
9（8−9.9）	0.85	
7（6−7.9）	0.66	
5（4−5.9）	0.47	
3（2−3.9）	0.28	
1（0−1.9）	0.09	
−1（0.1−2.0）	−0.09	温度差が負の場合 収縮目地間隔10m そり拘束係数：0.90
−3（2.1−4.0）	−0.26	
−5（4.1−6.0）	−0.44	
−7（6.1−8.0）	−0.62	

〔注〕温度応力は式（6.3.4）から計算。

たとえば，コンクリート版厚28cm，コンクリート版の温度差15℃，9.8kNの輪荷重が縦自由縁部から45cm離れた位置を走行した場合の合成応力は，

$$\sigma_m = \sigma_{ei,j} + \sigma_{tk} = 0.19 + 1.41 = 1.60 \text{（MPa）}$$

となる。

計算結果の一部は**表−6.3.20**に示す。これは，コンクリート版厚28cm，縦自由縁部からの距離45cm，コンクリート版の温度差15，13および11℃の場合における合成応力である。

7)　合成応力の作用度数の計算

各合成応力の作用度数は，式（6.3.6）を用いて計算した。

たとえば，コンクリート版厚28cm，コンクリート版の温度差が15℃，9.8kNの輪荷重が縦自由縁部から45cm離れた位置を通過する場合，合成応力の作用度数は，

$$N\sigma_m = N\sigma_{ei,j} \times N\sigma_{tk} \times R_T = 7{,}298{,}540 \times 0.004 \times 0.6 = 17{,}516$$

となる。計算結果の一部は**表−6.3.20**に示す。

表－6.3.20　合成応力とその作用度数①

温度差（℃）		15		13		11	
温度差の発生頻度②		0.004		0.021		0.045	
温度応力③（MPa）		1.41		1.22		1.03	
大型車の比率④		0.6		0.6		0.6	
輪荷重 (kN)	輪荷重応力⑤ (MPa)	合成応力⑥ (MPa)	合成応力の 作用度数⑦	合計応力 (MPa)	合成応力の 作用度数	合成応力 (MPa)	合成応力の 作用度数
9.8	0.19	1.60	17,516	1.41	91,962	1.22	197,061
19.6	0.36	1.77	4,236	1.58	22,241	1.39	47,659
29.4	0.54	1.95	3,157	1.76	16,575	1.57	35,517
39.2	0.70	2.11	1,717	1.92	9,014	1.73	19,316
49.0	0.85	2.26	885	2.07	4,645	1.88	9,954
58.8	1.00	2.41	576	2.22	3,026	2.03	6,485
68.6	1.14	2.55	319	2.36	1,674	2.17	3,587
78.4	1.27	2.68	142	2.49	745	2.30	1,597
88.2	1.41	2.82	63	2.63	331	2.44	710
98.0	1.53	2.94	33	2.75	175	2.56	374

〔注〕①コンクリート版厚28cm，縦自由縁部からの距離45cmの場合の計算結果の一部を示す。
②表－6.3.15に示されるコンクリート版厚28cmにおける温度差の発生頻度である。
③表－6.3.19に示す値である。
④表－6.3.14に示すコンクリート版の温度差が正または負のときに走行する大型車の比率である。
⑤表－6.3.18に示す走行位置45cmにおける輪荷重応力である。
⑥合成応力は，各温度差における温度応力と輪荷重ごとの輪荷重応力の合計である。
⑦合成応力の作用度数は，（表－6.3.18に示す走行位置45cmにおける輪荷重応力の作用度数）×（大型車の比率）×（温度差の発生頻度）から計算した。

8) 疲労度の算定

各合成応力 σ_m に対するコンクリートの許容輪数（N_{Am}）を，式（6.3.7）より求める。

たとえば，温度差が15℃，9.8kNの輪荷重が縦自由縁部から45cm離れた位置を走行する場合の合成応力に対しては，合成応力/コンクリートの曲げ強度（SL）は，式（6.3.7）から

$$SL = 1.60 / 4.4 = 0.36$$

となり，コンクリートの許容輪数（N_{Am}）は，

$$N_{Am} = 10^{((1.224-SL)/0.118)} = 10^{((1.224-0.36)/0.118)} = 20,892,961$$

となる。

この合成応力による疲労度（FD）は，合成応力の作用度数を許容輪数で除して算定し，合成応力の作用度数は上記7）の**表－6.3.20**に示すようにに示したように17,516である。したがって，疲労度は，

$$FD = \frac{17,516}{20,892,961} = 0.0008$$

と算定される。

この方法をすべての合成応力に対して繰り返し，**表－6.3.17**に示す仮定したコンクリート版厚の疲労度を算定すると，**表－6.3.21**の結果が得られた。

表－6.3.21 疲労度算定結果

項目	No.1	No.2	No.3	備考
コンクリート版厚（cm）	25	28	30	
疲労度（FD）	1.6	0.47	0.31	式（6.3.9）による
疲労度(FD)×信頼度に応じた係数（γ_R）	2.88	0.85	0.56	$\gamma_R = 1.8$（**表－6.3.4**参照）

（7）舗装断面の力学的評価

コンクリート版厚の力学的評価は，疲労度（FD）と**表－6.3.4**に示した信頼度に応じた係数（γ_R）を用いて行った。

仮定したコンクリート版が

$$(FD \cdot \gamma_R) \leq 1.0$$

であれば，力学的な安全性をもつものとして評価される。

本設計例では，**表－6.3.21**のに示すようにコンクリート版厚が28cmであれば，

$(FD \cdot \gamma_R) \leqq 1.0$

となり，力学的な安全性をもつ舗装断面と評価された。また，上記（5）に示したように路盤として20cmのセメント安定処理路盤または35cmの粒度調整砕石路盤を使用した場合である。

（8）舗装断面の経済性評価と舗装断面の決定

　設計条件を満足するコンクリート版厚28cmにおける2種の路盤の場合のライフサイクルコストを比較して採用する舗装断面を決定する。

6－4　コンクリート舗装の構造細目

　コンクリート舗装では，コンクリート版や路盤の厚さを設定する構造設計の他に，目地がある場合の目地構造や，コンクリート版に入れる鉄筋，鉄網などをコンクリート舗装の種類に応じて適切に定める必要がある。

6－4－1　普通コンクリート版の構造細目

（1）目地の分類

　① 普通コンクリート版には，膨張，収縮，そり等をある程度自由に起こさせることによって，応力を軽減する目的で目地を設ける。普通コンクリート版の目地は，場所，働き，構造などによって**図－6.4.1**のように分類される。

　② ダミー目地は原則的に，コンクリートの硬化後にカッタを用いて目地溝を切るカッタ目地とする。横収縮目地におけるカッタ目地では，コンクリートがある程度硬化した時に，まず1枚刃のカッタで切削して不規則な初期ひび割れの発生を抑止し，硬化後に改めてカッタを用いて規定の目地溝とする場合もある。また，気温の高い時期の施工時には，ダミー目地として，コンクリートがまだ固まらないうちに振動目地切り機械を用いて溝を造り，仮挿入物を埋め込む打込み目地を設ける場合もある。

　③ 横収縮目地間隔の標準を**表－6.4.1**に示す。

　　鉄網および縁部補強鉄筋を用いる設計とする場合の横収縮目地間隔は，版厚に応じて8mまたは10mとする。

```
場所による分類   働きによる分類         構造による分類

                  ┌ 収縮目地 ┬ ダウエルバーを用いたダミー目地
                  │         └ ダウエルバーを用いた突合せ目地（施工目地）
    横目地 ┤
                  └ 伸縮目地 ── ダウエルバーと目地板を用いた膨張目地

                  ┌ そり目地 ┬ タイバーを用いたダミー目地
                  │         └ タイバーを用いた突合せ目地
    縦目地 ┤
                  └ 伸縮目地 ── 排水溝などに接する膨張目地（ダウエルバー
                                やタイバーは用いない）
```

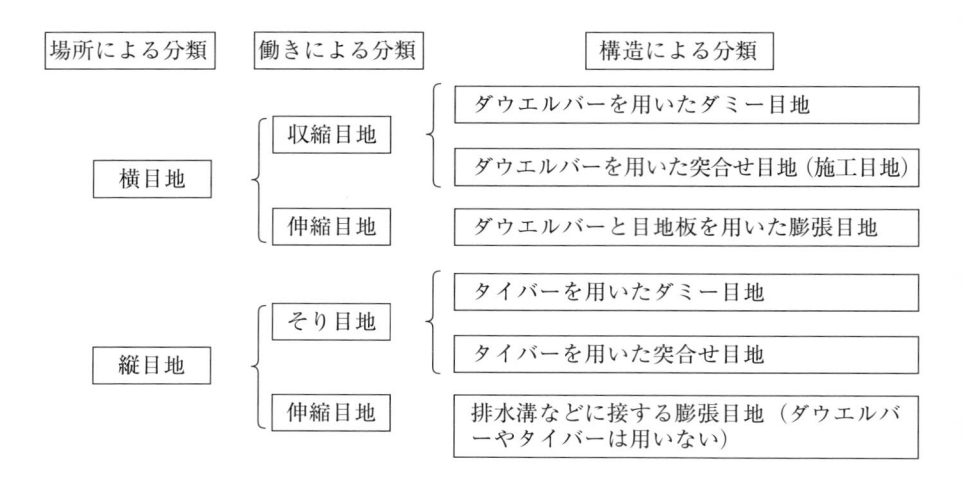

図－6.4.1 普通コンクリート版の目地の分類

表－6.4.1 横収縮目地間隔

版の構造	版厚	間隔
鉄網および縁部補強鉄筋を省略	25cm 未満	5 m
	25cm 以上	6 m
鉄網および縁部補強鉄筋を使用	25cm 未満	8 m
	25cm 以上	10 m

　また鉄網および縁部補強鉄筋を用いない設計とする場合の横収縮目地間隔は、版厚に応じて5mまたは6mとするとよい。なお、この場合には、修繕時のコンクリート版の取り扱いが容易となるものの、供用期間中における目地の維持作業は適切に行う必要がある。

④　横伸縮目地は膨張目地とする。横膨張目地の間隔を理論的に厳密に決めることはできないが、一般には、橋梁、横断構造物の位置、収縮目地間隔および1日の舗装延長等をもとにして適切な間隔で設けるとよい。

⑤　そり目地の働きのための縦目地は、通常、供用後の車線を区分する位置に設けることが望ましいが、施工方法等も考慮して適切に決定するとよい。なお、車道と側帯との間には、できる限り縦目地を設けないものとする。

縦目地間隔は，縦目地と縦目地，または縦目地と縦自由縁部との間隔である。その間隔は，通常，3.25m，3.5mおよび3.75mである。なお，目地以外への縦ひび割れを避けるためには，5m以上の間隔にしないことが望ましい。

⑥ 縦伸縮目地（膨張目地）は，コンクリート版の縦自由縁部が側溝や街渠と接する位置に設けられ，その長さは構造物等に接する全延長とする。

(2) 目地構造
① 目地の構造は，目地の機能に応じたものとする。
② 横収縮目地はダウエルバーを用いたダミー目地構造を標準とし，1日の舗設の終わりに設ける横収縮目地はダウエルバーを用いた突合せ目地とする。

ダミー目地による横収縮目地の構造例を図－6.4.2および図－6.4.3に示す。なお，1日の最高気温と最低気温の差が大きくなる時期や，1日の最高気温が高くなる時期の舗設においては，30m程度ごとに，ひび割れを誘導できるように予めフレッシュな状態のコンクリートに目地溝を設ける場合がある。

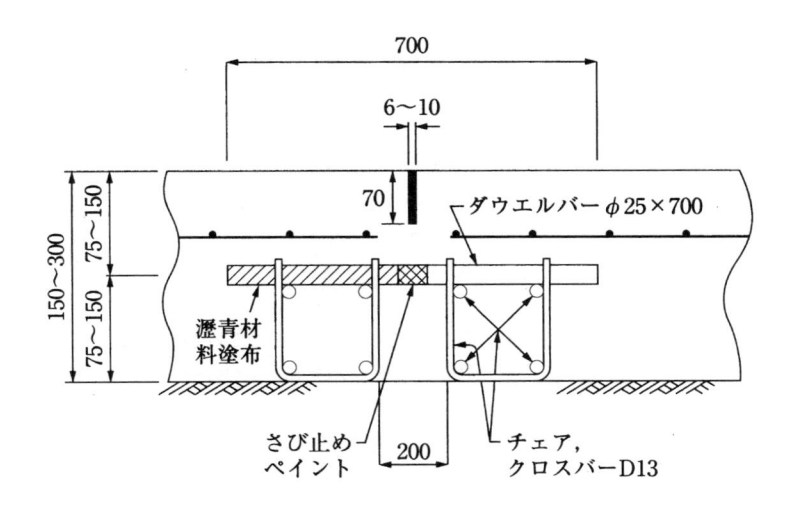

図－6.4.2　横収縮目地（一般的なダミー目地の場合）の構造例（単位：mm）

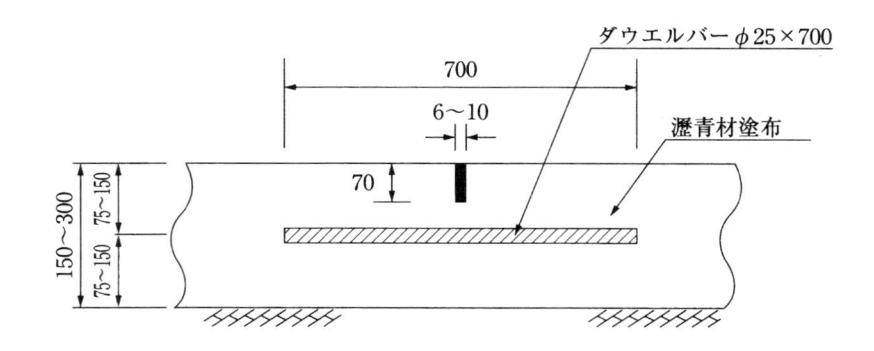

図―6.4.3 横収縮目地（舗装時に挿入するダミー目地の場合）の構造例

（単位：mm）

　目地溝は幅 6 〜 10mm，深さはカッタ目地の場合，版厚に応じて50〜70mm，打込み目地の場合40mmとし，注入目地材で充填する。なお，版厚が厚く目地溝が深い場合では，夏期における注入目地材のはみ出しを少なくするためにバックアップ材を用い，上部深さ40mmに注入目地材を充填してもよい。

表―6.4.2　ダウエルバーの設置間隔の標準値

コンクリート版の幅（m）	ダウエルバーの間隔（cm）
2.75	(10)+17.5+30+4 @ 40+30+17.5+(10)
3.0	(10)+20+6 @ 40+20+(10)
3.25	(10)+20+32.5+5 @ 40+32.5+20+(10)
3.50	(10)+15+30+6 @ 40+30+15+(10)
3.75	(10)+22.5+35+ 6 @ 40+35+22.5+(10)
4.00	(10)+20+30+7 @ 40+30+20+(10)
4.25	(15)+22.5+35+7 @ 40+35+22.5+(15)
4.50	(15)+20+30+8 @ 40+30+20+(15)

〔注1〕幅は縦自由縁部と縦目地の間隔をいう。
〔注2〕（　）内の数字は縦自由縁部，または縦目地とダウエルバー
　　　の間隔を示す。

ダウエルバーは径25mm，長さ70cmのものを**表－6.4.2**に示すような間隔で配置する。

ダウエルバーは，道路中心線に平行に正しく埋め込まれるようにチェアで支持して設置する。ただし，スリップフォームペーバ等でダウエルバーインサータを使用する場合は，チェアを設置しないで挿入することもある。

③ 横伸縮目地（膨張目地）の構造例は**図－6.4.4**に示すとおりであり，ダウエルバーと目地板とをチェアおよびクロスバーを用いて組み立て，目地溝に注入目地材を注入する構造とする。注入目地材は目地からの雨水の浸入を防

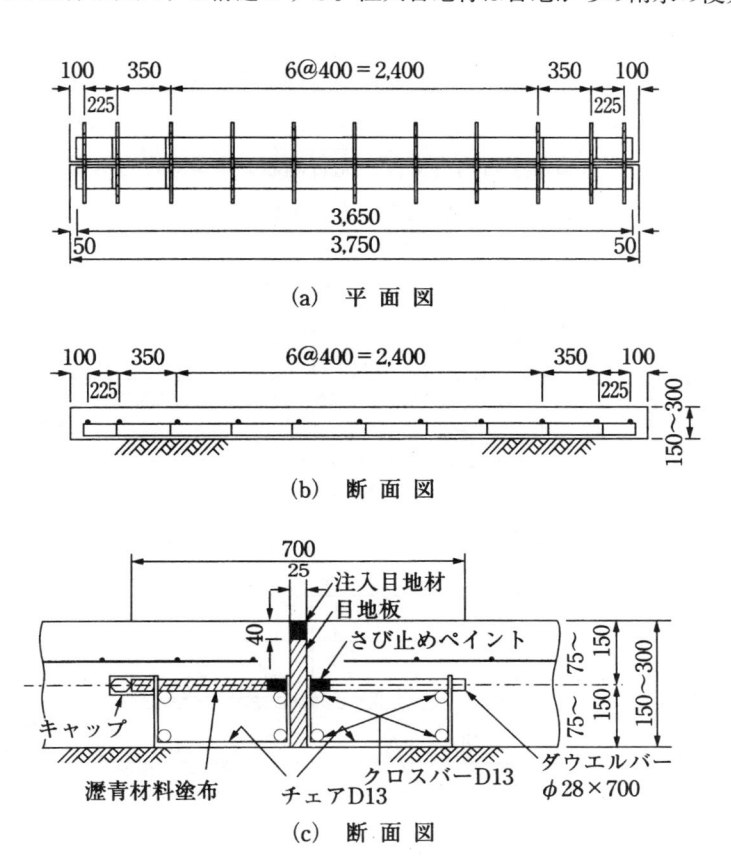

図－6.4.4　横膨張目地の構造例（単位：mm）

ぐために用いるものであり，その目地溝は幅25mm，深さ40mm程度とする。

ダウエルバーは径28mm，長さ70cmのものを標準とし，**表－6.4.2**に示す間隔に配置する。ダウエルバーの一端にはゴム管等を詰めたキャップをかぶせ，道路中心線に平行に正しく埋め込まれるようにチェアで支持して設置する。チェアは径13mmの鉄筋とし，クロスバーを溶接して施工中に変形しないように留意する。なお，大型車交通量の極めて多い場合には，ダウエルバーの径は32mmのものを用いる。

④ 縦目地の設置は，2車線幅員で同一横断勾配の場合には，できるだけ2車線を同時舗設し，縦目地位置に径22mm，長さ1mのタイバーを使ったダミー目地を設ける。やむを得ず車線ごとに舗設する場合は，径22mm，長さ1mのネジ付きタイバーを使った突合せ目地とする。また，スリップフォーム工法で突合せ目地とする場合では，先行舗設レーンにドリル等で穿孔してエポキシ樹脂等でタイバーを固定する方法を検討するとよい。

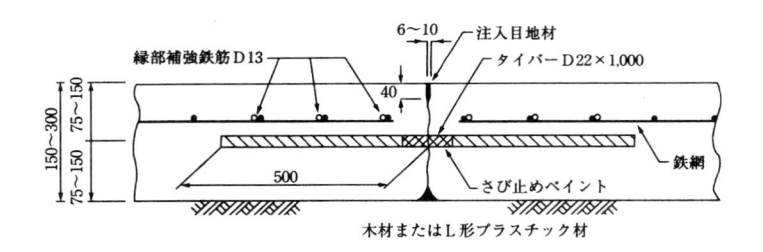

(a) ダミー目地とする縦目地の断面図

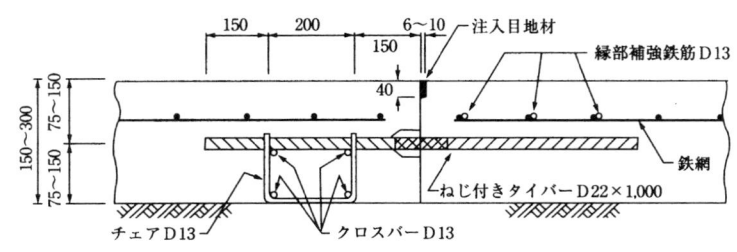

(b) 突合せ目地とする縦目地の断面図

図－6.4.5 縦目地の構造例（単位：mm）

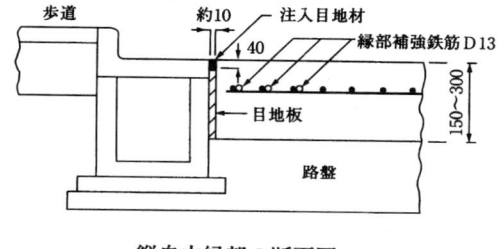

縦自由縁部の断面図

図－6.4.6　排水溝に接する縦自由縁部の目地構造例（単位：mm）

なお，タイバーは版厚の中央の位置に1m間隔で設置し，目地溝は幅6〜10mm，深さ40mmとし，注入目地材で充填する。縦目地の構造例を**図－6.4.5**示す。

⑤　コンクリート版の縦自由縁部が排水溝などに接する場合の縦伸縮目地は，**図－6.4.6**に示す構造例のような膨張目地構造とする。

（3）鉄網および縁部補強鉄筋

①　コンクリート版に用いる鉄網は，通常6mmの異形棒鋼を溶接で格子に組み上げたものとし，その鉄筋量は1m^2につき約3kgを標準とする。また，縁部補強鉄筋は，径13mmの異形棒鋼3本を鉄網に結束し，コンクリート版の縦縁部を補強する。

②　鉄網の敷設位置は，表面から版厚のほぼ1／3の位置とする。ただし，15cmの版厚の場合には版の中央の位置とする。

③　鉄網の大きさは，コンクリート版縁部より10cm程度狭くする。1枚の鉄網の長さは，重ね合わせる幅を20cm程度とし，目地間隔の間に収まるように，かつ運搬が便利なように決める。鉄網と縁部補強鉄筋の設置例を**図－6.4.7**に示す。

④　縦目地が突合せ目地となり，タイバーをアッセンブリで設置する場合には，チェアをつなぐクロスバーを縁部補強鉄筋として兼用させてよい。

⑤　鉄網を用いない場合には，一般に縁部補強鉄筋も設置しない。

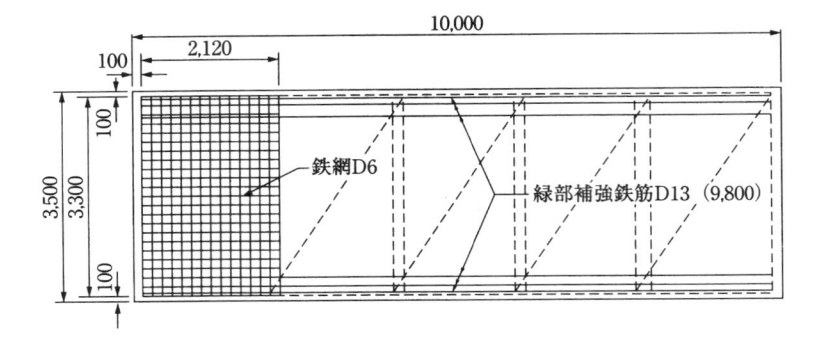

図―6.4.7　鉄網および縁部補強鉄筋の例（単位：mm）

6－4－2　連続鉄筋コンクリート版の構造細目

（1）鉄筋

① 連続鉄筋コンクリート版の縦方向鉄筋および横方向鉄筋は，版に発生するひび割れへの影響，および施工性等を考慮して適切に決定する。鉄筋は縦方向鉄筋が上側になるように配置し，その設置位置はコンクリート版表面から版厚の1／3程度とする。

② 連続鉄筋コンクリート版の縦方向鉄筋は，横方向ひび割れの開きを拘束する重要な役割を果たし，鉄筋量が少ないほどひび割れの開きが大きくなる傾向がある。縦方向鉄筋の設計に当たって留意すべき事項は次のとおりである。

ⅰ）縦方向鉄筋には直径13mm，もしくは16mmの異形鉄筋を用いる。

ⅱ）鉄筋比は0.6～0.7%の範囲を標準とし，温度変化が大きい寒冷地においては，鉄筋に生じる応力を考慮し，0.7%を最小値とするのが望ましい。また，当該箇所において，鉄筋の腐食が著しいと想定される場合には，エポキシ塗装鉄筋を用いるとよい。

ⅲ）鉄筋間隔は，コンクリートに使用する骨材の最大粒径も考慮する。

③ 縦方向鉄筋および横方向鉄筋の径と間隔の例を表－6.4.3に示す。

④ 交差点等の交差箇所では縦ひび割れが生じやすいので，その箇所の横方向鉄筋の間隔は一般部の1／2とするとよい。

⑤ 横方向鉄筋は，縦方向鉄筋に対して斜角（60度程度）として，発生する

表—6.4.3 連続鉄筋コンクリート版の鉄筋径と間隔の例

コンクリート版の厚さ（cm）	縦方向鉄筋		横方向鉄筋	
	径	間隔（cm）	径	間隔（cm）
20	D16	15	D13	60
	D13	10	D10	30
25	D16	12.5	D13	60
	D13	8	D10	30

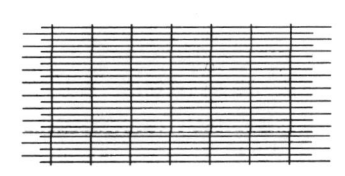

(a) 鉄筋鉄網の例

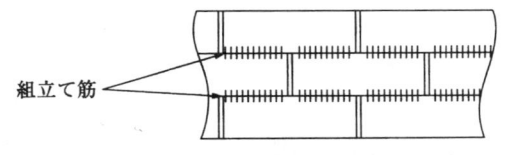

〔注〕組立て筋の代りに片側の横筋を延ばして重ね合わせる方法もある。

組立て筋

(b) 鉄網を千鳥に配置する方法の例

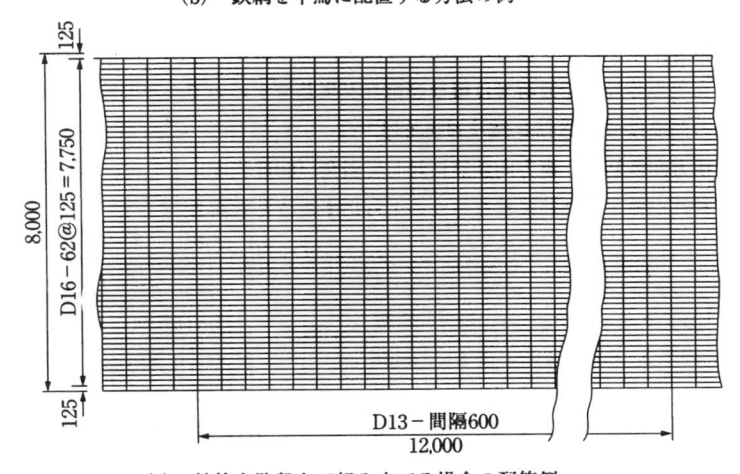

125
8,000　D16－62@125＝7,750
125
D13－間隔600
12,000

(c) 鉄筋を路盤上で組み立てる場合の配筋例

図—6.4.8 連続鉄筋コンクリート版の配筋図の例（単位：mm）

横ひび割れが横方向鉄筋に重ならないようにすることもある。

⑥　横方向鉄筋を縦目地部を挟んで横断方向に連続させる場合は，縦目地にタイバーを用いなくてもよい。

⑦　鉄筋は図－6.4.8に示すように，路盤上で組み立てる場合と鉄筋鉄網として用いる場合とがある。いずれの場合も鉄筋の重ね合わせの長さは，縦・横鉄筋とも直径の25倍程度とし，溶接または鉄線で要所を結束する。路盤上で組み立てる場合の鉄筋の設置には，スペーサ相当のチェアを用いる。単独のチェアは1 m² 当たり4～6個，連続したチェアでは舗設幅員にもよるが，1～2 m間隔とする。

(2) 目地構造

①　連続鉄筋コンクリート版では，コンクリート版の横ひび割れを縦方向鉄筋で分散させるので，横収縮目地は設けない。

②　縦目地は通常車線を区分する位置に設けるので，その間隔は車線幅となる。なお，縦目地間隔は広くても5 m以下とするのが一般的である。

③　横施工目地では突き合わせたコンクリート版相互のかみ合わせが得られにくいので，施工目地部となる箇所の縦方向鉄筋の2本に1本程度の割合で，同じ径の長さ1 mの異形棒鋼を沿わせる。また，横施工目地は，鉄筋の重ね合わせ部に一致しないように留意する。

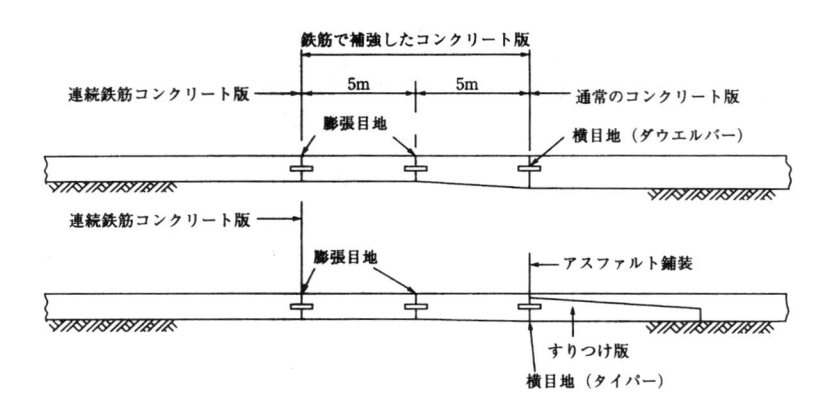

図－6.4.9　起終点部の構造例

④ 連続鉄筋コンクリート版を2車線同時に舗設する場合は，その中央にダミー目地を設ける。また，車線ごとに舗設する場合は，径22mm，長さ1mのネジ付きタイバーを1m間隔に設置した突合せ目地とする。

(3) 起終点部の構造

① 連続鉄筋コンクリート版の起終点に相当する版端部は，道路延長方向の動

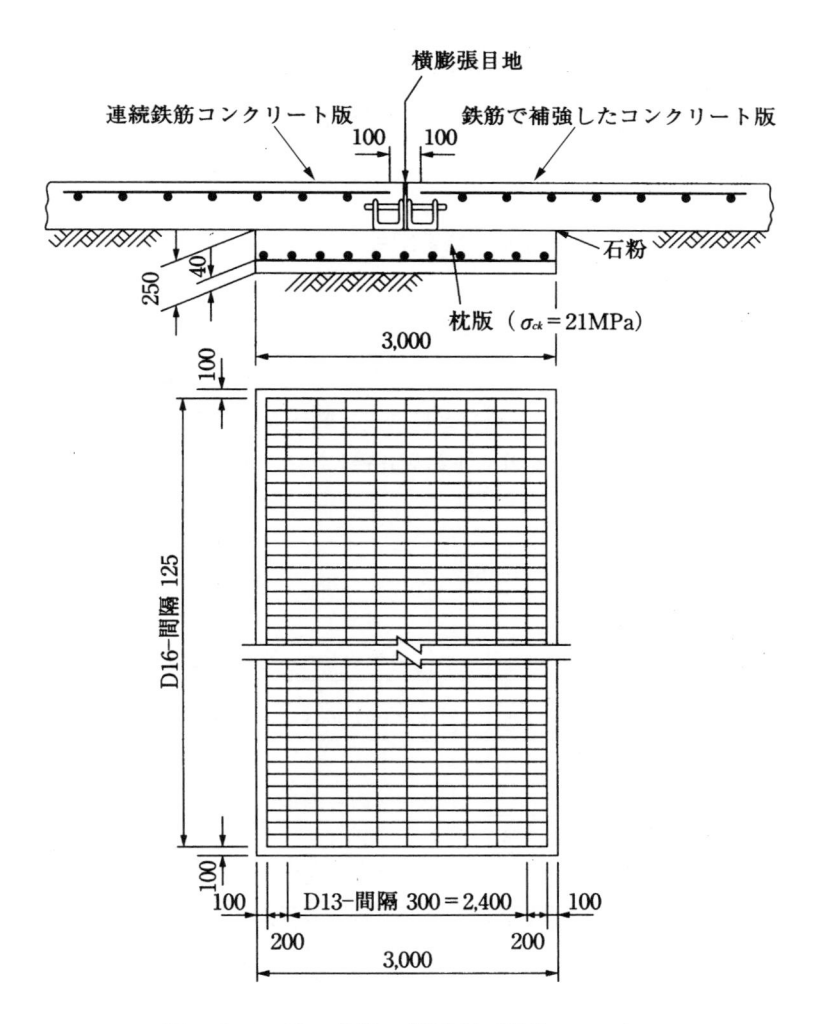

図-6.4.10 枕版の設計例 (単位：mm)

きを拘束しない構造と拘束する構造とがあるが，一般には**図－6.4.9**に示すように，膨張目地を設けて拘束しない構造とする場合が多い。また，膨張目地部を補強するために枕版を設ける場合には，**図－6.4.10**に示すような例がある。
② 舗装延長が100m程度の連続鉄筋コンクリート版では，ひび割れの発生が分散されにくい傾向がある。これを防ぐために，版端部を拘束することは不経済となるので，5～10m間隔にカッタ目地を設けてひび割れを制御するようにするとよい。この場合の目地溝は幅6mm，深さ40mm程度とし，注入目地材で充填する。

6－4－3 転圧コンクリート版の構造細目

（1）目地の分類
① 転圧コンクリート版には，膨張，収縮，そり等をある程度自由に起こさせることによって，応力を軽減する目的で目地を設ける。転圧コンクリート版の目地は，場所，働き，構造などによって**図－6.4.11**のように分類される。
② ダミー目地は，コンクリートの硬化後にカッタを用いて目地溝を切るカッ

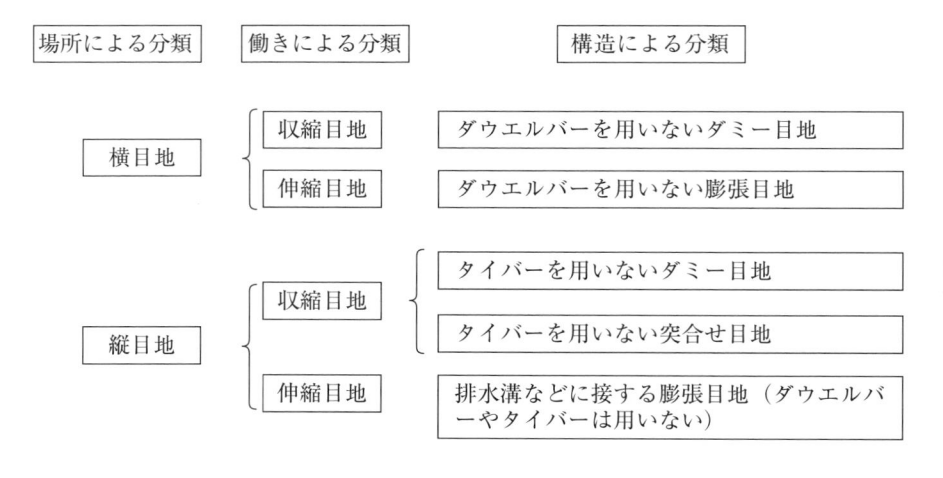

場所による分類	働きによる分類	構造による分類
横目地	収縮目地	ダウエルバーを用いないダミー目地
	伸縮目地	ダウエルバーを用いない膨張目地
縦目地	収縮目地	タイバーを用いないダミー目地
		タイバーを用いない突合せ目地
	伸縮目地	排水溝などに接する膨張目地（ダウエルバーやタイバーは用いない）

図－6.4.11 転圧コンクリート版の目地の分類

タ目地とする。横収縮目地間隔は5mを原則とする。
③ 横伸縮目地（膨張目地）の間隔を理論的に厳密に決めることはできないが，一般には，橋梁，横断構造物の位置，収縮目地間隔および1日の舗装延長等をもとにして適切な間隔で設けるとよい。
④ 縦目地は通常，供用後の車線を区分する位置に設けることが望ましいが，施工方法等も考慮して適切に決定するとよい。なお，車道と側帯との間には，できる限り縦目地を設けないものとする。

縦目地間隔は，縦目地と縦目地，または縦目地と縦自由縁部との間隔であり，その間隔は，通常，3.25m，3.5mおよび3.75mとする。なお，目地以外への縦ひび割れを避けるためには5m以上の間隔にしないことが望ましい。
⑤ 縦伸縮目地（膨張目地）は，**図－6.4.6**と同様とする。

(2) 目地構造
① 目地の構造は，目地の機能に応じたものとする。
② 横収縮目地は，ダウエルバーを用いないカッタ切削によるダミー目地とする。目地溝は，深さが版厚の1／3程度，幅が6〜8mmとし，注入目地材で充填する。ダミー目地による横収縮目地の構造例を**図－6.4.12**に示す。

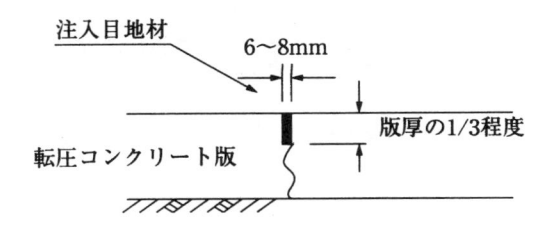

図－6.4.12 横収縮目地の構造例

③ 横伸縮目地はダウエルバーを用いない膨張目地とし，その構造例を**図－6.4.13**に示す。
④ 縦目地は，転圧コンクリート版を2車線同時に舗設する場合および連続して舗設する場合には，その中央にダミー目地を設ける。また，車線ごとに舗

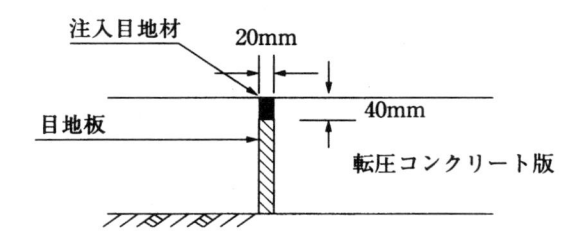

図-6.4.13　横膨張目地の構造例

設する場合は突合せ目地とする。いずれの目地ともタイバーは使用しない。

　目地溝はダミー目地，突合せ目地の場合とも，幅6～8mm，深さは版厚の1/3程度とし，注入目地材で充填する。目地溝が深い場合には目地溝の中にバックアップ材を挿入し，上部深さ40mmに注入目地材を充填してもよい。なお，突合せ目地とする場合で型枠を用いない場合は余分に舗設し，ある程度固まった後に余分な部分を取り除いて突合せ面とする。

　縦目地の構造例を図-6.4.14および図-6.4.15に示す。

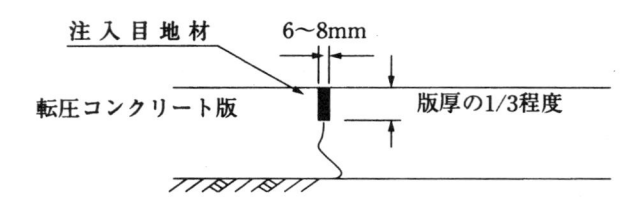

図-6.4.14　縦目地（ダミー目地）の構造例

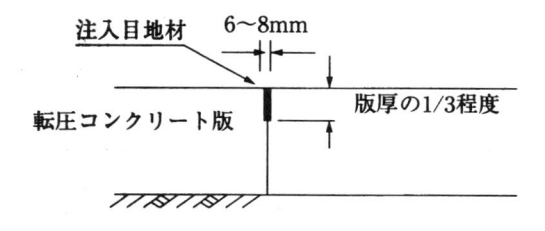

図-6.4.15　縦目地（突合わせ目地）の構造例

6－5　コンクリート版の補強等

　コンクリート版は，同じ輪荷重を受ける場合であっても，版の位置および状態によってその構造的な強さは相違する。すなわち，橋台やボックスカルバートに接する箇所に，一般部と同様のコンクリート版を用いると構造的に弱いものとなる。このような箇所のコンクリート版は厚さを増し，鉄筋等で補強することにより，舗装全体の耐久性が高まるように設計する。

　図－6.5.1および図－6.5.2は，普通コンクリート舗装におけるコンクリート版の補強の例であり，以下に示す具体的な方法を参考として適用箇所に応じた対策をとるとよい。また，路肩および側帯についての留意事項等もあわせて示す。

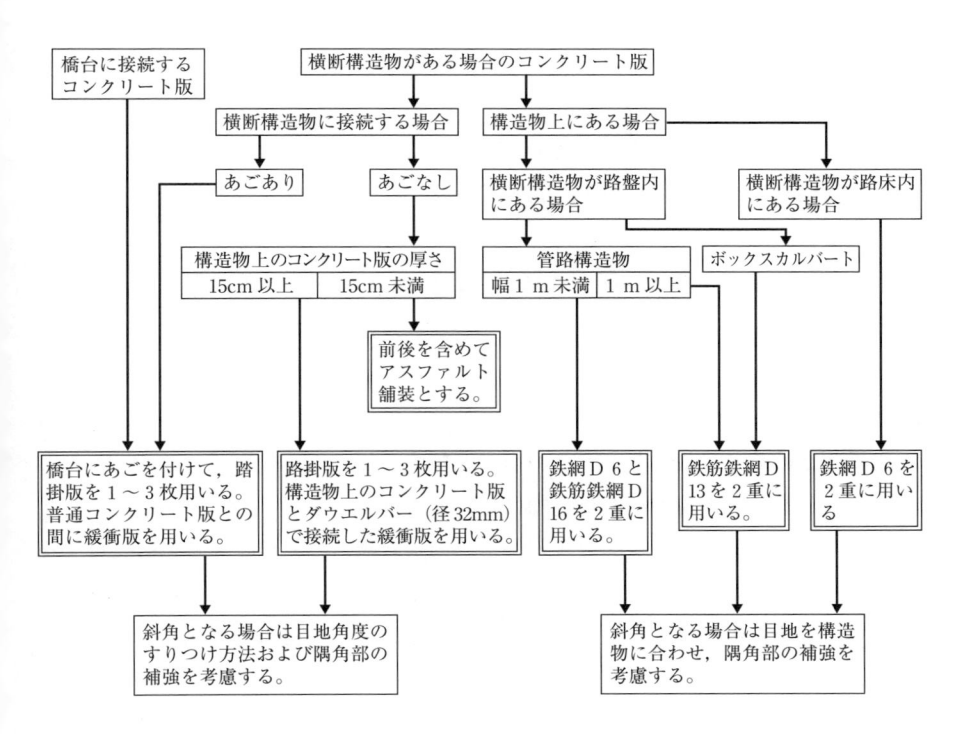

図－6.5.1　コンクリート版の補強の方法例（その1）

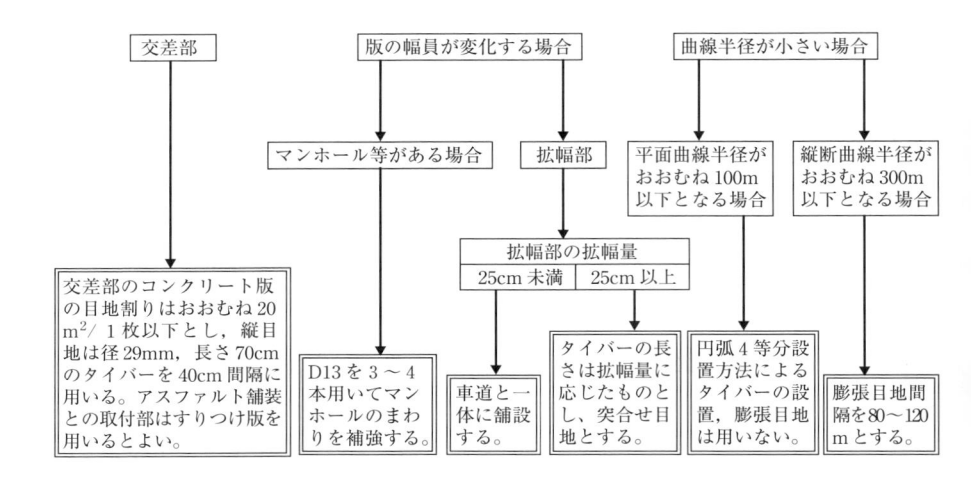

```
┌──────────┐      ┌──────────────────┐          ┌──────────────────┐
│  交差部   │      │版の幅員が変化する場合│          │ 曲線半径が小さい場合 │
└────┬─────┘      └─────────┬────────┘          └─────────┬────────┘
            ┌───────────────┤                   ┌─────────┴─────────┐
     ┌──────┴──────┐  ┌──────┴──┐       ┌──────┴──────┐    ┌──────┴──────┐
     │マンホール等が│  │ 拡幅部  │       │平面曲線半径が│    │縦断曲線半径が│
     │ある場合      │  │         │       │おおむね100m │    │おおむね300m │
     └──────┬──────┘  └────┬────┘       │以下となる場合│    │以下となる場合│
                    ┌──────┴──────┐     └──────┬──────┘    └──────┬──────┘
                    │  拡幅部の拡幅量  │
                    │25cm未満│25cm以上│
                    └───┬────┴────┬───┘
```

| 交差部のコンクリート版の目地割りはおおむね20 m²/1枚以下とし,縦目地は径29mm,長さ70cmのタイバーを40cm間隔に用いる。アスファルト舗装との取付部はすりつけ版を用いるとよい。 | D13を3～4本用いてマンホールのまわりを補強する。 | 車道と一体に舗設する。 | タイバーの長さは拡幅量に応じたものとし,突合せ目地とする。 | 円弧4等分設置方法によるタイバーの設置,膨張目地は用いない。 | 膨張目地間隔を80～120mとする。 |

図－6.5.2 コンクリート版の補強の方法例（その2）

（1）橋台に接合する場合

コンクリート舗装が橋台に接合する箇所では,踏掛版が設けられる。踏掛版の設計方法については,「道路橋示方書・同解説,Ⅰ共通編 Ⅳ下部構造編」を参照するとよい。

なお,一般に踏掛版は,**図－6.5.3**に示すように1～3枚設置し,一端を構造物のあごの上に載せてずれ止め鉄筋でつなぎ,踏掛版相互はそり目地としてタイバーで連結する。通常のコンクリート版と踏掛版との間には緩衝版を設け,緩衝版と通常のコンクリート版とは膨張目地としてダウエルバーで,また,緩衝版と踏掛版とはそり目地としてタイバーで連結する。

（2）コンクリート版が横断構造物に接合する場合

コンクリート版がボックスカルバート等の横断構造物に接合する場合には,横断構造物の背面にあごを付けることを原則とする。なお,横断構造物の天端とコンクリート版が同じ高さとなる場合には,上記の（1）に示した橋台に接続する場合に準じる。

また,横断構造物の天端がコンクリート版の厚さの中に入るような場合でも,**図－6.5.4**に示すように踏掛版を設ける。ただし,コンクリート版と横断構造

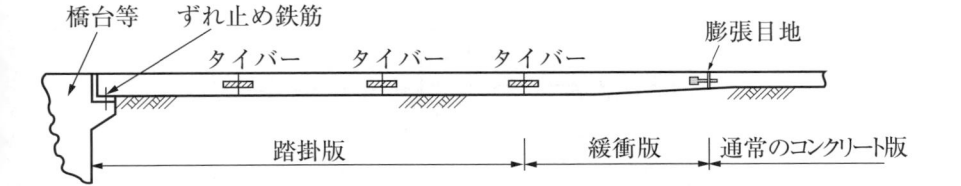

(a) 踏掛版の配置（縦断方向の断面図）

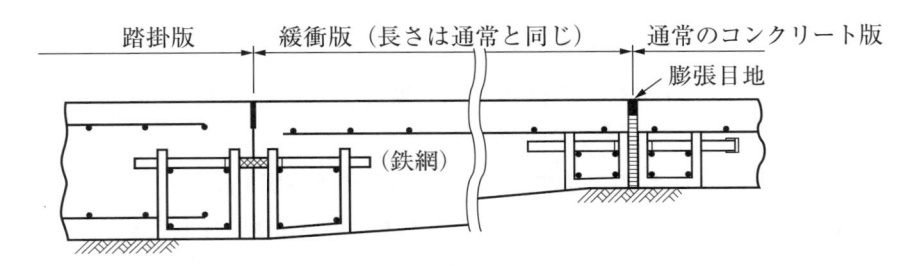

(b) 踏掛版と通常のコンクリート版の接続部

図−6.5.3 踏掛版の例

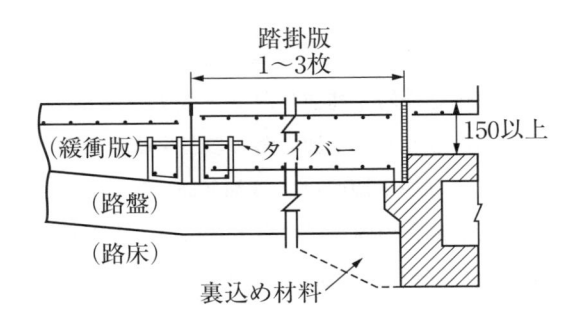

図−6.5.4 コンクリート版にくい込む場合の設計（単位：mm）

物との高さの差が15cm以上の場合には，構造物上の舗装はコンクリート版とし，15cm未満の場合には一般にアスファルト舗装とする。15cm未満でコンクリート版とする場合には，構造物と完全に付着させるようにする。

あごが付いていない場合で，構造物上に15cm以上のコンクリート版を舗設で

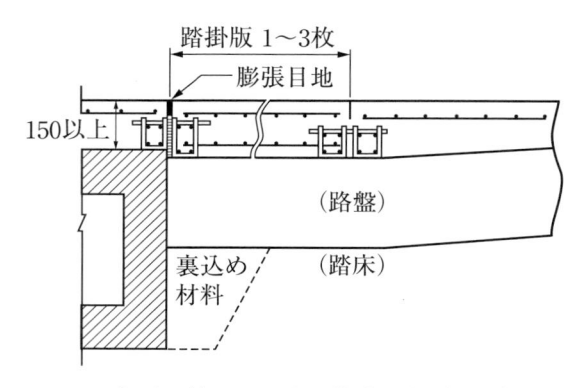

図－6.5.5　あごが付いていない場合の設計例（単位：mm）

きる場合は，図－6.5.5に示すように1～3枚の踏掛版を設け，コンクリート版と踏掛版の間は径32mmのダウエルバーを密に用いた膨張目地とする。また，15cm未満となる場合は，構造物上およびその前後を含めてアスファルト舗装とする。

（3）コンクリート版が横断構造物上にある場合

1) 横断構造物が路盤内にある場合

横断構造物が路盤内にある場合には，図－6.5.6に示すように，横断構造物上を含めて前後を鉄筋で補強したコンクリート版とし，長さは構造物の前後にそれぞれおおむね6mを加えたものとする。

この箇所のコンクリート版厚は一般部と同一とするが，最小厚は20cmとする。また，横断構造物の両端縁の直上部にはカッタ目地を設けて目地材を充填し，構造物上の路盤厚が10cm以下のときは路盤をならしコンクリートとする。

横断構造物が道路中心線に対して斜角の場合は，構造物両端縁上のカッタ目地はすべて構造物の斜角に合わせる。鉄筋で補強したコンクリート版端部の目地は収縮目地とし，50°以上の斜角の場合の端部の収縮目地の角度は90°とする。50°未満の場合は，収縮目地の角度を50°としてその鋭隅角部は，径13mmの異形棒鋼を20cm×20cmの鉄筋鉄網としたものを上下2層で用い，鉄筋の継手は鉄筋径の30倍とする。

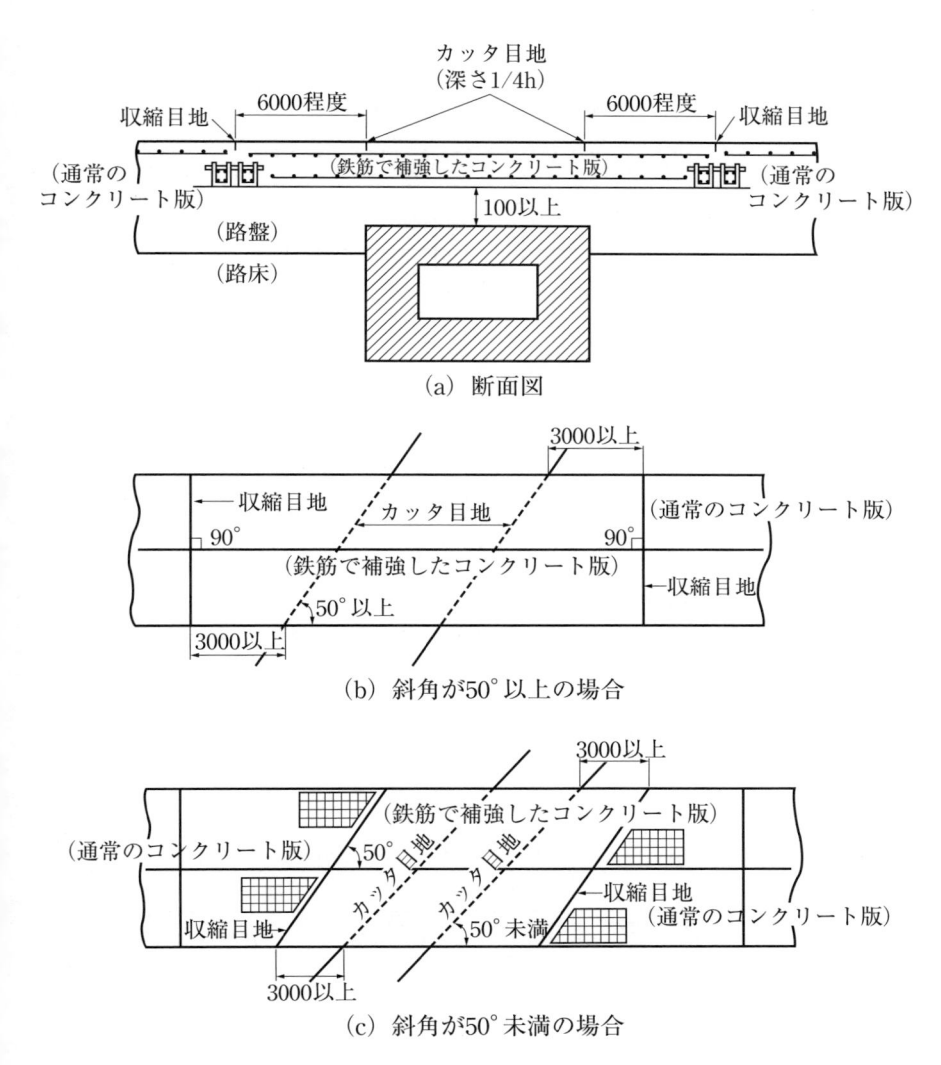

図－6.5.6　横断構造物が路盤内にくい込む場合の設計例（単位：mm）

2）管路構造物が路盤内にある場合

　管路構造物が路盤内にある場合には，**図－6.5.7**に示すように，管路上のコンクリート版を鉄筋鉄網と鉄網を2重に用いて補強し，版厚は一般部と同一とする。管路構造物の中心にはカッタ目地を設け，中心よりそれぞれ6

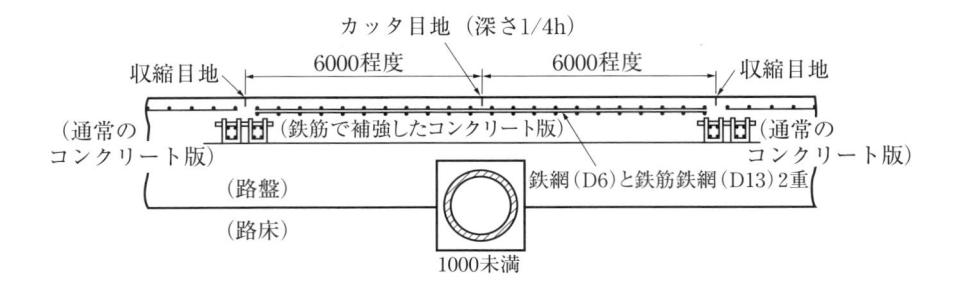

図－6.5.7 管路構造物が路盤内にある場合の設計例（単位：mm）

m程度の位置に収縮目地を設ける。

管路構造物が斜角の場合，管路構造物の幅が1m程度より大きい場合，あるいは路盤厚が10cm以下となる場合には，上記の1）に準じる。

3）横断構造物が路床内にある場合

横断構造物が路床内にある場合には，**図－6.5.8**に示すように，鉄網を2重に用いたコンクリート版とする。補強した版の長さは，上記1），2）に準じ，また，横断構造物の両端縁の直上または中心上にはカッタ目地を設けるとよい。

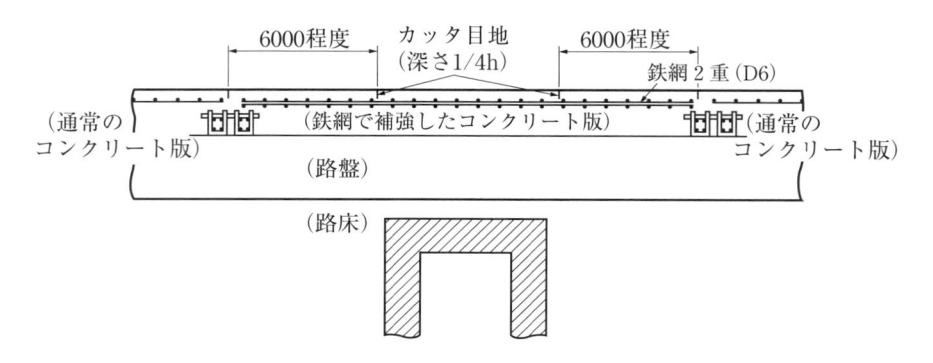

図－6.5.8 横断構造物が路床内にある場合の設計例（単位：mm）

(4) 交差部の場合
1) 交差する道路がコンクリート舗装の場合

　　交差部における目地割りの例を図—6.5.9に示すが，目地割りに当たっては，①運転者になめらかな感じを与えること，②勾配の急変を避けて排水を容易にすること，③鋭隅角をできるだけつくらないこと，④長い曲線の目地をつくらないこと，⑤個々のコンクリート版の面積をおおむね20 m²以下とすること，⑥一辺の長さを1 m以上とすることなどに留意する。

　　交差部の縦目地は，径29mmで長さ70cmの異形棒鋼のタイバーを横目地から40cm間隔に設置するとよい。また，隅角部では，鉄網を2重にしたり，鉄筋鉄網を組み合せて用いたりして適切に補強するとよい。

2) 交差する道路がアスファルト舗装の場合

　　アスファルト舗装の取付部の沈下を緩和するために，コンクリート舗装の版厚が20cm以上の場合には，図—6.5.10に示すようなすりつけ版を設けるとよい。なお，すりつけ版との目地には，径29mmで長さ70cmの異形棒鋼のタイバーを40cm間隔に用いる。

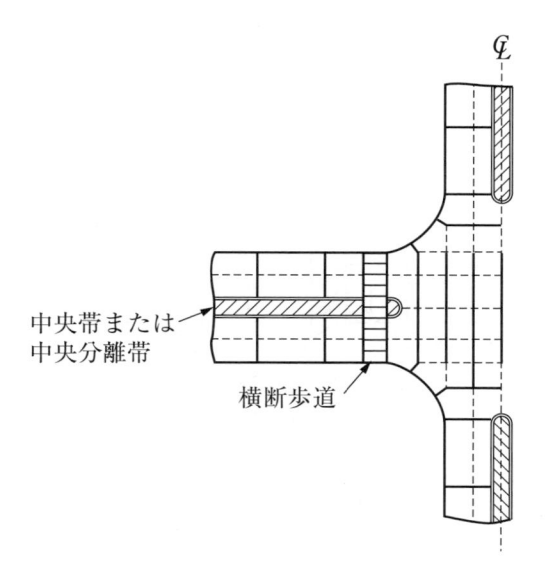

図—6.5.9　交差部の目地割りの例

(a) すりつけ版の構造

(b) 交差部がコンクリート舗装の場合の配置

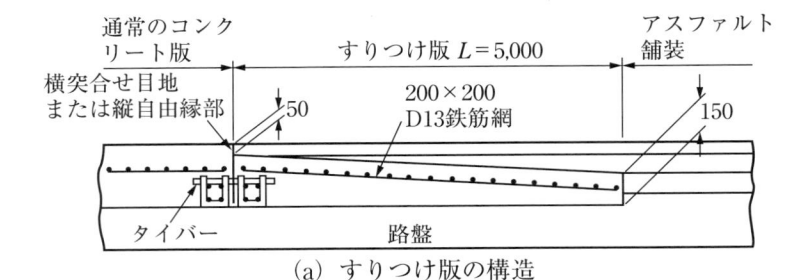

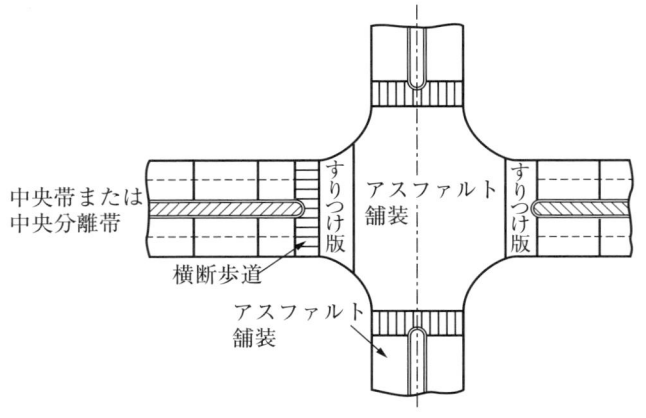

(c) 交差部がアスファルト舗装の場合の配置

図-6.5.10 すりつけ版の設計例(単位:mm)

（5）コンクリート版の幅員が変化する場合
1）マンホール等がコンクリート版の中にある場合

　マンホール等がコンクリート版の中にある場合の目地の配置と，マンホール等に接する部分のコンクリート版の補強は，図－6.5.11に示すようにするとよい。なお，コンクリート版を舗設した後にマンホール等を設置することは，コンクリート版に悪影響があるので極力避ける。

　また，料金所等で構造物に接続する部分で，コンクリート版の形状が変化する場合も，上記と同様の目地割りと鉄筋での補強を行うとよい。なお，下部に構造物がある場合には，鉄網を用いて2重に補強する。

2）拡幅部

　拡幅部や非常駐車帯等で，コンクリート版を拡幅する必要がある場合には，

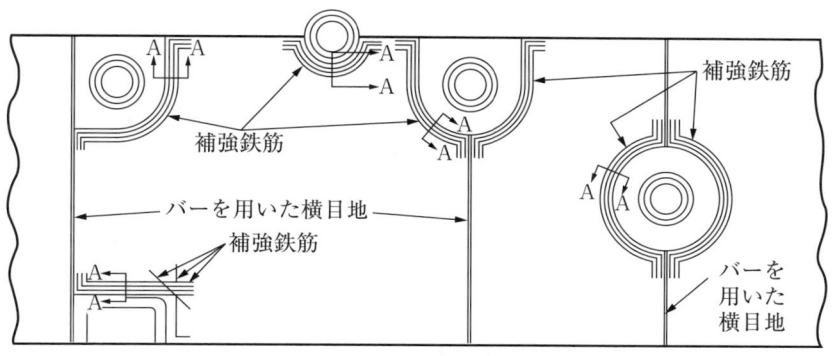

(a) マンホール等がある場合の目地の配置

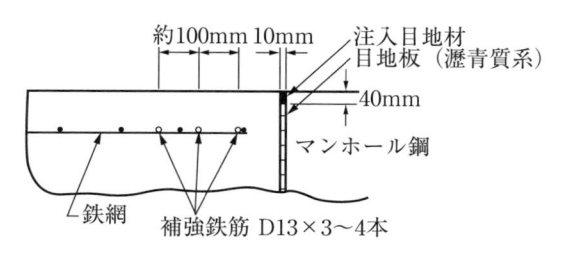

(b) 鉄筋での補強（A-A断面）

図－6.5.11　マンホール付近における目地の設計例

図－6.5.12に示すように拡幅量がおおむね25cmまではなるべく車道と一体に舗設する。これ以上の拡幅部は別途舗設し，その間はタイバーを用いた突合せ目地とし，タイバーの長さは拡幅量に応じたものとする。なお，拡幅部が1m未満となる箇所を別途舗設する場合は，その拡幅部の目地間隔を通常の1／2とし，鉄網は用いない。1m以上の箇所については，通常のコンクリート版と同じにする。

（6）曲線半径が小さい場合

1） 平面曲線半径が小さい区間

曲線半径が100m以下の曲線区間の縦目地は，図－6.5.13に示すように，曲線区間を4等分し，全長の半分に相当する中央の1／2の部分は通常の1／2の間隔でタイバーを設置し，曲線の初めと終わりの1／4の区間にはタイバーを用いない。なお，この場合，膨張目地は曲線区間内には設けない。

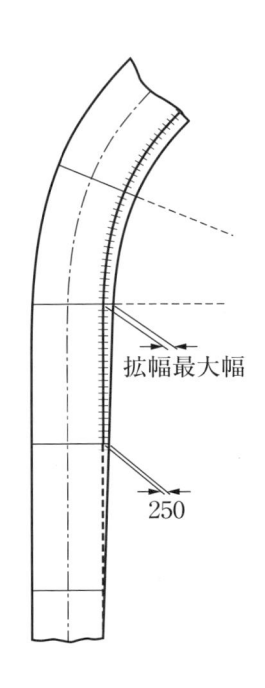

図－6.5.12　拡幅部の設計例（単位：mm）

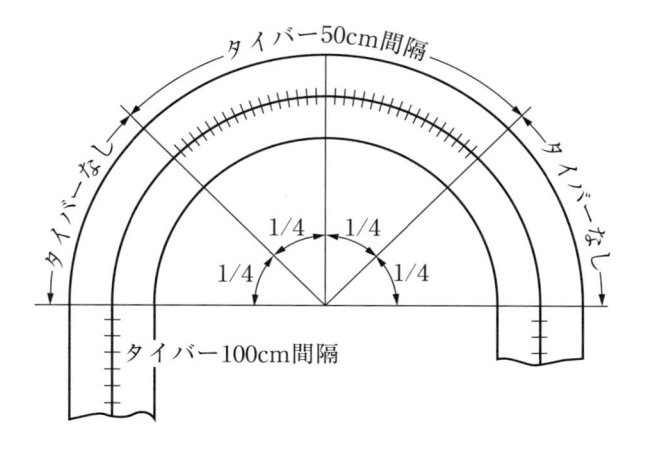

図－6.5.13　曲線部におけるタイバーの設計例

2) 縦断曲線半径が小さい区間

　曲線半径がおおむね300m以下となる曲線区間を含む場合は，膨張目地間隔を80～120mとする。

(7) 路肩および側帯

① 側帯は，車道に接続して設けられる帯状の中央帯または路肩の部分であり，車輪がその上に乗ることが多いので車道と同じ構造とする。なお，路肩においては，側帯を設ける場合と設けない場合とがある。

② 中央帯の側帯は，車道と一体に舗設することが望ましく，この場合，側帯と車道との間には目地を設ける必要はない。

③ 路肩の側帯は，車道と一体に舗設することが望ましい。側帯を除く路肩は，車道に比べると車輪が乗ることが少ないので，その路肩の舗装は，一般に車道よりも簡単な構造とし，アスファルト舗装とすることも多い。また，コンクリート舗装とする場合には，コンクリート版厚を10cm程度とし，路盤厚は交通条件に応じて10～15cm程度設けることがある。なお，凍上が予想される地域においては，別途凍上抑制層を考慮する。

　側帯を設けない路肩にあっては，路肩のうち側帯相当幅員として0.25mを

車道と同じ構造とすることが望ましい。側帯相当幅員0.25m幅を除いた路肩幅が0.5m未満の場合は，これを含めて車道と同じ構造とすることが望ましい。また，街きょがある場合は，その位置まで車道と同じ構造にするとよい。

④　車道と側帯を一体に舗設出来ない場合には，側帯と車道とを分けて舗設することになるが，その間の目地は舗設幅に応じた長さのタイバーを用いた突合せ目地とする。また，横目地間隔は，車道の目地間隔の1/2として鉄網は使わない。なお，この横目地が車道の膨張目地ならびに横収縮目地と一致する目地では，車道と同じ構造とし，それ以外の横収縮目地は打込み目地として，ダウエルバーは用いなくてもよい。

第7章　各種の舗装の構造設計

7－1　概　説

　各種の舗装の構造設計は，本便覧の「第5章　アスファルト舗装の構造設計」および「第6章　コンクリート舗装の構造設計」に示す，通常用いる設計方法によって構造設計できるものと，それ以外のものに大別される。
　本章では，通常用いる設計方法によっては構造設計が困難な，または，設計上，特別な対処を必要とする舗装を取り上げ，その構造設計方法の概要，構造設計における留意点および舗装構成の例などを示す。

7－2　構造設計の取り扱い

　各種の舗装の構造設計の取り扱いは，
　①　通常用いる設計方法の適用が困難な，または特別な対処が必要なもの
　②　通常用いる設計方法の適用でよいもの
に大別される。①に区分されたうち，本章で取り扱う各種の舗装を表－7．2．1に示す。なお②に区分される各種の舗装の例を表－7．2．2に示す。

7－3　各種の舗装の構造設計

7－3－1　橋面舗装
（1）構造設計の基本的事項
　橋面舗装は，交通荷重による衝撃作用，雨水の浸入や温度変化などの気象作用などから床版を保護するとともに，通行車両の快適な走行を確保する重要な役割を担っている。また，橋梁は交通の要所を占めることから，橋面舗装の修繕によ

表－7.2.1　本章で取り扱う「各種の舗装」

章節	舗装の種類
7-3-1	橋面舗装
7-3-2	トンネル内舗装〔注〕
7-3-3	岩盤上の舗装
7-3-4	フルデプスアスファルト舗装
7-3-5	コンポジット舗装
7-3-6	ブロック系舗装
7-3-7	透水性舗装
7-3-8	瀝青路面処理
7-3-9	歩道および自転車道等の舗装

〔注〕トンネル内舗装のうち，コンクリート舗装については，本便覧の「第6章　コンクリート舗装の構造設計」による。

表－7.2.2　通常用いる構造設計方法に区分される「各種の舗装」の例

本便覧の「第5章 アスファルト舗装の構造設計」によるもの	本便覧の「第6章 コンクリート舗装の構造設計」によるもの
明色舗装	プレキャストコンクリート版舗装
着色舗装	薄層コンクリート舗装
半たわみ性舗装	小粒径骨材露出舗装
グースアスファルト舗装	ポーラスコンクリート舗装
ロールドアスファルト舗装	
フォームドアスファルト舗装	
砕石マスチック舗装	
大粒径アスファルト舗装	
ポーラスアスファルト舗装	
保水性舗装	
遮熱性舗装	

る交通規制は道路利用者への影響が極めて大きい。したがって橋面舗装には，特に耐久性の高い舗装を適用することが必要である。

　橋面舗装の耐久性は，床版の構造とその仕上げ精度に大きく左右されることか

ら，舗装は床版と同時に一体的に設計されることが望ましい。橋面舗装の設計は，「技術基準・同解説」によるとともに，床版，床組，伸縮装置および排水ますなどの構造との関連についても十分に配慮されなければならない。

橋梁の構造のうち，舗装の性能に影響を及ぼす主な要因を表－7.3.1に示す。

表－7.3.1　舗装の性能に影響を及ぼす橋梁の構造要因の例

床版の種類	構造要因の例
コンクリート床版	①床版面の凹凸 ②表面状態 ③防水層と水抜き孔 ④伸縮装置
鋼床版	①デッキプレートの支間と厚さの比 ②縦リブ断面の種類と配置 ③横リブ断面の剛性と配置 ④T荷重に対する片持版の支間 ⑤防錆処理 ⑥床版面の縦・横断勾配 ⑦床版面の凹凸 ⑧舗設温度による変形 ⑨防水層と水抜き孔

橋面舗装と一般部の舗装との相違点は，舗装厚が限定されていることである。橋面舗装の舗装厚は，どのような交通条件においても6～8cmを標準としている。これは，追跡調査によるひび割れなどの破損実態と，橋梁の死荷重をできるだけ低減することから設定されている。

コンクリート床版上の舗装構成例を図－7.3.1に，鋼床版上の舗装構成例を図－7.3.2に示す。

橋面舗装の構造設計における基本的事項を以下に示す。

① 舗装は床版との付着となじみがよくなければ早期に破損する。舗装と床版の双方への接着性に優れた，防水層および接着層を選定する。

② 雨水の浸入は，コンクリート床版の耐久性を低下させ，また鋼床版の発錆の原因になるので，防水性には十分な考慮が必要である。

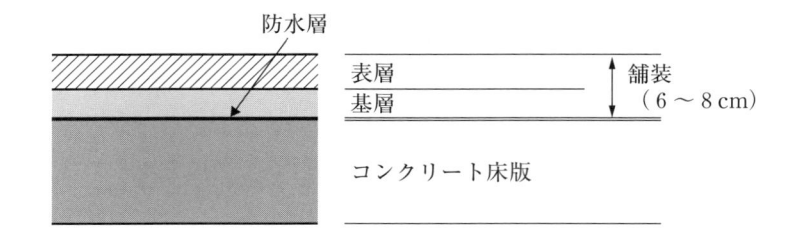

図—7.3.1 コンクリート床版上の舗装構成例

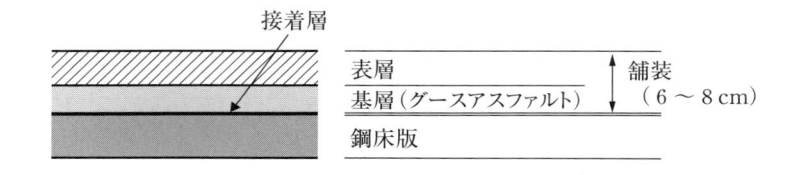

図—7.3.2 鋼床版上の舗装構成例

地覆,排水ます,伸縮装置等と接する箇所から床版への雨水の浸入がないように,境界部分に遮水対策を行う。さらに雨水が浸入した場合,床版と舗装の間に滞水しないように排水ますを多く設けるほか,必要に応じ適切な位置に水抜き孔を設けるとよい。

③ 橋面舗装は,一般部と比べ車両の走行位置が限定される場合が多く,交通荷重が特定な箇所に集中することから,流動などによる破損が生じやすい。さらに代替道路が少ないことなども考慮すると,塑性変形抵抗性および剥離抵抗性などに優れた混合物を使用し,補修の頻度を少なくすることが重要である。

④ 舗装は原則として2層構造とする。

(2) 構造設計

以下に,橋面舗装の構造設計に関する留意点を,コンクリート床版上と鋼床版上に分けて示す。

1) コンクリート床版上の橋面舗装の留意点

① 所定の舗装厚を確保するため，コンクリート床版は平たんに仕上げることが重要であり，床版の仕上がり高さの誤差は±10mm以内にすることが望ましい。
② 床版コンクリートの劣化を防止する目的で，防水層，水抜き孔，導水管および防水目地等，必要な措置を講じる（図－7.3.3～7.3.6参照）。
　特に，排水性舗装のように路面からの浸透水がある場合には重要な対策である。これらの設計に当たっては，「道路橋鉄筋コンクリート床版防水層設計・施工資料」を参照する。
③ コンクリート床版上の舗装は，設定された路面の性能を満足するものであればどのような舗装を用いてもよいが，一般的にはアスファルト舗装とすることが多い。
④ コンクリート床版上のアスファルト舗装は，通常2層で構成されるが

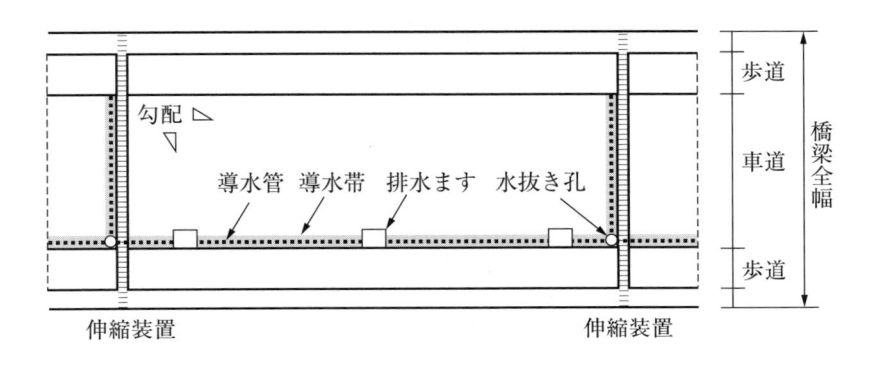

図－7.3.3　排水設備の設置例

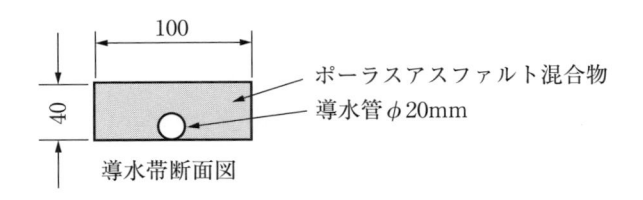

図－7.3.4　導水帯の設置断面例（単位：mm）

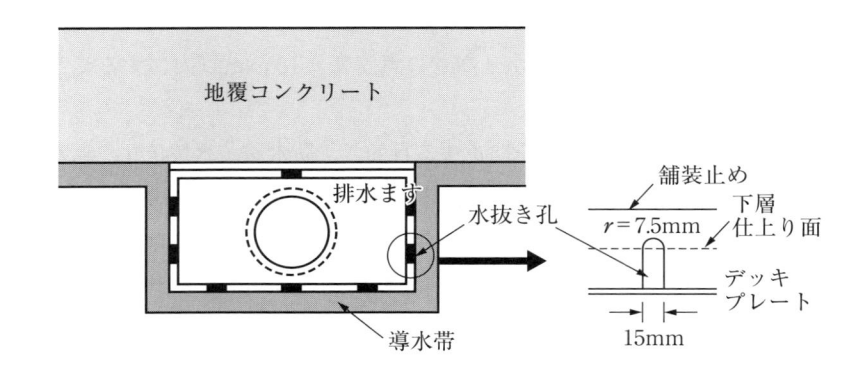

図-7.3.5 排水ますの設置例（平面図）と水抜き孔の断面図

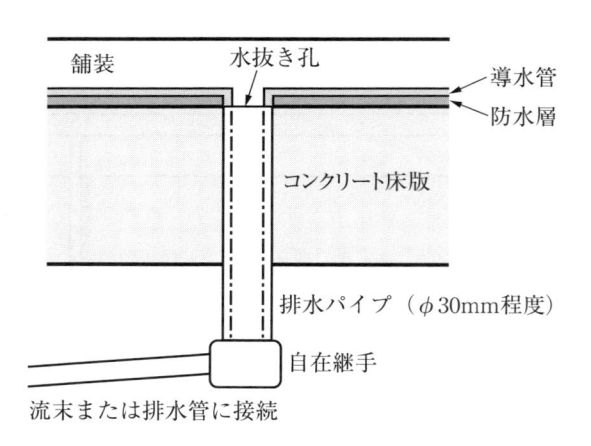

図-7.3.6 水抜き孔の設置例（側面図）

（図-7.3.1参照），一般にたわみの曲率半径が大きいため，舗装の疲労破壊の影響を設計上考慮しない場合が多い。

⑤ コンクリート舗装とする場合で，舗装のコンクリートを床版コンクリートと別々に打設する場合には，その厚さが薄いため乾燥収縮等によるひび割れが生じやすい。また，走行車両による衝撃荷重と橋梁の振動，雨水などの浸入等で舗装と床版面との界面が剥離するおそれがあるので，両者の接着性を

阻害する，床版のレイタンス，塵芥などを除去する。
2) 鋼床版上の橋面舗装の留意点
① 橋面舗装に用いる混合物の許容たわみ範囲内で床版のたわみ，および曲率半径が設定されていることを確認する。

　また，橋面舗装の施工性が低下しないよう，床版面の凹凸（鋼床版における溶接変形，ボルト頭・床版の突起等），縦横断勾配，吊り金具の位置などを適切に設計する。

② 吊り金具，治具などの除去に当たっては，これらを切断除去した後の突起物の高さが5mm以下とすることが望ましい。

③ 鋼床版上に舗設する場合には，施工方法によっては，部材が高温になることや著しい温度差を生じることがあり，その影響が現れる場合がある。したがって，舗装の施工条件が橋梁設計で考慮されていることを確認するなど，必要に応じて橋梁各部への舗設の影響についてあらかじめ確認する。

④ 鋼床版にアスファルト舗装を施工する場合，一般に舗装の品質確保のためにデッキプレート上面をブラスト処理して，舗装とデッキプレートの密着性や接着性の向上を図る。

　舗設時の鋼床版の上面は素地調整程度1種（1種ケレン）の状態とすることが望ましい。舗装後のデッキプレート上面の防錆防食性の確保は舗装の防水性に依存することになるため，舗装の品質確保に対する十分な検討を行う。

　また，これらの事項の他に防錆防食に関する留意事項としては，床版設置から舗装の施工までの期間を把握し，その期間に床版が錆におかされないように防錆処理を施すこと，舗装を施工するまでの期間に資材の運搬・仮置きなどによる汚染や錆の発生が予想される場合に，ブラスト処理による防錆処理を行うことなどが挙げられる。

⑤ 床版構造によっては局部的に大きなひずみを生じることがあるので，床版構造の特性を把握し，必要に応じて当該部分にひび割れ誘発目地（図－7.3.7参照）やひび割れ抑制シートの設置を検討する。ひび割れ誘発目地は，鋼床版面に生じるひずみを計算し，ひび割れ発生の危険性が最も高い箇所に設置するとよい。

```
           6 mm
         ←→
          ┃ ひび割れ誘発目地
─────────┃─────────
          ┃    表層
─────────────────────
              基層
─────────────────────

  ▬▬▬▬▬▬▬▬▬▬
           ← デッキプレート
```

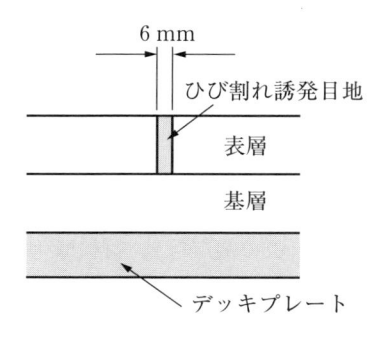

図-7.3.7 ひび割れ誘発目地の設置例

　床版構造での対策としては，縦リブの剛性や縦リブ支間長，床版厚等を検討し，舗装へ与えるひずみを小さくすることなどが考えられる。

⑥　鋼床版上の舗装は，設定された路面の性能を満足するものであればどのような舗装を用いてもよいが，一般的にはアスファルト舗装とすることが多い。アスファルト舗装とする場合には，床版との接着性，床版の変形に追従するたわみ性および床版保護のための防水性に配慮し，舗装厚さ，材料等の選定を行う。

　舗装は2層で構成され（図-7.3.2参照），一般には基層に防水性を有するグースアスファルト混合物などが使用される。基層に防水性のある混合物を使用するときには防水層を省略することもできる。

7-3-2　トンネル内舗装

（1）構造設計の基本的事項

　トンネル内舗装には，トンネルのほかに，アンダーパスおよび地下道等の舗装などがある。これら舗装の構造設計は，構造物本体および路床構造等の諸条件を考慮し，地山からの湧水対策および排水対策を含めて行うことが重要である。

　排水対策が正常に機能しない場合，一般に舗装内に滞水が生じ，そこに交通荷重が作用することによりポンピング現象がおこり，路盤のエロージョンや表層の局部的なひび割れが発生する。さらに進行すると舗装の支持力不足による破壊に

至るおそれがある。したがって，地山からの湧水処理を含めた排水処理は十分に行うことが重要である。

トンネル内舗装は，一般に側方の余裕が少なく，照明や換気設備の付属設備が付加されているため，運転手の視野が一般部より狭くなる。したがって，トンネル内舗装には明色性の高い舗装を採用するなど，できるだけ明るい路面とすることが必要である。

また，トンネルを有する路線は一般に代替道路が少ないため，補修工事が制限されることが多い。さらに補修工事での交通規制をできるだけ少なくすることが求められているので，舗装の設計期間を長く設定することが望ましい。

以下にトンネル内舗装の構造設計に関する留意点を示す。

① トンネル構造物本体，路床構造および路盤工法の選定において，地山からの湧水および排水処理に対応できる対策をあらかじめ検討しておく。

② 明色性のある舗装を選定する。

③ 舗装の設計期間を長く設定し，耐久性に優れた舗装を選定する。

（2）構造設計

基本的には，路床，路盤を設ける構造の場合は，本便覧の「第5章　アスファルト舗装の構造設計」および「第6章　コンクリート舗装の構造設計」に準じて舗装構成を決定する。

また，施工基盤がボックスカルバートや半地下構造，岩盤など特殊な場合，舗装厚が制限される場合，あるいはアンダーパスで縦断勾配が急である場合などには，本便覧の「7-3-1　橋面舗装」，「7-3-3　岩盤上の舗装」および「7-3-5　コンポジット舗装」などを参考に構造設計を行うとよい。

図-7.3.8に半地下構造区間における浸透水の排水対策の事例を示す。舗装に浸透した水を，コンクリート床版上に配置した導水帯で排出する構造としている。

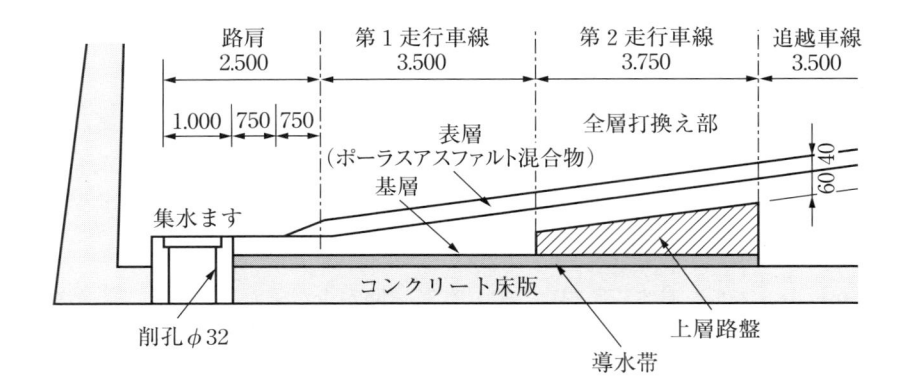

図—7.3.8 導水帯による浸透水の排出対策例（半地下構造区間）（単位：mm）

7—3—3 岩盤上の舗装
（1）構造設計の基本的事項

路床面下約1m以内に岩盤がある場合，舗装の設計に当たっては岩盤の位置および性状を把握し，構造設計を適切に行うことが必要である。その場合の舗装構造は，本便覧の「第5章　アスファルト舗装の構造設計」，「第6章　コンクリート舗装の構造設計」および過去の経験を参考に検討する。なお，岩盤の種類の判定については「道路土工－土質調査指針」を参照する。

（2）構造設計

路床面下約1m以内に岩盤がある場合についての留意点を示す。

① 良質な岩である場合は，その面を路床面としてよい。岩の掘削による不陸が残るため，そのくぼみに地下水や雨水が滞水しないよう，厚さ10cm以上の貧配合コンクリート等で不陸を整正したのち，路盤，表・基層などを設ける（図—7.3.9参照）。

その場合，舗装にリフレクションクラック等の影響が生じないよう，十分舗装厚さを確保することが必要である。

岩盤には亀裂のあるものや泥岩など，掘削後，スレーキングにより軟弱化しやすいものがある。この場合は，舗装の性能に影響を及ぼさないよう十分な対策を施すことが必要である。

```
         ―――――――――――――――
             表層・基層
         ―――――――――――――――
              路盤
         ―――――――――――――――
          貧配合コンクリート    ↕10cm以上
         ～～～～～～～～～～～
              原地盤
```

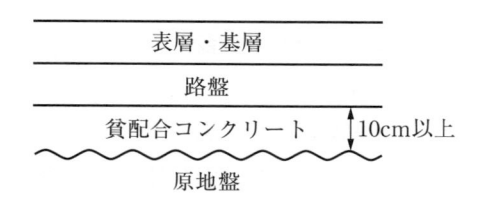

図－7.3.9　原地盤が良質な岩である場合の舗装構成例

　岩盤に風化が進んだ軟岩の層がある場合，20cm程度，岩を掘削して下層路盤材料と同等以上の材料で充填し，路床面を仕上げた例などがある。

② 岩盤上の路床土が50cm未満の場合は，路床土を調査し，置換え工法，安定処理工法等でＣＢＲを20以上に改良することが望ましい（**図－7.3.10**参照）。

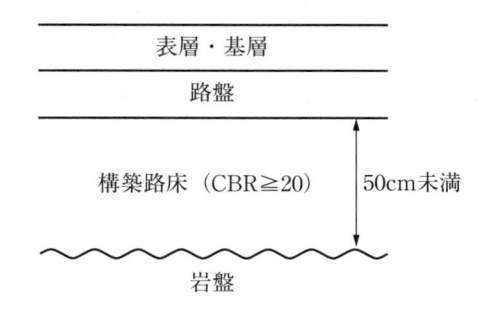

```
         ―――――――――――――――
             表層・基層
         ―――――――――――――――
              路盤
         ―――――――――――――――
          構築路床（CBR≧20）    50cm未満
         ～～～～～～～～～～～
              岩盤
```

図－7.3.10　路床土を改良した場合の舗装構成例

③ 岩盤が路床面下１ｍ未満であっても，岩盤の位置が舗装構造にあまり影響しないと判断される場合や，舗装延長が短く，前後の舗装構造を採用しても舗装の性能に支障をきたさないと判断される場合は，その前後の舗装構造を採用してもよい。

7-3-4 フルデプスアスファルト舗装

(1) 構造設計の基本的事項

フルデプスアスファルト舗装は，路床上のすべての層に加熱アスファルト混合物および瀝青安定処理路盤材料を用いた舗装である。構造設計は，本便覧の「第5章 アスファルト舗装の構造設計」により行うが，路床上に直接，加熱アスファルト混合物等が施工されることから，施工基盤としての路床支持力に留意することが重要である。

この舗装は，舗装厚さを低減できるので，舗装の仕上がり高さが制限される場合，地下埋設物の埋設位置が浅い場合，比較的地下水位が高い場合などに使用される。

(2) 構造設計

以下にフルデプスアスファルト舗装の構造設計における留意点を示す。

① 構造設計は，本便覧の「第5章アスファルト舗装の構造設計」により行う。
② 施工基盤となる路床の支持力は，過去の実績から設計CBRで6以上とすることが一般的である。設計CBRが6未満のときは，基本的には6以上となるように路床構築を行う（**図-7.3.11**参照）。

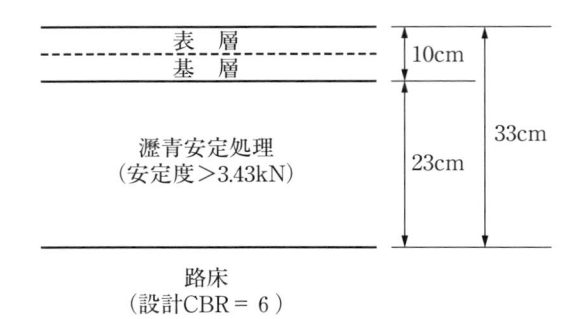

図-7.3.11 路床構築した場合の構造例（交通量区分N_6 設計CBR = 6）

③ 路床構築ができない場合，路床の一部として砂，砕石などの粒状路盤材料を用いて施工基盤を設置し，フルデプスアスファルト舗装を構造設計した例がある（**図-7.3.12**参照）。この場合，舗装厚さの決定には，施工基盤を

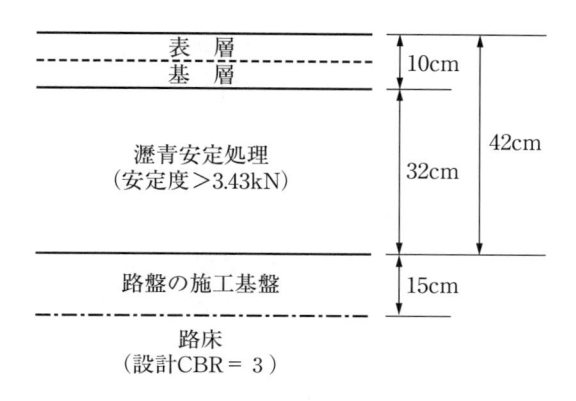

```
         表　層
  ─────────────────        ┐10cm
         基　層            │
  ─────────────────        ┘        ┐
                                    │
      瀝青安定処理          32cm     │42cm
     (安定度＞3.43kN)                │
                                    │
  ─────────────────                 ┘
                          ┐
      路盤の施工基盤       │15cm
  ─ ─ ─ ─ ─ ─ ─ ─ ─       ┘
         路　床
     (設計CBR＝3)
```

図－7.3.12　路床構築しない場合の構造例（交通量区分N_6　設計CBR＝3）

除いた路床の設計CBRを用いる。

7－3－5　コンポジット舗装

（1）構造設計の基本的事項

コンポジット舗装は，表層または表層・基層にアスファルト混合物を用い，その下層に普通コンクリート版，連続鉄筋コンクリート版，転圧コンクリート版，半たわみ性混合物など，剛性の高い材料を用いた舗装である（**図－7.3.13**参照）。

```
  ─────────────────           ┐
         表　層                │ アスファルト混合物
  ─────────────────           ┘
         基　層
  ─────────────────           ┐
   普通コンクリート版，連続鉄筋コンクリート版， │
        転圧コンクリート版，                │ コンクリート系の版等
        半たわみ性混合物                   │
  ─────────────────           ┘
         路　盤
  ─ ─ ─ ─ ─ ─ ─ ─ ─
         路　床
```

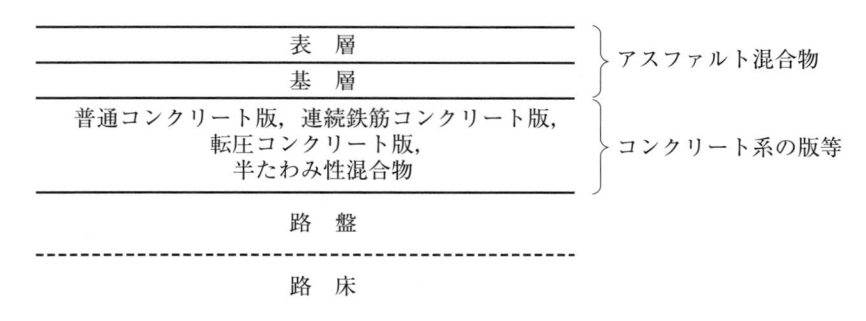

図－7.3.13　コンポジット舗装の構成例

この舗装は，上層のアスファルト混合物層を車両の走行性確保とコンクリート版に発生する応力低減層とみなし，下層を構造的な耐荷力を受けもつものとして構造設計を行う。

（2）構造設計

① 表層または表層・基層にアスファルト混合物を，その下層にコンクリート版を用いる場合，下層以下の構造設計に必要な設計条件は，本便覧の「第6章　コンクリート舗装の構造設計」に示す構造設計条件に準じてよい。ただし，表層にアスファルト混合物を用いることから，コンクリート版の温度差などが一般的なコンクリート舗装と異なることに配慮して設計する。

下層に半たわみ性混合物を使用する場合は，本便覧の「第5章　アスファルト舗装の構造設計」に示される方法によって構造設計を行い，温度応力についての配慮は一般には必要としない。

② 目地の設置が必要な普通コンクリート版や転圧コンクリート版などを用いたコンポジット舗装では，リフレクションクラックが生じやすい。

リフレクションクラックの予想される箇所には，アスファルト混合物層とコンクリート系の版の間にじょく層（マスチックシール，シートまたはジオテキスタイル等）や緩衝層（開粒度アスファルト混合物等）の設置，もしくは表層に誘導目地等を設置するなどの対応策を検討する。

③ その他の構造設計に必要な要件は，本便覧の「第5章　アスファルト舗装の構造設計」および「第6章　コンクリート舗装の構造設計」に準じて行う。

7－3－6　ブロック系舗装

ブロック系舗装には，セメントコンクリート平板，インターロッキングブロック等のコンクリートブロック舗装のほか，アスファルトブロック舗装，レンガ舗装，天然石舗装等がある。

ここでは，車道を対象としたインターロッキングブロック舗装の構造設計について示す。

① インターロッキングブロック舗装は，交通条件と環境条件に耐えうる必要な厚さと品質をもち，表層，敷砂層，路盤より構成される（図－7.3.14参

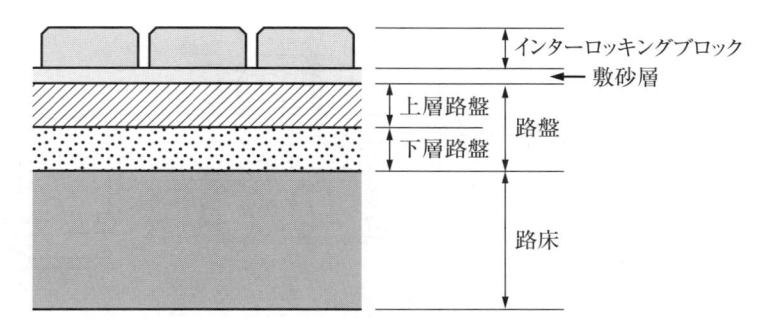

図－7.3.14 インターロッキングブロック舗装の構成例

照）。路床の支持力に応じて各層が荷重を相応に分担，分散するように，かつ経済性も考慮し，力学的にバランスのとれた構造となるよう設計する。
② 車道舗装に適用する舗装計画交通量は2,000（台/日・方向）未満を対象とし，路床の設計ＣＢＲは3以上を原則とする。
③ 構造設計は，インターロッキングブロックの等値換算係数を，表層・基層用加熱アスファルト混合物と同等の1.0とみなし，T_A法を用いて行う。なお，敷砂層は等値換算厚の計算には含めない。
④ インターロッキングブロックの厚さは，車道用8cmを標準とする。ただし，コンテナヤード等，重荷重が予想される箇所に適用する場合は，厚さ10cmのブロックを使用する場合がある。

7－3－7 透水性舗装

（1）構造設計の基本的事項
① 透水性舗装とは，透水性を有する材料を使用して，雨水を表層から基層，路盤に浸透させる構造とした舗装である。路盤に浸透した雨水の処理方法は，雨水を路床に浸透させる構造（路床浸透型）と雨水流出を遅延させる構造（一時貯留型）に大別できる（**図－7.3.15**参照）。
② 透水性舗装は下水・河川への雨水流出抑制効果を有するとともに，雨天時の水はね抑制，ハイドロプレーニング現象抑制，騒音低減などの排水性舗装や低騒音舗装がもつ付加的な機能も有する。また，路床浸透型のものは地下

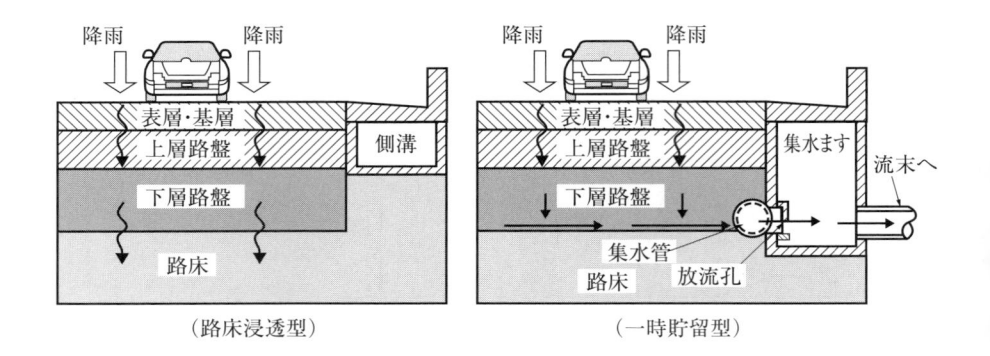

図―7.3.15　透水性舗装の雨水処理概念図

水涵養の効果も期待される。

③　設計は，舗装としての構造設計を行い，さらに舗装内における雨水の貯留量算定と降雨条件に応じた表面溢流量の算定および排水施設の設計を併せて行う。また，路床以下に雨水を浸透させることから，路床の雨水浸透による支持力低下が懸念される場合は，必要な対策を講じるとともに，適用箇所についても考慮する。

④　ポーラスアスファルト混合物を用いた透水性舗装の構造設計は，T_A法などにもとづいて舗装断面を仮決定後，雨水の浸透量（貯留量）を考慮し，舗装厚の増加や排水施設の設置を検討することが基本的な方法である。この舗装厚の増加は，雨水浸透による支持力低下を補うことや，雨水の貯流量の不足を補うことへ対応するものである。

⑤　「特定都市河川浸水被害対策法」にもとづき雨水流出抑制対策として透水性舗装を検討する場合には，目標流出抑制量を開発行為地区だけではなく近接既設舗装箇所等の路面雨水処置対策を含めた，広域的な流出対策が求められる。これらの構造設計には，本便覧の「第5章　アスファルト舗装の構造設計」や「道路路面雨水処理マニュアル（案）」（土木研究所資料第3971号，平成17年6月　独立行政法人土木研究所）を参照する。

（2）構造設計

透水性舗装には，アスファルト系，コンクリート系，コンポジット系，ブロック系の舗装などがある。

T_A法を基本とする，開粒度アスファルト混合物を用いた透水性舗装の設計手順を**図ー7.3.16**に示す。また，参考として「道路路面雨水処理マニュアル（案）」に示されている，雨水流出抑制対策としてのポーラスアスファルト混合物を用いた透水性舗装の構造設計の手順を**図ー7.3.17**に示す。

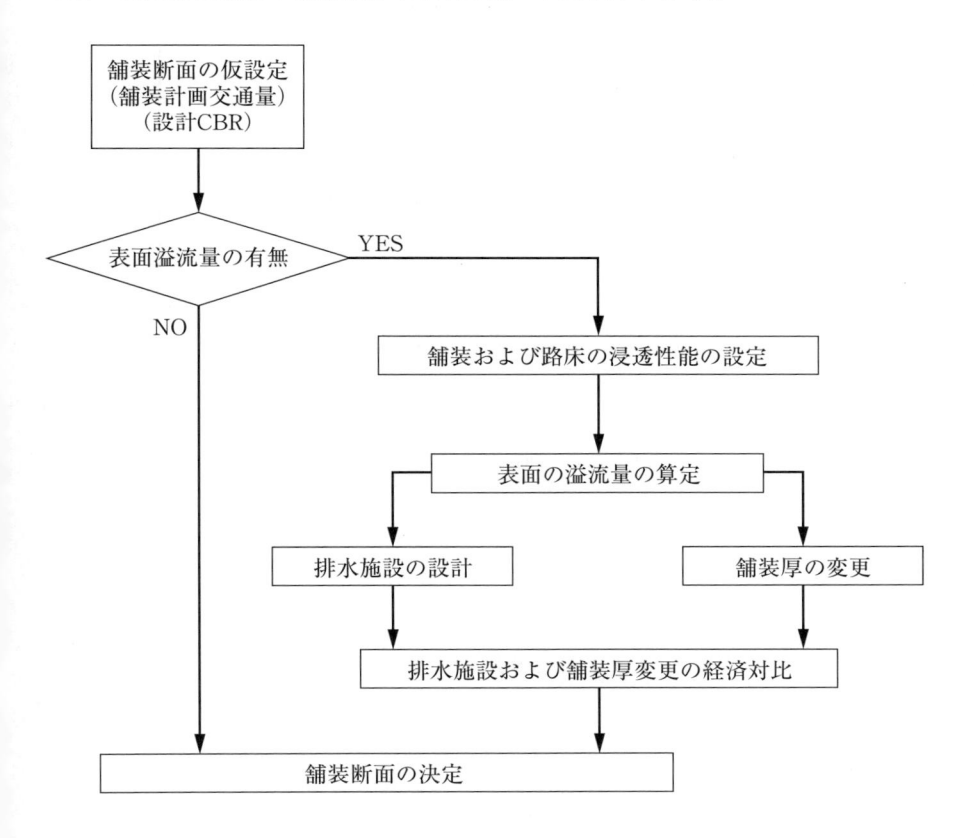

図ー7.3.16 開粒度アスファルト混合物を用いた透水性舗装の構造設計の手順

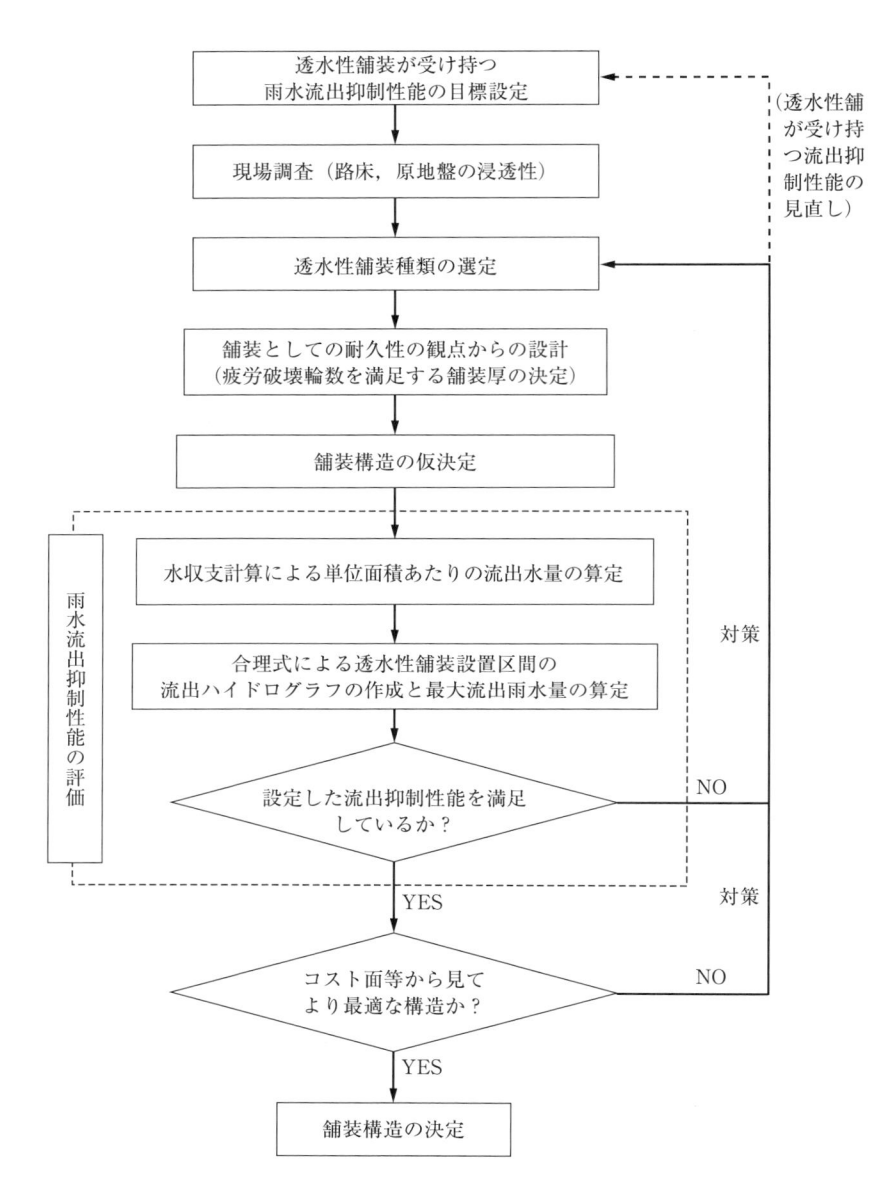

```
┌─────────────────────────┐
│ 透水性舗装が受け持つ      │
│ 雨水流出抑制性能の目標設定 │←┈┈┈┐
└──────────┬──────────────┘     ┊(透水性舗
           ↓                     ┊ 装が受け持
┌─────────────────────────┐     ┊ つ流出抑
│ 現場調査（路床，原地盤の浸透性）│  ┊ 制性能の
└──────────┬──────────────┘     ┊ 見直し）
           ↓                     ┊
┌─────────────────────────┐     ┊
│ 透水性舗装種類の選定      │←────────┐
└──────────┬──────────────┘          │
           ↓                          │
┌─────────────────────────┐          │
│ 舗装としての耐久性の観点からの設計 │          │
│ （疲労破壊輪数を満足する舗装厚の決定）│          │
└──────────┬──────────────┘          │
           ↓                          │
┌─────────────────────────┐          │
│ 舗装構造の仮決定          │          │
└──────────┬──────────────┘          │
           ↓                          │
   ┌─────────────────────────┐       │
雨 │ 水収支計算による単位面積あたりの流出水量の算定 │       │
水 └──────────┬──────────────┘       │
流            ↓                       │
出 ┌─────────────────────────┐       │
抑 │ 合理式による透水性舗装設置区間の │       │
制 │ 流出ハイドログラフの作成と最大流出雨水量の算定 │       │
性 └──────────┬──────────────┘       │
能            ↓                       │
の       ╱設定した流出抑制性能を満足╲ NO  対策
評      ╱   しているか？            ╲────┘
価      ╲                          ╱
         ╲_____╱
                  │ YES
                  ↓
            ╱コスト面等から見て╲  NO  対策
           ╱ より最適な構造か？ ╲─────┐
           ╲                  ╱
            ╲_____╱
                  │ YES
                  ↓
         ┌──────────────┐
         │ 舗装構造の決定 │
         └──────────────┘
```

図－7.3.17　ポーラスアスファルト混合物を用いた透水性舗装の設計手順
（雨水流出抑制対策）

この舗装は，これまで舗装計画交通量が比較的少ない道路に適用されてきたが，今後は，都市型洪水のピーク流量の低減や地下水の涵養など，環境対策を重視する重交通路線への採用が考えられる。

舗装計画交通量が多い路線への適用では，雨水を路床まで浸透させることから，交通の繰返し荷重による構造的耐久性と路床，路盤の含水量変化に伴う支持力変動の検討などが必要である。

以下に図－7.3.16に示した構造設計手順を説明する。

1) 舗装断面の仮設定

舗装断面を，設計CBRと舗装計画交通量から求められたT_Aを満たすように仮設定する。

① 表層および基層用の開粒度アスファルト混合物には，耐久性確保のためポリマー改質アスファルトなどを用いるとよい。

② 表層および基層に使用する開粒度アスファルト混合物の等値換算係数は1.0とする。

③ 路盤は，透水性の高い透水性瀝青安定処理路盤材料またはクラッシャラン等を用いる。一般には透水性が劣るため粒度調整砕石を使用しない。

④ 構築路床または路床（原地盤）の上に一般にフィルター層を10～15cm設ける。フィルター層は構造設計の計算に含めない。

2) 舗装および路床の透水性の設定

舗装各層および路床の透水係数の設定は，実測にもとづいて行う。なお，参考として表－7.3.2に透水係数の測定例を示す。

3) 表面の溢流量の算定と舗装断面の再検討

設計において対象とする降雨を舗装表面から溢流させない舗装厚を，式（7.3.1）により算定し，必要であれば舗装断面を再検討する。

$$H = (0.1I - 3600q)\frac{100t}{60V} \qquad (7.3.1)$$

H：舗装厚（cm）

V：舗装の平均空隙率（％）（舗装厚を考慮した加重平均）

表－7.3.2　透水係数の測定例

材　　料	透水係数（cm/s）	備　考
ポーラスアスファルト混合物(13)	1×10^{-2}　以上	空隙率15%以上
開粒度アスファルト混合物(13)	1×10^{-2}　以上	空隙率12%以上
透水性瀝青安定処理路盤材料	1×10^{-2}　以上	空隙率12%以上
クラッシャラン	3×10^{-3}　〜　4×10^{-2}	骨材間隙率6〜18%
粒度調整砕石	2×10^{-6}　〜　6×10^{-4}	骨材間隙率3〜15%
れき	1×10^{-1}以上	
砂	1×10^{-1}　〜　1×10^{-3}	
砂質土	1×10^{-3}　〜　1×10^{-5}	
粘質土	1×10^{-5}　〜　1×10^{-7}	
粘土	1×10^{-7}　以下	

q：路床の平均浸透速度（cm/s）（加重平均）

I：降雨強度（mm/h）（河川および下水などの設計で用いられている降雨強度を目安として一般に用いる）

t：降雨継続時間（min）

4) 排水施設の設計

① 排水処理

舗装断面の検討に併せて浸透性集水ます，浸透式トレンチ，浸透井等の施設を必要に応じて設けるなど，総合的に検討する。

② 縦横断勾配

路面の横断勾配は1.5〜2.0%を標準とする。縦断勾配は施工限界等から8%程度以下とする。また，縦断勾配が変化する箇所では，溢水が起きることが予想されるため，舗装厚を厚くする，あるいは暗渠を設ける等の検討が必要である。

③ その他

透水性舗装は，土砂等の空隙づまりにより透水性が著しく低下するので，舗装周辺部からの土砂等の流入を極力少なくするように処置することが重要である。

7-3-8 瀝青路面処理

　瀝青路面処理は，在来砂利層を路盤または路盤の一部として有効利用することを基本とし，その上に厚さ3cm以下の表層を設ける構造とするものである。瀝青路面処理の構成と各層の名称は，図-7.3.18に示すとおりである。

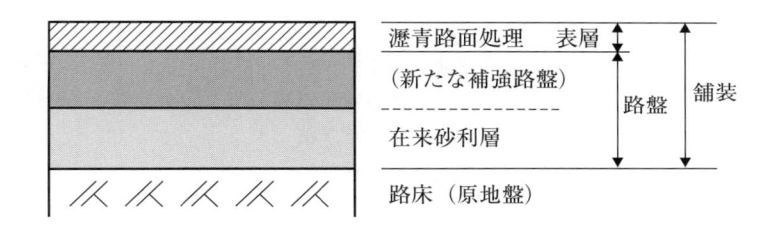

図-7.3.18　瀝青路面処理の構造例

　構造設計は，一般に施工箇所の路面状態，在来砂利層の厚さ，路床土の特性を実際に観測評価し，かつその箇所の1日2方向当たりの大型車交通量を考慮して行う。

　瀝青路面処理は，在来砂利層だけでは支持力が不足するので，在来砂利層上に新しく補強路盤を設けることが多い。

　補強路盤には，比較的安価な現地材料を有効に利用することを原則とし，主として切込み砕石，粒度調整砕石，路上混合式の瀝青安定処理，セメント・瀝青安定処理，セメント安定処理および石灰安定処理材料などが用いられる。

　表層には，浸透式工法，常温混合式工法および加熱混合式工法などが用いられる。

　各層の構成は，経済性，材料の調達，施工性などを検討して決める。

　在来砂利層の上に補足材を加えて路盤とし，表層を設ける場合の各層の標準的な厚さを表-7.3.3に，設計例を図-7.3.19に示す。

表－7.3.3　瀝青路面処理における各層の工法と厚さの例

層区分	工法名	標準的な厚さ
表層	浸透式工法	2 cm
	常温混合式工法	3 cm
	加熱混合式工法	3 cm
補強路盤	切込み砕石工法	3～10 cm
	粒度調整砕石工法	3～10 cm
	路上混合式瀝青安定処理工法	5～8 cm
	路上混合式セメント・瀝青安定処理工法	8～10 cm
	路上混合式セメント安定処理工法	12 cm
	路上混合式石灰安定処理工法	10～12 cm

〔注〕表層は,耐摩耗性や施工性を考慮し,4cm厚で施工している例がある。

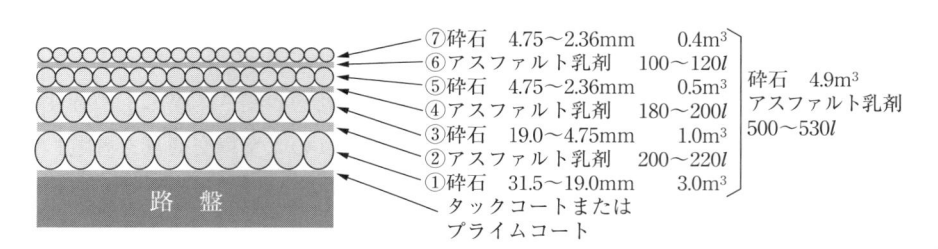

⑦砕石　4.75～2.36mm　0.4m³
⑥アスファルト乳剤　100～120l
⑤砕石　4.75～2.36mm　0.5m³
④アスファルト乳剤　180～200l
③砕石　19.0～4.75mm　1.0m³
②アスファルト乳剤　200～220l
①砕石　31.5～19.0mm　3.0m³
タックコートまたはプライムコート

砕石　4.9m³
アスファルト乳剤　500～530l

図－7.3.19　浸透式工法による瀝青路面処理の設計例（仕上げ厚3 cm, 4層, 100m² 当たり）

7-3-9　歩道および自転車道等の舗装

（1）構造設計の基本的事項

　設計は，設定された性能指標の値を満足するように行うほか，バリアフリーの検討も併せて実施する。

　歩道および自転車道等の舗装は，車が乗り入れる箇所等を除いて，人や自転車が通る程度の荷重，あるいは最大積載量が39kN程度以下の管理用車両しか通行しない。したがって舗装の構造は，力学的根拠にもとづき決定するのではなく，経験および施工性で決められた構造とすることが多い。

　また，車両乗入れ部や緊急車両の通行のある箇所は，構造的には車道舗装の場

合に準じて設計するが，設計荷重は一般に想定される最大荷重とする。構造設計を行う場合の設計方法については，本便覧の「第5章　アスファルト舗装の構造設計」や「第6章　コンクリート舗装の構造設計」を参考にするとよい。

なお，設計時には，車椅子等に配慮して，車道との取付けによる段差や勾配，電柱，標識柱などの位置が障害とならないように，車道と同時に設計することを心がける。

(2) 設計のための調査項目

舗装を設計するためには，道路の状況等について調査項目を具体的に設定し，必要に応じて実測する。設計に当たっては，事前の十分な調査により必要な条件を把握し，反映させることが肝要である。設計条件には，交通条件，基盤条件，材料条件，環境条件，沿道条件，道路条件，工事条件などがあり，それぞれの条件に関する調査を行う。

1) 交通条件

歩行者等の通行量と通行目的，歩行者の形態，現地の状況として沿道開発状況，地下の占用物等を調査する。

2) 基盤条件

路床が舗装の施工に影響を及ぼさない支持力を持っているか，あるいは管理用車両が走行する箇所や車両乗入れ部では，車両荷重に対する支持力を確保できるかなどを確認することが必要である。管理車両の走行する箇所や車両乗入れ部の路床の調査方法は，車道舗装の場合を参考にする。また，路床内の占用物の有無，埋設深さは，舗装構造に影響を与えるため，確認が必要となる。

3) 材料条件

舗装の材料には，**表－7.3.4**に示すように舗装構成や表層の種類により種々の材料がある。表層に使用する材料の選定は，利用者の人数や高齢者，障害者等の歩行者の構成，アメニティ，周辺環境との調和等を考慮して行う。

4) 環境条件

環境条件としては気温，降雨量，降雪量があげられる。気温は凍結深さを算定する条件となり，降雨量と降雪量は，すべり抵抗性等を考慮した材料の

選定条件および凍結対策等の設計条件となる。
5) 沿道条件
沿道の環境や景観への配慮，工事による影響等を必要に応じて調査する。
6) 道路条件
すべり抵抗性等に対応した材料や構造を選定するために，一般部，橋梁部，公園内通路，広場，坂路等の道路条件を調査する。
7) 工事条件
歩行者や車両に対する通行の規制の有無・程度，作業スペースの広さ等によって，施工時間や適用できる構造・工法に影響を及ぼすため，工事に係わる調査を行う。

(3) 舗装構成

歩道および自転車道等の舗装構造は，車道のように疲労破壊輪数に着目して決定するものではなく，作業機械や資材運搬車のトラフィカビリティを勘案し，対象箇所で要求される表層材料を選定し，その表層材料に応じて舗装構成を決定するのが一般的である。

舗装構成は，その適用箇所に応じて一般部と橋梁部および地下道などの特定箇所に分けて設計する。

1) 一般部の舗装構成

一般部の舗装構成は，図－7.3.20に示すように表層の種類により異なるので，それぞれの舗装構成に応じて設計する。

一般部の標準的な舗装構成は，路盤，(基層) および表層からなり，路床上に構築される。

路盤は，路床の状況を考慮し，一般に厚さ10～15cmの粒状材料を用いる。その上に設ける表層は，路面に求められる性能に応じた材料を用いる。

なお，透水性舗装を採用する場合，雨水は，アスファルト舗装における剥離による破損，路盤の支持力の低下および冬期の凍上の原因となる場合があるので，剥離対策，凍上抑制対策等の措置とともに，排水施設を併せて設計する必要がある。

以下に，一般的な各層の設計上の留意点を示す。

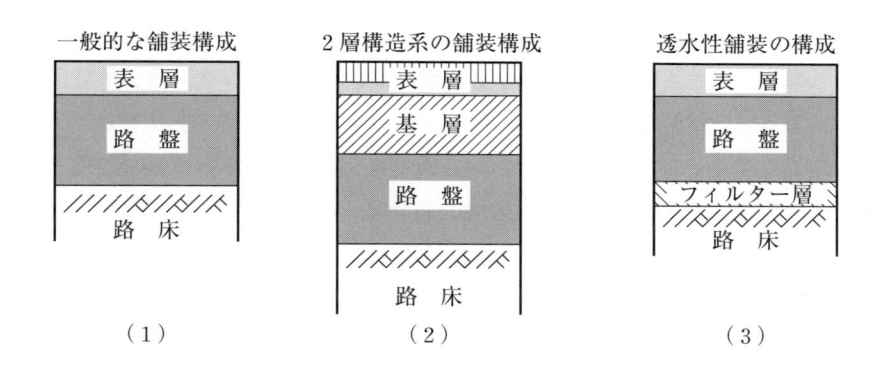

図―7.3.20　一般部の舗装構成例

① 路床

　路床は，適度な支持力をもち，水が浸入しても軟弱化しにくいことが要求される。路床が軟弱な場合には，良質な材料での置換え工法等により，路床を構築する必要がある。

　寒冷地域で凍上が想定される場合は，路床の一部に所要厚の凍上抑制層を設ける。

② 路盤

　路盤は，荷重を分散させて路床に伝えると同時に，表層の施工基盤としての役割を持つため，耐久性のある材料を適度に締め固めて，支持力を得る必要がある。路盤材料には一般に粒状材料を用い，路盤の厚さは10cm程度とする。なお，39kN程度の管理用車両や荷重の限定された一般車両が走行する箇所では，路盤の厚さを15cm程度とする。

③ 表層

　表層は，路面の性能を満足することが要求される。さらに，ハイヒールやベンチ等集中荷重を受ける箇所や人の往来の激しいところでの摩耗などにも配慮し，使用材料の検討を行う。

　なお，表層に用いる新しく開発された材料は，要求性能に適合した品質であることを確認したうえで，積極的に導入を検討する。

2) 橋梁部の舗装

橋梁部の舗装には，アスファルト混合物，各種ブロック，樹脂系結合材料による表層材料などが用いられる。また，歩道橋やペデストリアンデッキの舗装では，アスファルト混合物，各種ブロック，景観を考慮した各種着色舗装材料などが用いられる。歩道橋の場合は，弾力性やすべり止め機能を付加させる目的で，アクリル樹脂，ウレタン樹脂，エポキシ樹脂等の樹脂系結合材料を使って，直接，鋼床版の上に薄層で施工することもある。

なお，橋梁部の舗装に当たっては，床版保護のため，防水性を確保することが重要である。水の浸入が予想される場合には，保護対策として，防水層の設置等，必要な措置をとる。コンクリート床版における防水層については「道路橋鉄筋コンクリート床版防水層設計・施工資料」を参照する。鋼床版の場合は，防水層を兼ねてグースアスファルト舗装を行うことが多い。

3) 地下道の舗装

地下道の舗装等，特定の目的や場所に用いる舗装については，構造や表層材料の選定だけでなく，排水構造や視認性等を含めて検討する。

4) トンネル内の舗装

コンクリート舗装の場合，トンネル内は表面が乾燥状態となり，目地部でそり上がることが多いため，収縮目地は，2.5m程度の間隔に設置し，打ち込み目地またはカッタ目地とする。

(4) 舗装の種類と材料

舗装の種類および材料は，要求される性能に見合ったものを選定する。**表－7.3.4**は，歩道および自転車道等に用いられる舗装の一般的な分類であるが，この表に示すもの以外にも多くの種類が開発・実用化されている。

特に歩道および自転車道等の舗装は，地域特性やアメニティ等からの要請が多いことから，従来の技術にとらわれることなく，新しい技術を積極的に導入することが肝要である。各舗装の概要を下記に示す。

表—7.3.4　歩道および自転車道等の舗装の種類と主な表層材料

舗装工法	表層の種類	表層の主な使用材料
アスファルト系混合物	加熱アスファルト舗装	アスファルト混合物（密粒,細粒）
	着色加熱アスファルト舗装	ストレートアスファルト,顔料,着色骨材
	半たわみ性舗装	顔料,浸透用セメントミルク
	透水性舗装	（着色）開粒度アスファルト混合物
	保水性舗装	保水材
	遮熱性舗装	遮熱性材料
樹脂系混合物	着色加熱アスファルト舗装	石油樹脂，着色骨材，顔料
	合成樹脂混合物舗装	エポキシ等の樹脂，自然石，球状セラミックス
コンクリート系	コンクリート舗装	コンクリート，透水性コンクリート
ブロック系	コンクリート平板舗装	（着色）コンクリート平板
	インターロッキングブロック舗装	インターロッキングブロック
	アスファルトブロック舗装	アスファルトブロック
	レンガ舗装	レンガ，レンガブロック，ゴムレンガ
	天然石舗装	天然石ブロック
二層構造系	タイル舗装	石質タイル，磁器質タイル
	天然石舗装	小舗石，鉄平石，大谷石
その他	常温塗布式舗装	エポキシ塗材，アクリル塗材
	土系舗装	結合材料，クレー，ダスト，山砂
	木質系舗装	木塊ブロック，ウッドチップ，エポキシ等樹脂
	型枠式カラー舗装	コンクリート，顔料，アクリル樹脂，天然骨材
	弾力性舗装	ゴム，樹脂
	スラリーシール舗装	（着色）スラリーシール混合物

1) アスファルト系混合物による舗装
① 一般的な舗装

　　路床の上に粒状材料を使った厚さ10cm程度の路盤を設け，その上に加熱アスファルト混合物による厚さ3〜4cmの表層を設ける。なお，39kN程度

の管理用車両や荷重の限定された一般車両が走行する箇所では，路盤の厚さを15cm程度とする。これら乗入れ部における路盤の厚さ15cmは，他の舗装工法においても同様な設計とする。図－7.3.21に一般的なアスファルト混合物による舗装の構造例を示す。

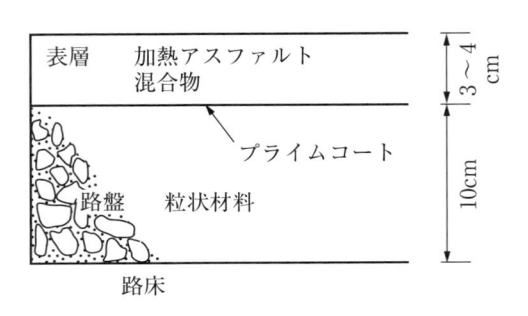

図－7.3.21 一般的なアスファルト混合物による舗装の構造例

なお，比較的交通量の少ない路線における歩道で，歩車道の区別がなく車道部と一体となった施工ができる場合や，路床の設計CBRが大きい場合などには，歩道の舗装構造を車道部と同様にすることが可能である。

たとえば，車道部の舗装構成を表層4cm，下層路盤12cm（等値換算厚7cm：交通量区分N_1，設計CBR12，信頼度50％）とした場合，その歩道乗入れ部の下層路盤厚を，標準の15cmではなく，車道部と同じ12cmにすることである。

② 透水性舗装

透水性舗装は，
ⅰ) 街路樹の保護育成
ⅱ) すべり抵抗性の維持と歩行性および走行性の確保
ⅲ) 雨水を地中に還元あるいは一時貯留でき，雨水流出量の低減が可能であること
ⅳ) 排水施設への負荷軽減

等の利点から，都市内では歩道を透水性舗装とする場合が多い。

この舗装は，一般に開粒度アスファルト混合物を使用した表層が3〜4cm，クラッシャランを使用した路盤が10cm程度である。路盤面のプライムコートは透水性を低下させるので設けない。また，路床土が路盤に侵入するのを防止するために，粘土分やシルト分の少ない砂等をフィルター層として，厚さ5〜10cm程度設ける場合が多い。

なお，予想される強い降雨に対して，歩道においても舗装内への貯留，路床への浸透排水を考慮して構造設計する場合は，本便覧の「7－3－7　透水性舗装」に準じるとよい。透水性舗装の構造例を図－7.3.22に示す。

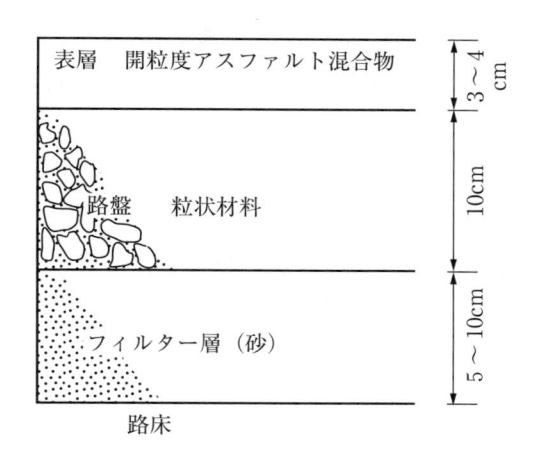

図－7.3.22　透水性舗装の構造例

2) 樹脂系混合物による舗装

樹脂系混合物を用いた舗装には，樹脂系結合材料と顔料等により着色した混合物を表層に用い，景観に配慮した着色舗装として適用することが多い。また，橋梁部においては，アクリル樹脂やウレタン樹脂，エポキシ樹脂などを用いた混合物を鋼床版上に直接施すこともある。樹脂系舗装の構成例を図－7.3.23に示す。

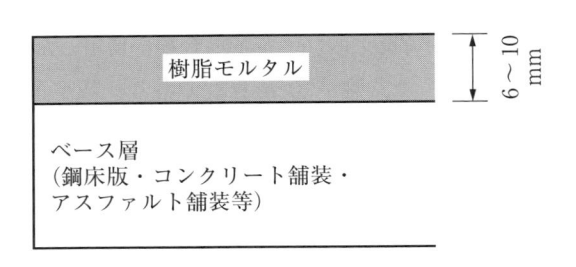

```
┌─────────────────────────────────┐ ↑
│         樹脂モルタル              │ │ 6～10
├─────────────────────────────────┤ ↓ mm
│ ベース層                          │
│ (鋼床版・コンクリート舗装・        │
│  アスファルト舗装等)              │
└─────────────────────────────────┘
```

図－7.3.23　樹脂系舗装の構成例

3) コンクリート系の舗装

コンクリート版を用いた舗装では，一般に版厚を7cm程度（管理用車両や荷重の限定された一般車両が通行する場合には10cm程度）とし，路盤上にはアスファルト乳剤を散布するか，路盤紙を敷く。収縮目地は，幅員が1m未満の場合は3m間隔，1m以上の場合は5m間隔を標準とし，打込み目地またはカッタ目地を設ける。

膨張目地は，幅員の変化点，切り下げ部に設け，コンクリート版の全断面に目地板を用いた突合せ目地構造とする。図－7.3.24にコンクリート舗装の構造例を示す。

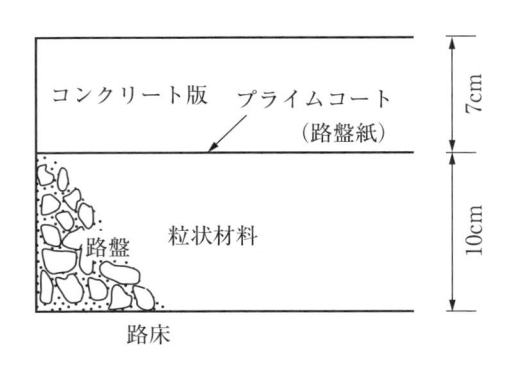

図－7.3.24　コンクリート舗装の構造例

4) ブロック系の舗装
① コンクリート平板舗装

　コンクリート平板舗装は，路盤の上に敷砂（空練りモルタルとする場合もある）層を設け，その上にコンクリート平板を設けて表層とするものである。本舗装は，耐油性，明色性，簡易な舗装構造および補修の容易性などがあり，占用企業者による掘り返しがある場合にも適している。

　コンクリート平板には，着色コンクリート平板，洗い出しコンクリート平板，擬石コンクリート平板等があり，色彩やテクスチャーが選択できる。

図－7.3.25にコンクリート平板による舗装の構造例を示す。

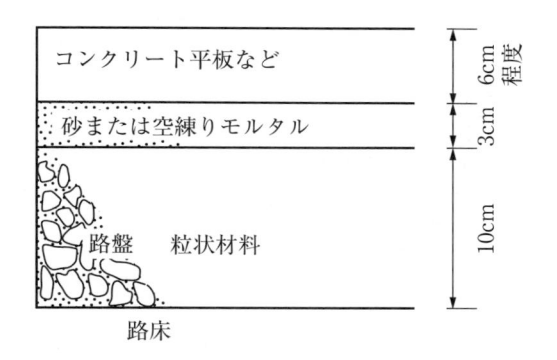

図－7.3.25 コンクリート平板による舗装の構造例

② インターロッキングブロックによる舗装

　インターロッキングブロック舗装は，路盤の上に敷砂層を設け，その上にインターロッキングブロックを設けて表層とするものである。ブロックの目地部にはブロック相互のかみ合わせを良好にするために目地砂を用いる。

　インターロッキングブロックには多種多様な形状，寸法，色調のものがあり，組み合わせで多くのパターンをつくれる材料である。対象とする空間に適合した舗装面をブロックの組み合わせで，景観や周辺環境と調和の取れた舗装として構築できる可能性がある。

　路盤材料は，最大粒径40mm以下のクラッシャランを用い，通常，厚さ

10cmとしている。敷砂層は，路盤および舗装面の凹凸の整正と，ブロックを安定させるために用い，厚さ3cmを標準としている。敷砂層用の砂には，シルト，粘土分の少ない粗砂または砕砂を用いる。

インターロッキングブロックの厚さは，歩道，自転車道，広場等では6cm，車両を乗り入れる場合は8cmが使用されている。この他には，視覚障害者誘導用，植生用の特殊機能ブロック等がある。

図－7.3.26にインターロッキングブロックによる舗装の構造例を示す。

```
┌─────────────────────┐ ↕ 6cm
│ インターロッキングブロック │
├─────────────────────┤ ↕ 3cm
│    敷砂層            │
├─────────────────────┤
│                     │
│   路盤　粒状材料      │ ↕ 10cm
│                     │
└─────────────────────┘
         路床
```

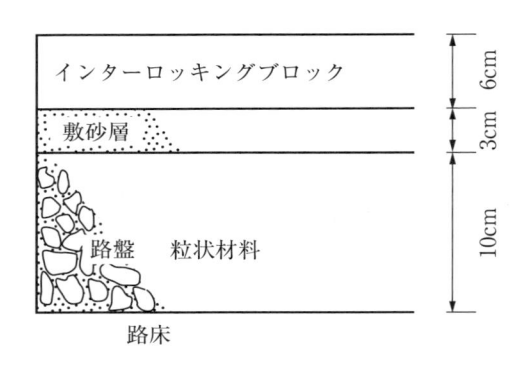

図－7.3.26 インターロッキングブロックによる舗装の構造例

5) 2層構造系の舗装

この舗装は，基層にコンクリート版やアスファルト混合物層を設け，その上にタイル，天然石等をモルタルで貼り付けるものである。基層にコンクリート版を使用する場合には，舗装のたわみや温度による膨張収縮の動きが直接タイルなどに伝わることから，目地の位置を合せ，弾力性のあるシール材を注入しておく。

図－7.3.27に2層構造系舗装の構造例を示す。

6) その他の舗装

前述の舗装以外にも要求される機能に応じて次のような多くの舗装がある。

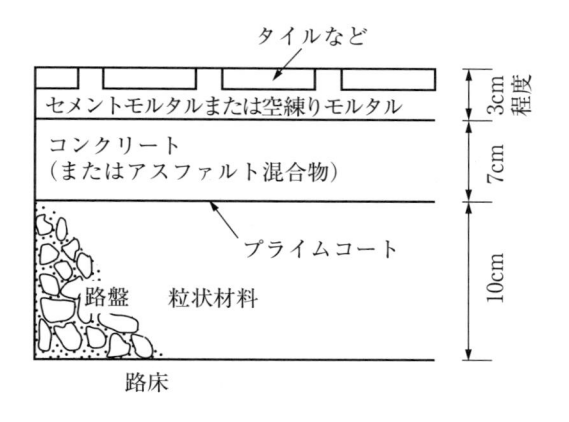

図-7.3.27 2層構造系舗装の構造例

① 常温塗布式舗装

　樹脂系結合材料を用いた常温混合物による着色舗装は，加熱アスファルト混合物またはセメントコンクリート版による舗装上に，厚さ0.5～1.0cm程度で施工するものである。樹脂系結合材料として，エポキシ樹脂やアクリル樹脂等が用いられ，着色が比較的自由に行える。また，硅砂の混入や表層材が固まる前に骨材を散布することによって表面の粗さやきめを得ることができる。

② 土系舗装

　土系舗装は，主に天然材料による層で構成された舗装である。

　表層には，まさ土などさまざまな材料が使用され，その厚さは約5～10cmの場合が多い。

③ 木質系舗装

　木質系舗装には，木塊舗装，ウッドチップ舗装などがある。

　木塊舗装は，防食処理した木塊を基層のアスファルト混合物層の上にセメントモルタルで固定し，アスファルト系の目地シール材で充填を行う工法である。木塊の固定には，アスファルト系の接着剤も用いられる。含水比により膨張収縮が大きく，目地幅は10mm程度としている。図-7.3.28に木

塊舗装の構造例を示す。

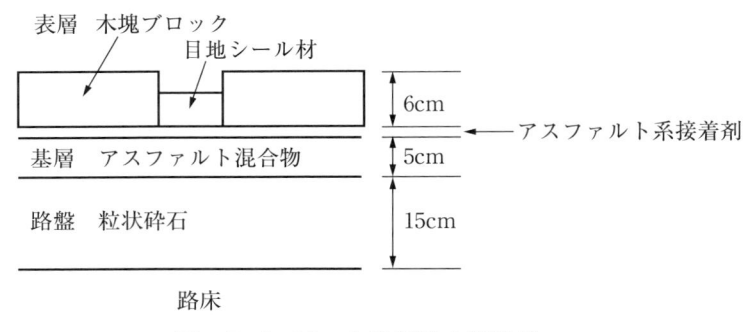

図— 7.3.28　木塊舗装の構造例

　ウッドチップ舗装は，ウッドチップまたはウッドチップを幅1～3cm程度に破砕したウッドファイバーと樹脂などからなる混合物を表層に用いて固めた舗装である。バインダとしては，ウレタン，エポキシ等の樹脂やアスファルト乳剤などが使用され，木材チップには間伐材，剪定枝，被害木，廃木材を利用したものなどがある。舗装厚は5cm程度の場合が多い。

④　型枠式カラー舗装

　型枠式カラー舗装には，型枠式タイル舗装と型押しコンクリート舗装などがある。

　型枠式タイル舗装は，路面に厚さ2mm程度の型枠を貼り付け，型枠内に常温のカラー材料（アクリル樹脂など）を塗り込み，硬化後に型枠を撤去すると，見た目にはタイル状の模様がつけられる現場打ちの工法である。

　型押しコンクリート舗装は，コンクリートの表面仕上げとして，型枠を押し付けて模様をつける現場打ちの工法である。

第8章　データの収集と設計への反映

　舗装の性能の低下は，同じ舗装路面や構造であっても，交通の状況，気象の状況，さらには沿道の状況等により異なる。そのため，道路管理者が個々の舗装のデータを蓄積し，将来の性能の推移を予測するとともに，それらを設計方法にフィードバックすることが重要である。

　そのためには，本便覧の「第3章」で設定した交通条件や環境条件，材料条件等の設計条件や，「第4章～第7章」で設計された舗装厚や性能指標の値をデータベースに収集し，蓄積する。また，大型車交通量や車両重量などの交通条件データ，気温や降水量等の環境条件データ，ひび割れ，わだち掘れ，平たん性等の供用性データ，必要に応じてすべり抵抗値，浸透水量，路面騒音値等の供用性データも計画的に収集し，蓄積することが重要である。表－8.1.1には，一般的な蓄積すべきデータの例を示す。

　蓄積の手段としては，台帳に記録する方法からコンピュータ上のデータベースに記録する方法まである。特に，後者の方法は書類の削減，検索の簡便性，情報の共有化および情報更新，提供の容易性など有効な面が多い。類似の条件下にある舗装であれば，蓄積したデータを参考とすることも可能である。

　将来の路面設計方法と構造設計方法の高度化に向けては，材料のばらつきや現場の状態等の把握，舗装温度や舗装や路床に生じる応力やひずみ等の計測・検証を行うことが必要である。これらデータによって，現場データで検証された，より信頼性の高い合理的な設計方法を確立することができる。また，いずれの場合であっても，道路管理者が定期的かつ継続的に調査することが大切である。

　なお，設計期間，舗装計画交通量，舗装の性能指標および性能指標の値を設定するために必要な調査項目については，本便覧の「3－2　目標の設定」を参照するとよい。

表-8.1.1 蓄積すべきデータの例

(1) 初期データ

区　分	項　目	備　考
路線属性	路線番号，キロポスト，管理事務所・出張所等	
道路構造	車線数，幅員，構造物（橋梁，トンネル）の有無等	
沿道条件	一般／雪寒の区分，沿道状況の区分 （DID [注1]／市街地／平地／山地）	
交通条件	総交通量，舗装計画交通量，走行速度，渋滞状況等	道路交通センサス等を活用
	疲労破壊輪数	第3章
設計方法	設計方法（T_A法，理論的設計方法等）	第5章～第7章
材料条件	路床（土質分類，設計CBR，弾性係数等） 路盤（修正CBR，K値，弾性係数等） 表・基層（弾性係数等）	第3章
路面設計の結果	塑性変形輪数等	第4章
構造設計の結果	材料，舗装厚，T_A等	第5章～第7章

(2) 供用性データ

区　分	項　目	備　考
交通条件	大型車交通量，車両重量等	
気象条件	気温，降水量等	アメダスの利用 [注2]
供用性データ	ひび割れ，ポットホール，段差等，わだち掘れ，平たん性，IRI等	
	（必要に応じて） すべり抵抗値，浸透水量，騒音値，たわみ量	

〔注1〕人口集中地区（Densely Inhabited District）
〔注2〕アメダスデータは気象庁のホームページで入手可能(http://www.jma.go.jp)

付　　録

- **付録－1**　舗装の信頼性設計
- **付録－2**　小型道路の舗装の構造設計に関する解説
- **付録－3**　n年確率凍結指数の推定方法
- **付録－4**　多層弾性理論にもとづく舗装構造解析プログラム
- **付録－5**　参考資料：アスファルト舗装の理論的設計方法における暫定破壊規準
- **付録－6**　用語の説明

付録-1　舗装の信頼性設計

1　信頼性設計の概念

　平成14年10月,国土交通省「土木・建築にかかる設計の基本」において,『設計に係わる技術標準に部分係数法のような信頼性を考慮した検証法を適切な形で取り入れることを推奨する』とした土木・建築分野での設計の方向性が示され,舗装の設計においても信頼性設計の導入が求められた。

　舗装が設定された設計期間を通して破壊しない確からしさを設計された舗装の信頼性といい,その場合の破壊しない確率を信頼度という。ここでいう破壊とは,舗装の性能指標の値が設計で設定された値を下回ることを指しており,信頼性の考え方は構造設計における構造的破壊(主に疲労破壊)だけでなく路面設計における機能的破壊(わだち掘れ量の増大,平たん性の低下等)にも適用できる。たとえば,90％の信頼度とは,破壊を起こすまでの期間が設計期間を上回るものが全体の90％ということである。実際の交通量が予測された交通量を上回る場合,地象や気象の条件が想定したものより厳しい場合あるいは材料や施工の変動が大きい場合等には,この破壊しない確率が下がることがある。設計期間内に破壊しないためには,設計に影響を与える要因の将来予測に伴うリスク等の不確定要素に対応する必要がある。

　この将来予測に伴うリスク等の不確定要素を確率変数で表わし,破壊が起こる状態を性能関数としてモデル化して,性能関数がある値をとる確率を基準とした設計方法を信頼性設計と呼ぶ。破壊確率が計算されると,"1－破壊確率"が信頼度となる。

　舗装の構造設計における設計方法から算定される許容交通量(以下,「許容交通量」という)と実際の交通量を例にとって,信頼性設計法の基礎概念を示すと付図－1.1.1のようになる。図のように,許容交通量も実際の交通量も平均的

な値の周りにばらついて分布している。許容交通量においては，材料品質のばらつき，舗装厚さのばらつき，施工のばらつきなどがこの原因となり，実際の交通量においては交通量の変動が反映される。一般に，許容交通量のほうが実際の交通量より平均的には大きいが，このばらつきのために両者の分布が重なる部分が生じる。実際の交通量が許容交通量を上回る可能性があるのは，この両者が重な

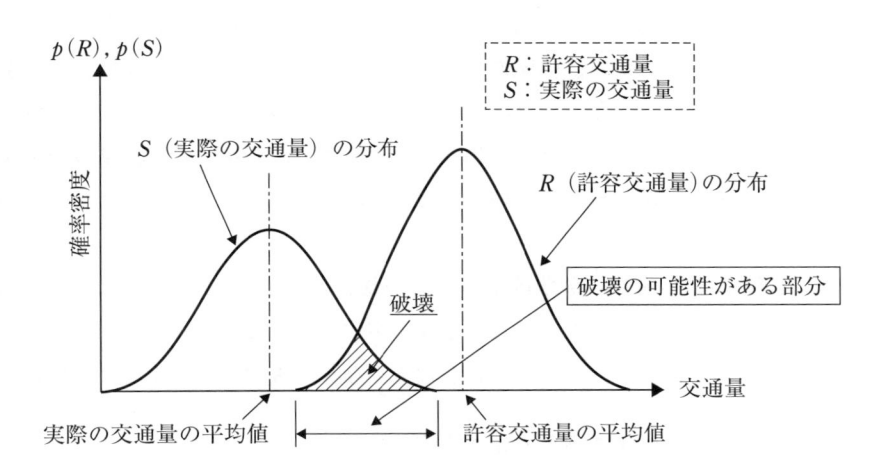

付図－1.1.1　信頼性設計の基礎概念

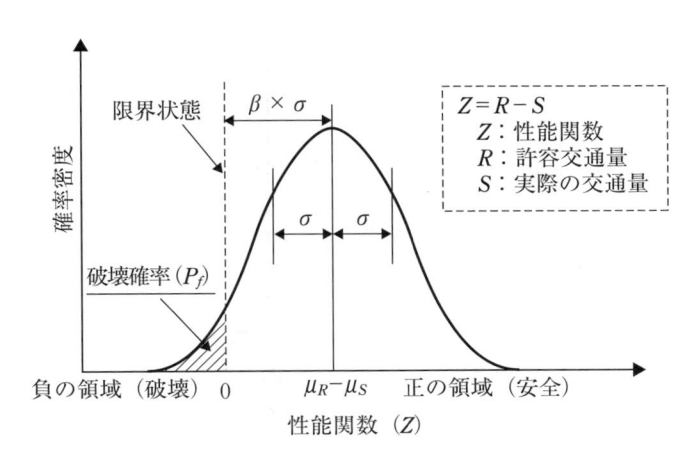

付図－1.1.2　性能関数と破壊確率の概念

った部分であり，この部分の確率が破壊確率となる。

付図－1.1.2は，許容交通量と実際の交通量の差を性能関数として定義し，その分布を表わしたものである。この場合の舗装の破壊は，実際の交通量が許容交通量を上回る場合，すなわちその差が負になる場合と定義することができる。その確率は図の左側の裾野の部分の面積となる。この分布が正規分布であれば，この確率は実際の交通量と許容交通量の平均値と標準偏差から計算できることになる。このようなことから，信頼性設計においては，設計された舗装の信頼度を計算するために，設計に用いられる変数の分布に関する情報（平均値や標準偏差など）が必要になる。たとえば，信頼度を大きくとりたい場合には，ばらつきが小さく強度が大きい舗装材料を用いるなど，破壊確率を小さくするような配慮が必要ということである。

次に，舗装の経年劣化と破壊確率の関係の概念を**付図－1.1.3**に示す。時間の経過や交通荷重の繰返しなどにより舗装が劣化することによって，許容交通量の分布と実際の交通量の分布の重なりが大きくなり，破壊確率が徐々に増加して

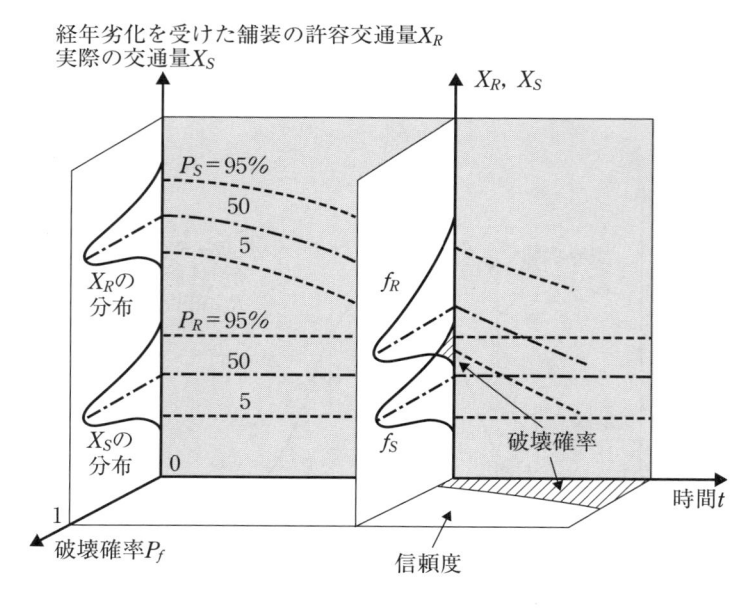

付図－1.1.3　経年劣化と破壊確率の関係の概念

信頼度が低下していくことになる。このことからも，経年劣化にともなう維持修繕を考慮したライフサイクルコストの観点から，最適な設計期間を設定することが大切であることが説明できる。

2 信頼度の計算法

構造設計においては，舗装の構造的な寿命を49kN換算輪数Nで表わし，設計期間内に予想される49kN換算輪数をN_0で表わすと，信頼度Rは付式（1.2.1）のように表わされる。

$$R = \Pr(Z = N - N_0 > 0) \qquad 付式（1.2.1）$$

ここに，Zは性能関数と呼ばれる。NとN_0の結合確率密度関数を$f_{R,S}$とすれば，舗装が破壊する確率（P_f）は付式（1.2.2）のように表わされる。

$$p_f = \int_0^\infty \left[\int_0^N f_{R,S}(N,N_0)\,dN\right] dN_0 \qquad 付式（1.2.2）$$

NとN_0が統計的に独立であれば，

$$p_f = \int_0^\infty \left[\int_0^{N_0} f_R(N)\,dN\right] f_S(N_0)\,dN = \int_0^\infty F_R(N_0) f_S(N_0)\,dN_0 \qquad 付式（1.2.3）$$

ここに，F_RはNの確率分布関数である。信頼度は破壊しない確率であるから，

$$R = 1 - p_f \qquad 付式（1.2.4）$$

さらに，NとN_0が正規分布に従うとすると，$Z = N - N_0$もまた正規分布に従う。NとN_0の平均および標準偏差をそれぞれ，$\mu_N, \mu_{N0}, \sigma_N, \sigma_{N0}$とすれば，$Z$は平均値，$\mu_N - \mu_{N0}$，標準偏差$\sqrt{\sigma_N^2 + \sigma_{N0}^2}$の正規分布に従う。$Z < 0$となる破壊確率は

$$p_f = F_Z(0) = \Phi\left(\frac{0 - (\mu_N - \mu_{N0})}{\sqrt{\sigma_N^2 + \sigma_{N0}^2}}\right) = \Phi\left(\frac{-(\mu_N - \mu_{N0})}{\sqrt{\sigma_N^2 + \sigma_{N0}^2}}\right) = \Phi(-\beta)$$

$$付式（1.2.5）$$

となり，信頼度は

$$R = 1 - p_f = 1 - \Phi(-\beta) = \Phi(\beta) \qquad 付式（1.2.6）$$

と表せる。したがって，

$$\beta = \frac{(\mu_N - \mu_{N0})}{\sqrt{\sigma_N^2 + \sigma_{N0}^2}} = \frac{\mu_Z}{\sigma_Z} \qquad \text{付式（1.2.7）}$$

の値を計算すれば，R の値が求まる。β を信頼性指標といい，Z が正規分布であれば信頼度と直結する指標となる。

次に，$Z=N/N_0$ としてみる。この場合，Z は安全係数となる。対数をとると，

$$\log(Z) = \log\left(\frac{N}{N_0}\right) = \log(N) - \log(N_0) \qquad \text{付式（1.2.8）}$$

と表現できる。$\log(N)$ と $\log(N_0)$ が互いに独立な正規分布とすれば，$\log(Z)$ も正規分布となる。信頼度は信頼性指標

$$\beta = \frac{\mu_{\log(Z)}}{\sigma_{\log(Z)}} \qquad \text{付式（1.2.9）}$$

によって

$$R = \Phi(\beta) \qquad \text{付式（1.2.10）}$$

から計算できる。

さて，ここで，信頼度を R と決めたとき，Z の値はどのように表されるだろうか。まず付式（1.2.10）より $\beta = \Phi^{-1}(R)$ として，付式（1.2.9）から $\mu_{\log(Z)} = \beta \cdot \sigma_{\log(Z)}$ となる。

したがって，

$$Z = 10^{\beta \cdot \sigma_{\log(Z)}} \qquad \text{付式（1.2.11）}$$

付式（1.2.11）から，$\log(Z)$ の標準偏差 $\sigma_{\log(Z)}$ がわかれば，信頼度に対応する安全係数（信頼度に応じて用いる係数）Z の平均値が求められる。

AASHTO（American Association of State Highway and Transportation Officials，米国州政府道路交通運輸担当官会議）の道路舗装に関する技術基準である AASHTO Guide for Design of Pavement Structures（1986版）によれば，$\sigma_{\log(Z)}$ は，アスファルト舗装で0.4から0.5，コンクリート舗装で0.3から0.4とされている。その場合のZの値を**付表－1.2.1**に示す。

一方，我が国の構造設計方法においては，設計CBRや設計支持力係数を用いるなど設計上安全側になるような方法がとられてきた。信頼性を考慮した構造設計を行う場合，経験にもとづく設計方法で設計された舗装がどの程度の信頼度を

付表-1.2.1　$\sigma_{\log(Z)}$ と安全係数

信頼度[注]	$\sigma_{\log(Z)}$				
	0.3	0.35	0.4	0.45	0.5
50%（1.0）	1.00	1.00	1.00	1.00	1.00
60%	1.19	1.23	1.26	1.30	1.34
75%（2.0）	1.59	1.72	1.86	2.01	2.17
80%	1.79	1.97	2.17	2.39	2.64
90%（4.0）	2.42	2.81	3.26	3.77	4.37

〔注〕（ ）内は，アスファルト舗装の場合に"信頼度に応じて用いる係数"であり，「舗装の構造に関する技術基準・同解説」に示されている値である。

付表-1.2.2　我が国の舗装の寿命と$\sigma_{\log(Z)}$

アスファルト舗装				コンクリート舗装			
交通量の区分[注]	L	A	B	交通量の区分[注]	L,A	B	C,D
データ数	18	32	43	データ数	520	130	3
平均	20.2	20.5	16.8	平均	22.8	21.2	24.3
標準偏差	7.4	7.1	7.2	標準偏差	6	5.6	8.6
10年以上である確率	0.92	0.93	0.83	20年以上である確率	0.68	0.58	0.69
変動係数	0.37	0.35	0.43	変動係数	0.26	0.26	0.35
log(Z)の標準偏差	0.35	0.34	0.41	log(Z)の標準偏差	0.26	0.26	0.34

〔注〕調査時における従前の交通量区分で表わしている。

有しているかについて，供用実態調査結果を収集し，統計的に処理をすることにより定める必要がある。

付表-1.2.2は，「舗装の構造に関する技術基準・同解説」（以下，「技術基準・同解説」という）に示されている我が国の舗装の寿命の調査結果と寿命の変動係数，log(Z)を併せて整理したものである。

経験にもとづく設計方法で設計されたアスファルト舗装は，**付表-1.2.2**に示す10年以上である確率から信頼度90%を有するものと「技術基準・同解説」では位置づけられた。また，$\sigma_{\log(Z)}$は，0.34から0.41であるが，従前の交通量の区分CおよびD交通のデータ数が少なく，信頼度に応じた係数は，上記の

AASHTOにおいて将来交通量予測の分散を考慮しない場合の0.49を用いて求められている。信頼度に応じた係数は信頼度50％を1とすると，**付表－1.2.1**中の（ ）に示した値となる。

経験にもとづく設計方法で設計されたコンクリート舗装は，アスファルト舗装の場合と同様な検討にもとづき，本便覧では**付表－1.2.2**に示す20年以上である確率から信頼度70％を持つものと仮定した。また，$\sigma_{\log(Z)}$は0.26から0.34である。信頼度に応じた係数は，$\sigma_{\log(Z)}$=0.35と仮定し，信頼度50％，75％および90％に対して，それぞれ0.7，1.1，1.8とした。

3 信頼性設計法のレベル

現実問題として，舗装の性能関数を簡単な数式で表わすのは困難であるため，信頼度を直接求めることは難しい場合が多い。そこで信頼性設計においては，以下のように設計法のレベルを定め，得られる情報に応じて使い分けるようにしている。

◆レベル3：性能関数の分布性状が何らかの形でわかっている場合，その分布から直接信頼度を求め，規定された信頼度（舗装の目標として設定された信頼度）を満足することを確認する。この場合，$f_{R,S}$あるいはf_R, f_Sがわかっているので，付式（1.2.2）あるいは付式（1.2.3）を直接計算し，その値と規定値を比較することになる。（**付図－1.3.1参照**）

◆レベル2：性能関数の分布性状がわかっておらず，信頼度が直接求められない場合，性能関数の分布を正規分布と仮定して平均値と標準偏差より信頼性指標を求め，規定された信頼性指標（舗装の目標として設定された信頼度指標）を上回っていることを確認する。この場合，付式（1.2.7）によってβを計算し，その値と規定値を比較することになる。（**付図－1.3.2参照**）

◆レベル1：ある信頼度を規定し，その信頼度から定まる安全係数を用いて，対象とする性能指標の値と設計で設定された舗装の性能指標の値を比

較して確認する。この場合，付式(1.2.11)を計算して安全係数を定めることになる。「技術基準・同解説」ではこの考え方が示されている。(**付図－1.3.3参照**)

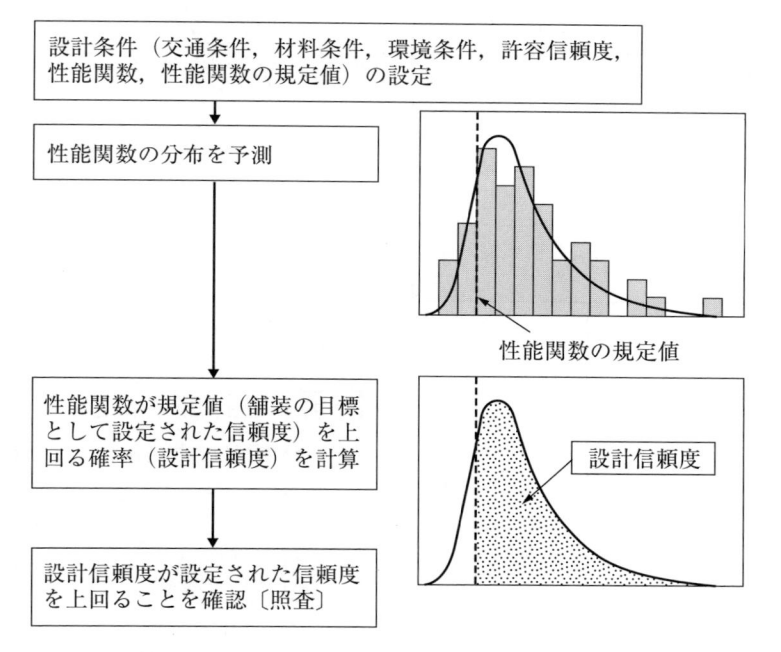

設計条件（交通条件，材料条件，環境条件，許容信頼度，性能関数，性能関数の規定値）の設定

↓

性能関数の分布を予測

性能関数の規定値

↓

性能関数が規定値（舗装の目標として設定された信頼度）を上回る確率（設計信頼度）を計算

設計信頼度

↓

設計信頼度が設定された信頼度を上回ることを確認〔照査〕

付図－1.3.1　信頼性設計・レベル3の流れ

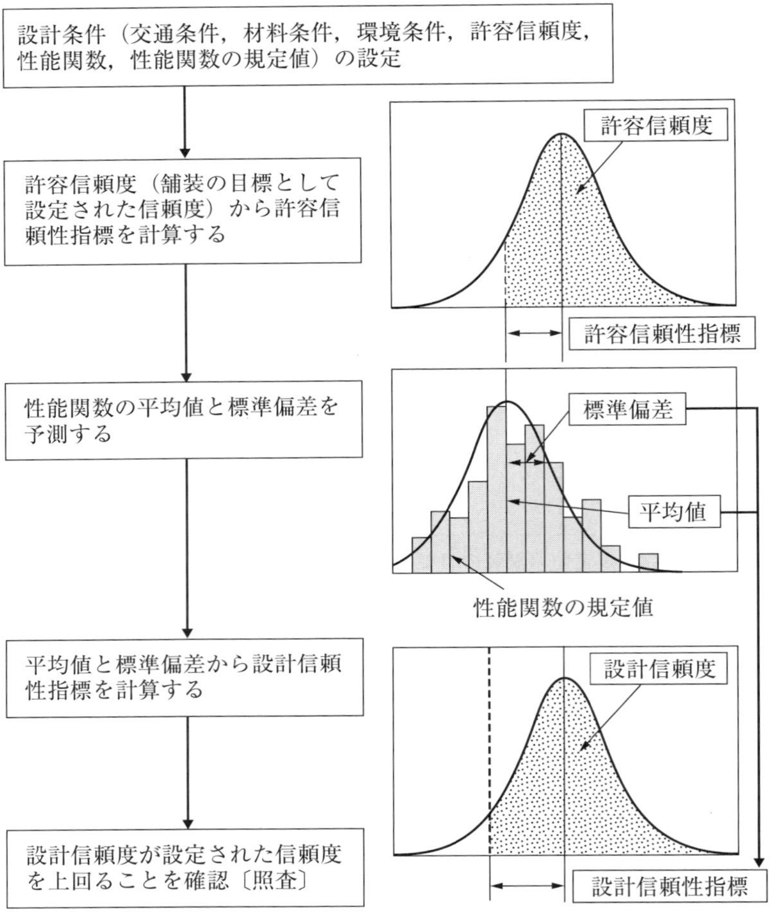

付図-1.3.2 信頼性設計・レベル2の流れ

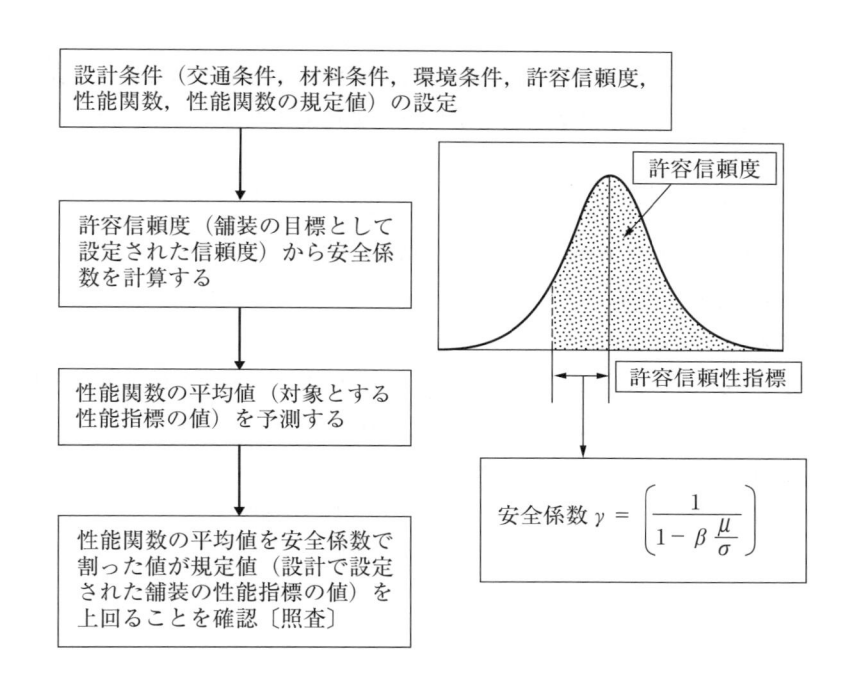

```
設計条件（交通条件，材料条件，環境条件，許容信頼度，
性能関数，性能関数の規定値）の設定
              ↓
許容信頼度（舗装の目標として
設定された信頼度）から安全係
数を計算する
              ↓
性能関数の平均値（対象とする
性能指標の値）を予測する
              ↓
性能関数の平均値を安全係数で
割った値が規定値（設計で設定
された舗装の性能指標の値）を
上回ることを確認〔照査〕
```

安全係数 $\gamma = \left(\dfrac{1}{1 - \beta \dfrac{\mu}{\sigma}} \right)$

付図－1.3.3　信頼性設計・レベル1の流れ

4　信頼性設計法による舗装の設計例

信頼性設計法による舗装の設計について，レベル3からレベル1の設計の流れを以下に示す。

4－1　舗装の性能指標の値を規定した場合

舗装の性能指標の値を規定し，それを満足する舗装寿命（舗装の性能指標の値を満足できなくなるまでの交通量で表わす）を照査する。

4－1－1　路面設計

たとえば，設計で設定された交通量N_0において路面の平たん性LがL_aを上回

らないという使用限界状態を設定する。その場合の信頼度は90%とし，性能関数を$Z=N/N_0$とする。Nは平たん性LがLaとなる路面の寿命である。

レベル3の設計の流れ：

(1) Zの分布を予測する。

(2) $Z > 1.0$ となる確率 $Pr = Pr(Z > 1.0)$ を計算する。

(3) Pr>90を照査する。

レベル2の設計の流れ：

(1) $Z' = \log(Z) = \log(La) - \log(L)$ とし，Z'の平均Z_Aと標準偏差Z_Sを予測する。この場合，Z'は正規分布と仮定する。

(2) 信頼性指標 $\beta_{Z'} = Z_A/Z_S$ を計算する。

(3) 信頼度90%に対応する β_{90} を計算する。$\beta_{90}=1.282$

(4) $\beta_{90} < \beta_{Z'}$ を照査する。

レベル1の設計の流れ：

(1) Zを予測する。

(2) 信頼度90%に対応する安全係数 γ を設定する。

(3) $Z > \gamma$ を照査する。 $\gamma = 1/(1 - \beta_{90} \times Z_A/Z_S)$

4－1－2　構造設計

たとえば，設計で設定された交通量N_0においてアスファルト混合物層の疲労ひび割れが所要のひび割れ率を超えないという使用限界状態を設定する。その場合の信頼度は90%とし，性能関数を$Z = N/N_0$とする。Nは疲労度が1.0となる舗装の寿命である。

レベル3の設計の流れ：

(1) Zの分布を予測する。

(2) $Z > 1.0$ となる確率 $Pr = Pr(Z > 1.0)$ を計算する。

(3) Pr>90を照査する。

レベル2の設計の流れ：

(1) $Z' = \log(Z) = \log(N) - \log(N_0)$ とし，Z'の平均Z_Aと標準偏差Z_Sを予測する。この場合，Z'は正規分布と仮定する。

(2) 信頼性指標 $\beta_{Z'} = Z_A/Z_S$ を計算する。
(3) 信頼度90％に対応する β_{90} を計算する。 $\beta_{90}=1.282$
(4) $\beta_{90} < \beta_{Z'}$ を照査する。

レベル1の設計の流れ：（「技術基準・同解説」に示されている設計の考え方）
(1) Zを予測する。
(2) 信頼度90％に対応する安全係数 γ を設定する。
(3) $Z > \gamma$ を照査する。 $\gamma = 1 / (1 - \beta_{90} \times Z_A/Z_S)$

4－2 T_A法による舗装構造設計への信頼性設計の導入例

4－2－1 設計条件

設計条件は，付表－1.4.1のように設定する。

付表－1.4.1 設計条件

項　目	条　件
設計期間	10年
疲労破壊輪数［49kN換算輪数］	35,000,00
許容信頼度（信頼性指標）	90％（1.3）
地盤条件［CBR］	8％
性能関数［Z］	舗装寿命－設定された疲労破壊輪数

舗装の寿命はT_A式による。
すなわち性能関数(Z)は付式（1.4.1）のように定義する：

$Z = g(N_0, T_A, CBR) = N - N_0 = 0.00090237 \times m \times CBR^{1.88} \times T_A^{6.25} - N_0$

　　　　　ここに，m：モデル係数　　　　　　　　　付式（1.4.1）

4－2－2 設計断面

設計断面として，付表－1.4.2に示す3つの代替断面を設定する。

付表-1.4.2　設計代替断面

各層の使用材料	等値換算係数	各層の厚さ（cm）		
		代替案1	代替案2	代替案3
加熱アスファルト混合物	1.0	15	14	13
瀝青安定処理（加熱混合）	0.8	11	11	11
粒度調整砕石	0.35	25	25	25
クラッシャラン	0.25	35	35	35

4－2－3　レベル3の設計例

Zの分布を予測するために，各設計変数の変動係数を**付表-1.4.3**のように設定する。

付表-1.4.3　設計変数の変動係数

設計変数	変動係数
49kN換算輪数	0.3
設計CBR	0.2
加熱アスファルト混合物	0.1
瀝青安定処理（加熱混合）	0.1
粒度調整砕石	0.2
クラッシャラン	0.2
層厚	0.1
モデル係数m	0.4

モンテカルロシミュレーションによって直接信頼性を計算する。具体的には，設計変数を互いに独立な正規確率変量として，乱数から各設計変数の値を発生させ，その値を付式（1.4.1）に代入して，安全Z>0と破壊Z<0を判定する。このような試行を繰り返し，安全と判定された試行回数を全体の試行回数で割った値が信頼度R_mとなる。

本設計例では，計算された信頼度は**付表-1.4.4**のようになった。したがって，照査の結果から，代替案3は不採用となる。

付表—1.4.4 代替案に対する信頼度

	代替案1	代替案2	代替案3
信頼度	93.0	90.9	87.7
照査	○	○	×

4-2-4 レベル2の設計例

Zの分布を正規分布と仮定して，Zの信頼性指標を計算する。具体的には以下のような2次モーメント法によって計算する。

設計変数 $\mathbf{x}=\{x_j\}=\{m, CBR, N_0, a_i\}$ を互いに独立な正規確率変量とすれば，付式（1.4.2）に示すような条件を満たす信頼性指標 β を計算することができる。

$$g(\mathbf{x}^*) = 0, \quad x_j^* = \mu_{xj} - \alpha_j \beta \sigma_{xj}, \quad \beta = \frac{\mu_Z}{\sigma_Z}, \quad \alpha = \left[\frac{\partial g}{\partial x_j}\right]_* \sigma_{xj} \bigg/ \sqrt{\sum_{j=1}^{n}\left[\frac{\partial g}{\partial x_j}\right]_*^2 \sigma_{xj}^2}$$

付式（1.4.2）

付図—1.4.1に示すように，$\mathbf{x}^*$は舗装が最も破壊しやすい点における設計変数の値であり，設計点あるいは安全照査点と呼ばれる。

このとき，$g(\mathbf{x})$が正規確率分布に従うとすれば，2次モーメント法による信頼度R_gは次式によって計算できる。

$$R_g = \Pr(Z > 0) = 1 - \Phi(-\beta) = \Phi(\beta) \qquad 付式（1.4.3）$$

ここにΦは標準正規確率分布関数である。

付表—1.4.3の変動係数を用いて計算された信頼性指標および信頼度は**付表—1.4.5**のようになる。この場合，すべての代替案は採用となる。

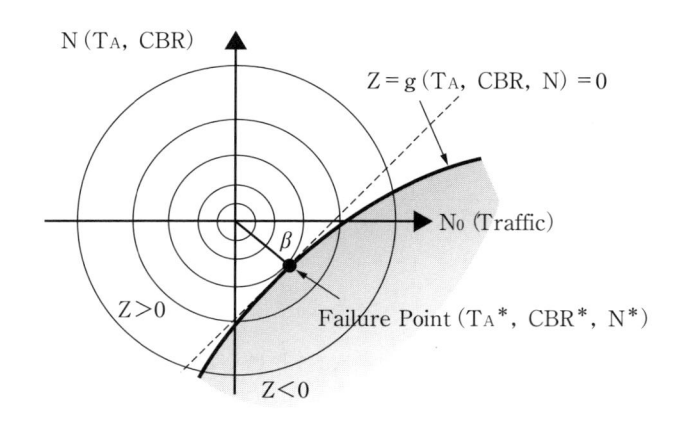

付図—1.4.1　信頼性指標と信頼度

付表—1.4.5　各代替案に対して計算された信頼性指標

	代替案1	代替案2	代替案3
信頼性指標	1.62	1.47	1.31
(信頼度)	94.8	92.9	90.5
照査	○	○	○

4—2—5　レベル1の設計例

信頼度90％に対応する安全係数は，変動係数を0.4と仮定すれば，3.7となる。

付式(1.4.1)によって代替案の舗装の寿命Nを計算する。Nと設計で設定された交通量N_0との比が3.7を上回れば，代替案は採用される。計算結果は**付表—1.4.6**のとおりである。この場合，代替案3は不採用となる。

付表—1.4.6　各代替案に対して計算された安全係数

	代替案1	代替案2	代替案3
舗装の寿命	153,796,076	131,951,390	112,774,490
比[注]　(安全係数)	4.4	3.8	3.2
照査	○	○	×

〔注〕舗装の寿命／設定された疲労破壊輪数の比である。

【参考文献】

1) 星谷勝,石井清:構造物の信頼性設計法,鹿島出版会,1986
2) 西澤辰男:T_A法によるアスファルト舗装の信頼性の算定,第59回土木学会年次学術講演会講演概要集第5部門(V-532),2004.9
3) 西澤辰男:T_A法によるアスファルト舗装の信頼性評価,土木学会論文集 No.781/V-66,2005.2

付録－2　小型道路の舗装の構造設計に関する解説

1　標準荷重

　普通道路における標準荷重は49kNを採用しており，一般乗用車などの小さな荷重を無視して設計している。小型道路を通行する一般車両のうち，最も輪荷重の大きなものは小型貨物自動車である。この種の車両の重量調査を実施した結果，小型貨物自動車の最大積載時における最大輪荷重は17kNであった。また，いわゆる4乗則の考え方を適用すると，一般乗用車等の荷重を無視して17kNを標準荷重とすることの妥当性も得られている。これらの調査結果にもとづき，舗装構造の設計に用いる標準荷重は，小型貨物自動車の最大輪荷重である17kNとした。小型貨物自動車の定義は，**付表－2.1.1**に示すとおりである。

付表－2.1.1　小型貨物自動車の定義(道路運送車両法「道路運送車両の保安基準」より)

諸　元	長さ(mm)	幅(mm)	高さ(mm)	定　　義	ナンバープレート
小型貨物自動車	4,700以内	1,700以内	2,000以内	最大積載量2,000kg以下かつ総排気量2,000cc以下（ただし，ディーゼル車，天然ガス車は排気量無制限）	4, 6, 8

　なお，「道路構造令」における小型道路の設計車両については，一般的な救急車両の通行を許容できるように，小型自動車等の諸元として**付表－2.1.2**のように定められている。

付表−2.1.2　小型道路の設計車両諸元

諸元 (単位：m)	長さ	幅	高さ	前端 オーバーハング	軸距	後端 オーバーハング	最小回 転半径
小型自動車等	6.0	2.0	2.8	1.0	3.7	1.3	7.0

2　T_A法の適用

　普通道路における疲労破壊輪数の考え方を踏襲し，設計輪荷重の破壊作用は17kN輪荷重の4乗に比例すると考えると，疲労破壊輪数とT_Aの関係式は次のようになる。

　CBR−T_A法のT_A算出式には，付式(2.2.1)と付式(2.2.2)の二通りがある。付式(2.2.1)は，ある設計荷重を10年間に100万輪通過させるのに必要なT_Aを算出するものであり，設計輪荷重が変数となる。なお，付式(2.2.1−2)は，付式(2.2.1−1)のPに（P/9.8）を代入して設計荷重の単位をtfからkNに変換したものである。一方，付式(2.2.2)は，「技術基準」の別表1にも示されているものであり，49kN換算輪数をある回数通過させるのに必要なT_Aを算出するもので，通過輪数を変数としている。

$$T_A = \frac{12.5P^{0.64}}{CBR^{0.3}} \qquad 付式（2.2.1-1）$$

　　　ここに，P：設計輪荷重（tf）

$$T_A = \frac{2.9P^{0.64}}{CBR^{0.3}} \qquad 付式（2.2.1-2）$$

　　　ここに，P：設計輪荷重（kN）

$$T_A = \frac{3.84N^{0.16}}{CBR^{0.3}} \qquad 付式（2.2.2）$$

　　　ここに，N：49kN換算通過輪数（回）

　付式(2.2.1−2)から付式(2.2.2)が導かれたPとNの関係式が付式(2.2.3)である。

$$N = \left(\frac{P}{49}\right)^4 \times 10^6 \qquad\qquad 付式（2.2.3）$$

ここに，P：設計輪荷重（kN）

N：49kN換算通過輪数（回）

設計輪荷重17kNの場合も破壊作用は17kN輪荷重の4乗に比例するとすると，付式（2.2.3）は付式（2.2.4）のように変換できる。

$$N = \left(\frac{P}{17}\right)^4 \times 10^6 \qquad\qquad 付式（2.2.4）$$

ここに，P：設計輪荷重（kN）

N：17kN換算通過輪数（回）

付式（2.2.4）を付式（2.2.1-2）に代入すると，付式（2.2.5）が得られる。小型道路の舗装の設計は，この式を用いてT$_A$法で設計することができる。

$$T_A = \frac{1.95 N^{0.16}}{CBR^{0.3}} \qquad\qquad 付式（2.2.5）$$

ここに，N：17kN換算通過輪数（回）

3　舗装計画交通量

　小型道路の舗装計画交通量は，道路交通センサスの全調査路線における小型貨物自動車交通量の実態調査にもとづいて，**付表－2.3.1**のように設定した。小型道路における最大の舗装計画交通量は，普通道路における舗装計画交通量100以上250未満（台／日・方向）に相当する。

　また，小型道路の舗装計画交通量を設定する方法として，実測による方法以外に，道路交通センサスに記載されている1日1方向当たりの小型貨物車交通量の1/3の値を当該小型道路の舗装計画交通量としてもよいとした。これは，道路交通センサスに記載されている小型貨物車交通量の2/3が軽貨物車であり，その軽貨物車の輪荷重により舗装が受けるダメージが無視できるほど小さいことによる。

付表-2.3.1 小型道路の舗装計画交通量（標準荷重17kN）

小型道路 舗装計画交通量	疲労破壊輪数 （回／10年）	備　　考 設定T_A（普通道路でのT_A）
3,000以上	11,000,000	舗装計画交通量（台／日・方向）$100 \leq T < 250$ の信頼性90%の場合のT_A
650以上3,000未満	2,400,000	舗装計画交通量（台／日・方向）$40 \leq T < 100$ の信頼性90%の場合のT_A
300以上650未満	1,100,000	舗装計画交通量（台／日・方向）$40 \leq T < 100$ の信頼性75%の場合のT_A
300未満	660,000	舗装計画交通量（台／日・方向）$40 \leq T < 100$ の信頼性50%の場合のT_A

〔注〕T：普通道路の舗装計画交通量（台／日・方向）

付録－3　n年確率凍結指数の推定方法

凍結指数の度数分布曲線は，対数正規分布曲線によく合致する。したがって，凍結指数のn年確率の値を推定する場合は，各年の凍結指数を対数値に変換して推定するとよい。なお，この場合のn年とは，舗装の設計期間n年に対応するものである。

凍結指数を求める場合，**付表－3.1**のように日平均気温の累計値が最大となる日を最初として，日平均気温の累計値が最小となる日までの日平均気温を積算し，日平均気温積算値の±最大値を(A)欄に記入する。凍結指数は(A)欄に記入した±最大値の絶対値を加え合わせたものとなる。以上のことを図示したものが**付図－3.1**である。

付表－3.1　日平均気温から凍結指数を求める計算例

月	日	1	2	3	23	24	25	26	27	28	29	30	31	(A)
11	日平均気温	8.7	4.1	3.7	1.5	6.0	8.8	－0.7	0	1.2	6.0	1.3		
	累計	8.7	12.8	16.5	90.3	96.3	105.1	104.4	104.4	105.6	111.6	112.9		＋最大 112.9
12	日平均気温	－4.5	－5.8	－5.7	－6.2	－8.8	－11.0	－11.9	－12.8	－7.0	－9.1	－8.5	－6.9	
	累計	108.4	102.6	96.9	－6.9	－15.7	－26.7	－38.6	－51.4	－58.4	－67.5	－76.0	－82.9	
1	日平均気温	－5.7	－6.7	－9.2	－6.1	－9.1	－8.1	－4.2	0.4	－5.2	－6.2	－11.2	－11.9	
	累計	－88.6	－95.3	－104.5	－285.0	－294.1	－302.2	－306.4	－306.0	－311.2	－317.4	－328.6	－340.5	
2	日平均気温	－11.4	－10.7	－1.3	3.8	－1.2	－3.0	－4.7	－6.0	－7.1				
	累計	－351.9	－362.6	－363.9	－498.6	－499.8	－502.8	－507.5	－513.5	－520.5				
3	日平均気温	－4.2	－1.2	2.7	0.8	－0.2	0.3	3.9	5.7	2.6	1.4	5.0	5.0	
	累計	－524.8	－526.0	－523.3	－551.2	－551.4	－551.1	－547.2	－541.5	－538.9	－537.5	－532.5	－527.5	－最大 551.4

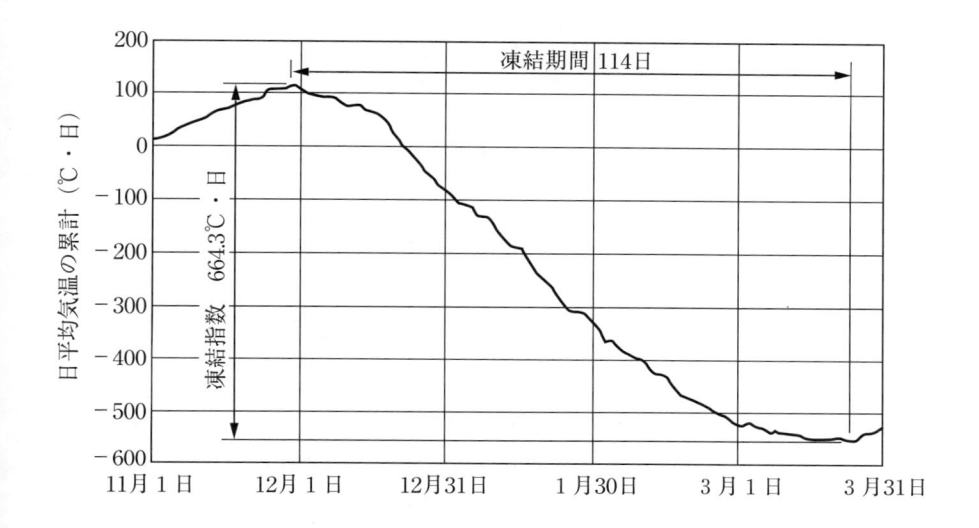

付図－3.1 日平均気温の累計と凍結指数，凍結期間の関係

付表－3.2にある地域の最近11年間における凍結指数のデータから，10年確率凍結指数を推定する場合の計算例を示す。なお，n年確率凍結指数を推定する場合に必要なデータ数は，n年の値にかかわらず10個（10年分）以上が望ましい。

ここに，n年確率凍結指数（X）は，

$$log_{10}X = \sigma_0 \cdot \xi + log_{10}X_0 \qquad 付式（3.1）$$

によって求められる。ただし，

X：n年確率凍結指数（n年に1回起こると推定した凍結指数，℃・日）

X_0：凍結指数対数値の平均値 $\sum_{i=1}^{k}(log_{10}X_i)/k = log_{10}X_0$ となるX_0の値

σ_0：$log_{10}X_i$の標準偏差

ξ：確率年数（n）に対応する統計値（**付表－3.3**参照）

X_i：各年の凍結指数（℃・日）

k：データ数（個）

とする。

付表-3.2　n年確率凍結指数の計算例

データNo. ($k=11$)	ある地域の最近11年間における凍結指数 X_i (℃・日)	計算値		
		$log_{10}X_i$	$log_{10}X_i - log_{10}X_0$	$(log_{10}X_i - log_{10}X_0)^2$
No. 1	156	2.193	−0.084	0.0071
2	255	2.407	0.130	0.0169
3	157	2.196	−0.081	0.0066
4	152	2.182	−0.095	0.0090
5	123	2.090	−0.187	0.0350
6	150	2.176	−0.101	0.0102
7	243	2.386	0.109	0.0119
8	177	2.248	−0.029	0.0008
9	303	2.481	0.204	0.0416
10	172	2.236	−0.024	0.0017
11	280	2.447	0.170	0.0289
計	2168	25.042	−	0.1697
平均	197	2.277	−	0.0154

付表-3.2より,

$\overline{X} = \Sigma X_i/k$

$= 2168/11 ≒ 197$

$log_{10}X_0 = \Sigma(log_{10}X_i)/k$

$= 25.042/11 ≒ 2.277$

$\sigma_0^2 = \Sigma(log_{10}X_i - log_{10}X_0)^2/k$

$= 0.1697/11 ≒ 0.0154$

$\therefore \sigma_0 ≒ 0.124$

と求められる。また, **付表-3.3**より, 確率年数10年に対応するξの値は,

$\xi = 1.28$

であるから,

$log_{10}X = \sigma_0 \cdot \xi + log_{10}X_0$

$$= 0.124 \times 1.28 + 2.277 \fallingdotseq 2.436$$

∴ $X \fallingdotseq 273$（℃・日）

となる。したがって，10年確率凍結指数（10年に1度起こるであろう凍結指数）は，273（℃・日）と推定される。

付表－3.3　確率年数と対応する統計値

確率年数 (n)	対応する統計値 (ξ)	確率年数 (n)	対応する統計値 (ξ)
1	−	15	1.50
2	0.00	20	1.64
3	0.43	30	1.83
4	0.67	40	1.96
5	0.84	50	2.05
6	0.97	60	2.13
7	1.07	70	2.19
8	1.15	80	2.24
9	1.23	90	2.29
10	1.28	100	2.33

凍結期間についても，凍結指数と同様の手順でn年確率凍結期間を求める。

なお，所定の地域の10年確率凍結指数を求める場合には，（社）日本道路協会のホームページ［http://www.road.or.jp/］に簡易な計算ソフト（付図－3.2に表示画面のイメージを示す）が公開されているので，それを使うとよい。そのフリーウェアはアメダスデータを貼り付けるだけで10年確率凍結指数が求められるもので，全国のアメダスデータは気象庁ホームページ［http://www.jma.go.jp/］（付図－3.3に表示画面のイメージを示す）から入手可能である。

アメダスデータがない地域の凍結指数を求める場合には，その付近でわかっている値もしくは計算で求めた値を参考にして，次式により標高差の補正を行って求めるとよい。

$$補正後の凍結指数 = 既知凍結指数 \pm 0.5 \times 凍結期間(日) \times \left[\frac{その地点の標高(m) - 既知地点の標高(m)}{100}\right]$$

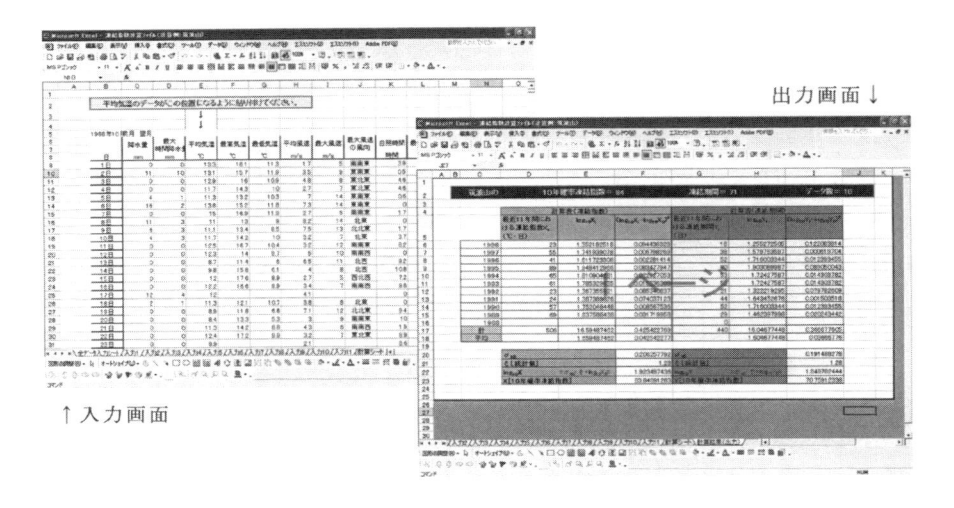

付図－3.2 凍結指数，凍結期間の計算ソフトの表示画面例

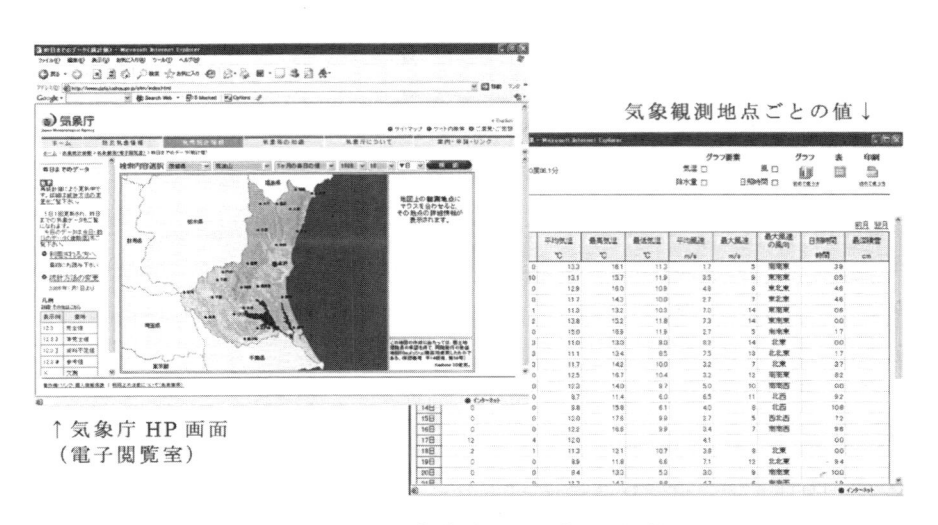

付図－3.3 気象庁HPの表示画面例

付録－4　多層弾性理論にもとづく舗装構造解析プログラム

1　多層弾性理論

　一般に，「多層弾性理論とは，アスファルト舗装を構成する各層の材料を弾性体と仮定し，舗装体の任意の点に生じる応力，ひずみおよび変位を弾性理論から計算し解析する方法をいう。」とされている。具体的には，舗装の各層を弾性体と仮定し，一般的に円形等分布荷重を載荷した3次元問題として応力，ひずみ，変位等を計算し，舗装を構成する材料が力学的に舗装にどのような影響を与えているかを評価するための理論であり，Burmisterの理論が有名である。

　その理論の展開については専門図書に譲るが，舗装構造解析に多層弾性理論を適用するためには，①材料条件：各層を構成する材料の弾性係数およびポアソン比（$E_1 \sim E_n$，$\nu_1 \sim \nu_n$），②構造条件：各層の層厚（$h_1 \sim h_{n-1}$），③外力条件：

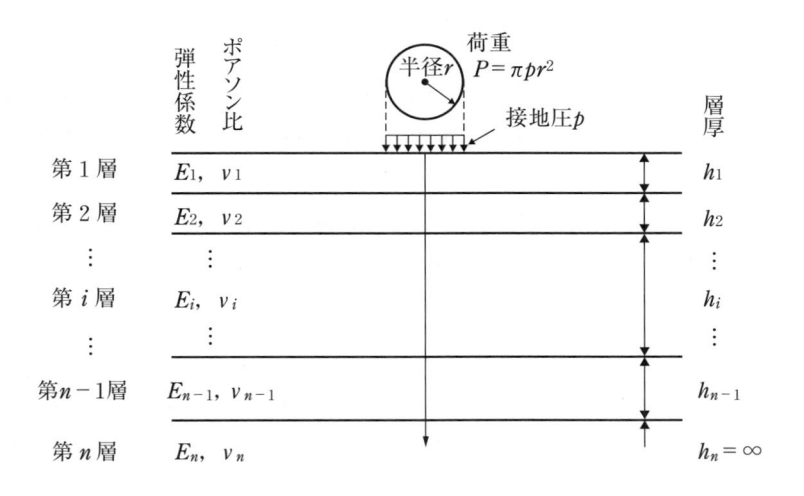

付図－4.1.1　応答解析モデル

荷重の大きさ，接地圧，接地半径のうち二つ（P, p, aのうち二つ），の三つの条件が既知であるか，そうでない場合には推定値を設定しなければならない。**付図－4.1.1**に応答解析モデルを示す。

2 舗装構造解析プログラム

実際に多層弾性理論を活用して，路床や舗装内の応力やひずみ等を計算するためには，コンピュータプログラムが不可欠である。舗装構造解析プログラムとしては，CHEV5L（アメリカ・Chevron社），BISAR（オランダ・シェル石油社）が有名である。我が国ではそれらをWindows上で操作できるようにしたELSA（姫野氏），GAMES（松井氏）が開発され，広く利用されている。CHEV5LとELSAはBurmisterの解法をプログラム化したものであり，BISARとGAMESはHankel変換を用いて解を誘導している。BISAR以外のCHEV5L，ELSA，GAMESはフリーウェアである。GAMESについては，以下のホームページから入手できる。

● GAMES：[URL] http://www.jsce.or.jp/committee/pavement/downloads/
（土木学会舗装工学委員会のホームページ）

これらのプログラムは，取り扱える問題の違いから，CHEV5L系とBISAR系に分けられ，ELSAはCHEV5L系，GAMESはBISAR系に分類される。**付表－4.2.1**にそれらの特徴を比較して示すが，BISAR系の方がより幅広い問題に対応できるようになっている。

参考までに，GAMESの表示画面の例を**付図－4.2.1**に示すが，いずれのプログラムであっても設計手順は概ね次のようであり，簡単な操作で解析を行うことができる。

① 舗装構成を設定（仮定）する。
② 舗装材料の弾性係数やポアソン比といった物理定数を設定（仮定）する。
③ ①，②を入力し，載荷荷重に対する任意の位置における応力やひずみ，変位等を計算する。

付表-4.2.1　多層弾性解析プログラムの比較

項目	CHEV5L系〔ELSA〕	BISAR系〔GAMES〕
解析モデル	軸対称問題	軸対称および非軸対称問題
載荷荷重	軸中心1点載荷	複数点載荷〔GAMESは最大100点まで可〕
荷重方向	鉛直荷重のみ	鉛直荷重および水平荷重〔方向角も考慮可〕
層間すべり	各層間完全付着のみ〔すべり考慮不可〕	各層間のすべり考慮可
層数	5層まで可	9層まで可〔GAMESは100層まで可〕

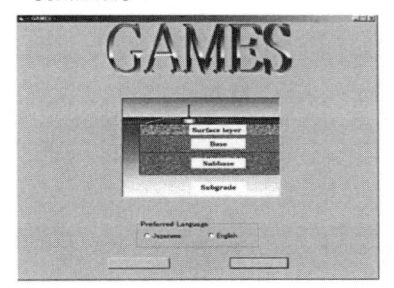

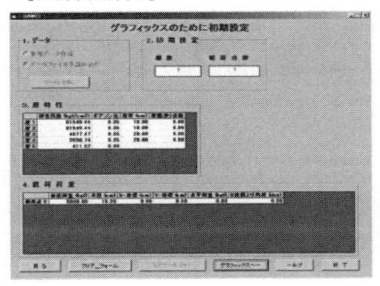

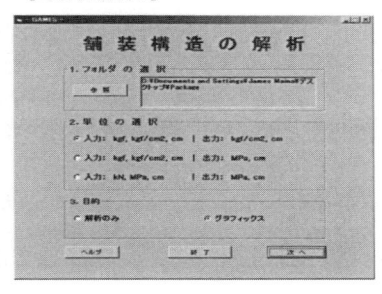

【初期画面】　【入力画面例1】

【入力画面例2】　【出力画面例】

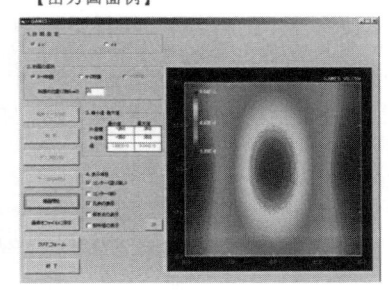

付図-4.2.1　GAMESの表示画面の例

【参考文献】

・（社）土木学会，「舗装工学ライブラリー3　多層弾性理論による舗装構造解析入門-GAMESを利用して-」，2005.5

付録-5　参考資料：アスファルト舗装の理論的設計方法における暫定破壊規準

アスファルト舗装の理論的設計方法において適用する暫定破壊規準は，経験にもとづく設計方法（T_A法）で設計された舗装断面に対していくつかの仮定を設けて行った理論的な解析結果から，AI（アメリカ・アスファルト協会）の破壊規準[1]を修正して暫定的に設定したものである。以下に，暫定破壊規準をどのように設定したかについて解説する。

1　検討方法

検討方法は，次のとおりである。

① 付式（5.1.1）によってT_A法で設計された舗装断面は，付式（5.1.2）から算出された疲労破壊輪数（N_{TA}）を有すると見なした。付式（5.1.1）は，本便覧の「5-2-1　普通道路の構造設計（3）構造設計」に示す信頼度50％におけるT_Aの計算式である。これは，理論的設計方法では，信頼性を設計で考慮する場合，信頼度50％に応じた係数を1としたことによる。

$$T_A = \frac{3.07 \cdot N^{0.16}}{CBR^{0.3}} \qquad 付式（5.1.1）$$

$$N = N_{TA} = \left[\frac{T_A \cdot CBR^{0.3}}{3.07}\right]^{1/0.16} \qquad 付式（5.1.2）$$

ここに，T_A　：必要等値換算厚
　　　　N_{TA}　：T_Aから算出された疲労破壊輪数
　　　　CBR　：路床のCBR

② 舗装の状態は，T_Aから算出された疲労破壊輪数N_{TA}において次のようであると仮定し[1],[2]，暫定破壊規準を検討した。

- 路床を含む舗装各層の圧縮変形の累積により路面に現れた永久変形は15mmとし，路床の暫定破壊規準を検討した。
- アスファルト混合物層下面で発生し上方へ進行するひび割れは，ひび割れ率20%とし，アスファルト混合物層の暫定破壊規準を検討した。

③ 路床の暫定破壊規準は，路床上面の圧縮ひずみとT_Aから算出された疲労破壊輪数N_{TA}の関係から求めた。

④ 路床厚を設計する場合に用いる路体の暫定破壊規準は，路体材料が路床材料と同じ材料からなると仮定し，路床厚1mの場合における路体上面の圧縮ひずみに対する路床上面の圧縮ひずみの比と疲労破壊輪数N_{TA}の関係から求めた。

⑤ アスファルト混合物層の暫定破壊規準は，舗装計画交通量が1,000以上（台/日・方向）の場合，アスファルト混合物層下面の引張りひずみとT_Aから算出された疲労破壊輪数N_{TA}の関係から求めた。また，舗装計画交通量が1,000未満（台/日・方向）の場合，この関係をアスファルト混合物層の厚さによるひび割れ伝播速度で補正した。

⑥ 検討は，**付表－5.1.1**に示す74種の舗装断面を対象とした[2]。交通荷重は**付図－5.1.1**に示す[3],[4]。検討に用いた路床条件，材料条件および温度条件は**付表－5.1.2**に示す[5-8]。なお，温度条件は，我が国の大部分の地域を網羅するよう設定した。

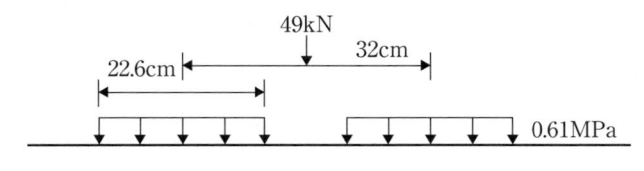

付図－5.1.1　交通荷重

付表−5.1.1　検討舗装断面

舗装断面No.	CBR	表層+基層(cm)	アスファルト安定処理(cm)	粒度調整砕石(cm)	クラッシャラン(cm)	T_A'(cm)	舗装断面No.	CBR	表層+基層(cm)	アスファルト安定処理(cm)	粒度調整砕石(cm)	クラッシャラン(cm)	T_A'(cm)
1	3	5	0	10	15	12.3	38	12	10	0	10	15	17.3
2	3	5	0	10	20	13.5	39	3	10	8	20	20	28.4
3	3	5	0	15	20	15.3	40	3	10	7	20	35	31.4
4	4	5	0	10	10	11.0	41	3	10	8	25	40	35.2
5	4	5	0	10	15	12.3	42	4	10	9	15	15	26.2
6	4	5	0	15	15	14.0	43	4	10	6	20	30	29.3
7	6	5	0	10	10	11.0	44	4	10	8	20	35	32.2
8	6	5	0	10	15	12.3	45	6	10	9	10	10	23.2
9	6	5	0	10	10	11.0	46	6	10	8	15	15	25.4
10	8	5	0	15	20	15.3	47	6	10	8	20	20	28.4
11	3	5	0	20	20	17.0	48	8	10	8	0	20	21.4
12	3	5	0	15	35	19.0	49	8	10	9	10	10	23.2
13	4	5	0	15	15	14.0	50	8	10	9	15	15	26.2
14	4	5	0	10	30	16.0	51	12	10	7	0	15	19.4
15	4	5	0	20	25	18.3	52	12	10	8	10	20	21.4
16	6	5	0	15	20	13.5	53	12	10	9	0	10	23.2
17	6	5	0	15	15	14.0	54	20	10	5	0	10	16.5
18	6	5	0	10	30	16.0	55	20	10	7	0	10	18.1
19	8	5	0	15	15	12.3	56	20	10	8	0	15	20.2
20	8	5	0	10	20	13.5	57	3	15	9	15	35	36.2
21	8	5	0	15	10	14.0	58	3	15	10	20	40	40.0
22	12	5	0	10	10	11.0	59	3	15	10	35	40	45.3
23	12	5	0	10	20	13.5	60	4	15	9	10	30	33.2
24	12	5	0	10	30	13.5	61	4	15	10	15	35	37.0
25	3	10	0	15	40	21.0	62	4	15	11	25	35	41.3
26	3	10	0	10	30	23.5	63	6	15	5	15	20	29.3
27	3	10	0	25	30	26.3	64	6	15	9	10	30	33.2
28	4	10	0	15	15	19.0	65	6	15	10	15	35	37.0
29	4	10	0	15	30	21.0	66	8	15	9	0	20	27.2
30	4	10	0	15	35	24.0	67	8	15	8	10	35	30.2
31	6	10	0	15	15	17.3	68	8	15	10	10	30	34.0
32	6	10	0	10	30	19.0	69	12	15	7	0	15	24.4
33	6	10	0	10	15	21.0	70	12	15	9	0	20	27.2
34	8	10	0	10	30	16.0	71	12	15	8	0	35	30.2
35	8	10	0	15	15	17.3	72	20	15	5	0	10	21.5
36	8	10	0	15	15	19.0	73	20	15	7	0	10	23.1
37	12	10	0	10	10	16.0	74	20	15	8	0	20	26.4

付表－5.1.2　検討に用いた路床，材料および温度条件

年平均気温（℃）	年平均舗装温度[8]（℃）	弾性係数（MPa）					ポアソン比
		表層・基層[6]	加熱アスファルト安定処理[6]	粒度調整砕石[7]	クラッシャラン[7]	路床[5]	
7	10	9,000	6,000	300	200	10CBR	舗装各層；0.35 路床；0.4
10	15	7,000	5,000				
15	20	5,000	3,500				
18	25	3,500	2,500				
23	30	2,500	2,000				

2　路床の暫定破壊規準

路床の破壊規準は，一般に路床上面の圧縮ひずみと許容標準輪（軸）数の関係で示される。付式(5.2.1)は，代表的な破壊規準の一つであるAIのものである。

$$N_{fs} = 1.365 \times 10^{-9} \cdot \varepsilon_z^{-4.477} \quad \text{付式（5.2.1）}$$

ここに，ε_z：路床上面の圧縮ひずみ

N_{fs}：許容標準輪（軸）数

T_A法で設計された舗装断面の路床上面の圧縮ひずみとT_Aから算出された疲労破壊輪数N_{TA}（$= N_{fs}$）の関係が**付図－5.2.1**であり，回帰分析結果から暫定破壊規準を設定した。暫定破壊規準は，図中に併記したAIの破壊規準と多少異なる。ここでは，T_A法で設計された舗装断面が我が国の実情を反映していると考え，AIの破壊規準を我が国の経験で修正した付式(5.2.2)を暫定破壊規準とした。

$$N_{fs} = \beta_{s1} \cdot (1.365 \times 10^{-9} \cdot \varepsilon_z^{-4.477\beta_{s2}}) \quad \text{付式（5.2.2）}$$

ここに，β_{s1}, β_{s2}；我が国の経験によるAI破壊規準に対する補正係数

$\beta_{s1} = 2.134 \times 10^3$

$\beta_{s2} = 0.819$

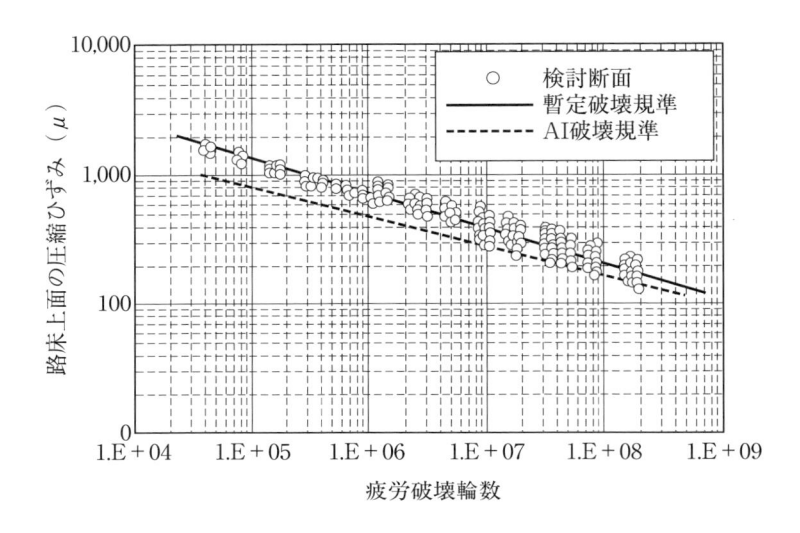

付図－5.2.1 路床の暫定破壊規準

3 路体の暫定破壊規準

路体上面の圧縮ひずみに対する路床上面の圧縮ひずみの比とT_Aから算出された疲労破壊輪数N_{TA}の関係が**付図－5.3.1**である。

この図からひずみの比は，検討した舗装断面のすべてにおいて0.5未満であり，付式(5.3.1)を暫定基準として設定した。

$$\frac{\varepsilon_z{'}}{\varepsilon_z} < 0.5 \qquad 付式（5.3.1）$$

ここに，$\varepsilon_z{'}$：路体上面の圧縮ひずみ
ε_z：路床上面の圧縮ひずみ

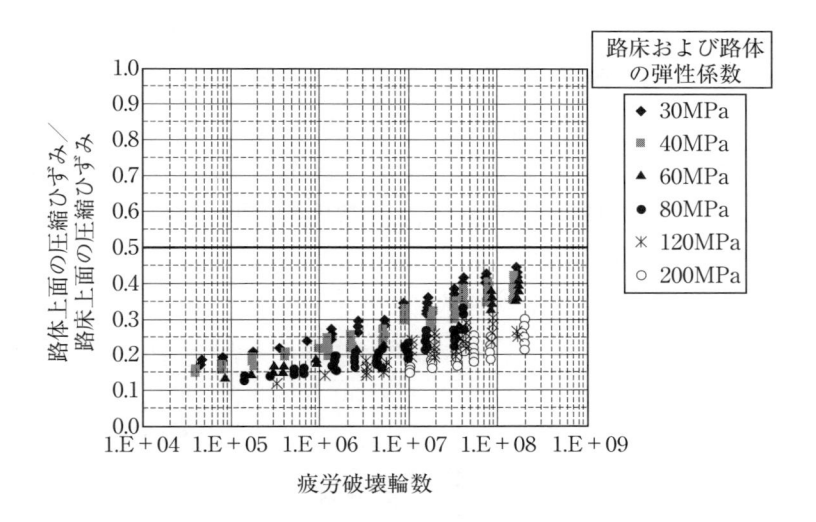

付図-5.3.1　圧縮ひずみの比

4　アスファルト混合物層の暫定破壊規準

　アスファルト混合物層の破壊規準は，一般にアスファルト混合物層下面の引張りひずみ，アスファルト混合物の弾性係数と許容標準輪（軸）数の関係で示される。付式（5.4.1）は，代表的な破壊規準の一つであるAIのものである。なお，付式（5.4.1）の右辺の ｜　｜ 内が室内疲労曲線であり，定数項18.4は現場で観測されたひび割れ率約20％に合わせるための係数である。

$$N_{fa} = 18.4 \cdot (C) \cdot \{6.167 \times 10^{-5} \cdot \varepsilon_t^{-3.291} \cdot E^{-0.854}\} \qquad 付式（5.4.1）$$

ここに，N_{fa}：許容標準輪（軸）数

　　　　　C：アスファルト混合物層の最下層に使用する混合物の容積特性に関するパラメータ

　　　　　$C = 10^M$

$$M = 4.84 \cdot \left[\frac{VFA}{100} - 0.69 \right]$$

　　　　　　VFA：飽和度（％）

ε_t：アスファルト混合物層下面の引張りひずみ

E：アスファルト混合物層の最下層に使用する混合物の弾性係数（MPa）

　T_A法で設計された舗装断面のアスファルト混合物層下面の引張りひずみとT_Aから算出された疲労破壊輪数N_{TA}（$=N_{fa}$）の関係が**付図－5.4.1**であり，AIの破壊規準も参考に併記した。

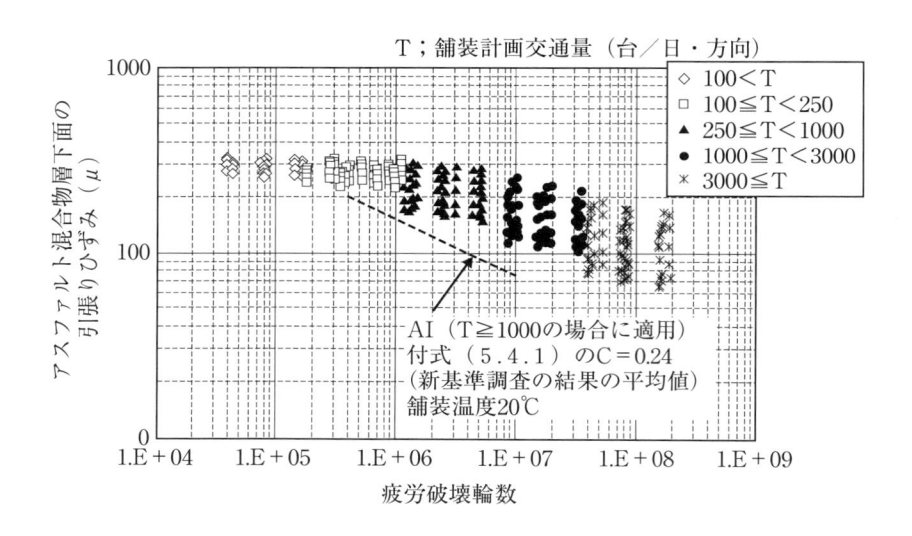

付図－5.4.1 アスファルト層下面の引張りひずみと疲労破壊輪数

　舗装計画交通量1,000以上（台/日・方向）では，**付図－5.4.1**に示すように引張りひずみと疲労破壊輪数は両対数軸上でほぼ直線関係にあり，両者の関係式を求め，暫定破壊規準とした。この暫定破壊規準をアスファルト層の厚さによるひび割れ伝播速度で補正して舗装計画交通量1,000未満（台/日・方向）の場合に適用できるようにした。検討の経緯を以下に示す。

（1）舗装計画交通量が1,000以上（台/日・方向）の場合

　T_Aから算出された疲労破壊輪数N_{TA}（$=N_{fa}$）を引張りひずみ，弾性係数で重回帰分析すると，付式（5.4.2）が得られ，AIの破壊規準を我が国の経験で修正

した形で示すと付式（5.4.3）となる。

$$N_{fa} = 3.225 \cdot (C) \cdot \{\varepsilon_t^{-4.326} \cdot E^{-2.577}\}$$ 付式（5.4.2）

$$N_{fa} = \beta_{a1} \cdot (C) \cdot \{6.167 \times 10^{-5} \cdot \varepsilon_t^{-3.291\beta_{a2}} \cdot E^{-0.854\beta_{a3}}\}$$ 付式（5.4.3）

β_{a1}, β_{a2}, β_{a3}：我が国の経験によるAI破壊規準に対する補正係数

$\beta_{a1} = K_a \cdot \beta_{a1}'$

K_a：ひび割れ伝播速度による補正係数（舗装計画交通量が1,000以上（台/日・方向）でアスファルト混合物層の厚さが18cm以上の場合は1.0）

$\beta_{a1}' = 5.229 \times 10^4$

$\beta_{a2} = 1.314$

$\beta_{a3} = 3.018$

付式（5.4.3）の適用性は，18箇所の新基準調査におけるひび割れ測定結果を用いて検証した[9]。これらの調査箇所の舗装計画交通量はすべて1,000以上（台/日・方向）であり，アスファルト混合物層の厚さは18cm以上である。付式（5.4.3）のK_aは1.0である。

付図－5.4.2は，ひび割れ率と疲労度（実際の49kN輪数÷付式（5.4.3）から算出した許容49kN輪数）の関係である。この図から疲労度1でひび割れ率は約20%となることがわかる。これは，「1　検討方法」で述べた疲労破壊輪数N_{TA}（$=N_{fa}$）におけるひび割れ率20%という仮定が，数少ない現場データではあるが，ほぼ成立しているものと解釈される。このことから付式（5.4.3）の適用は，ほぼ妥当と考えられた。

（2）舗装計画交通量が1,000未満（台/日・方向）の場合

舗装計画交通量が1,000未満（台/日・方向）の場合に$K_a=1.0$とし，付式（5.4.3）から疲労破壊輪数（N_{fa}）を求めると，N_{fa}は**付図－5.4.3中の直線②と③**となる。

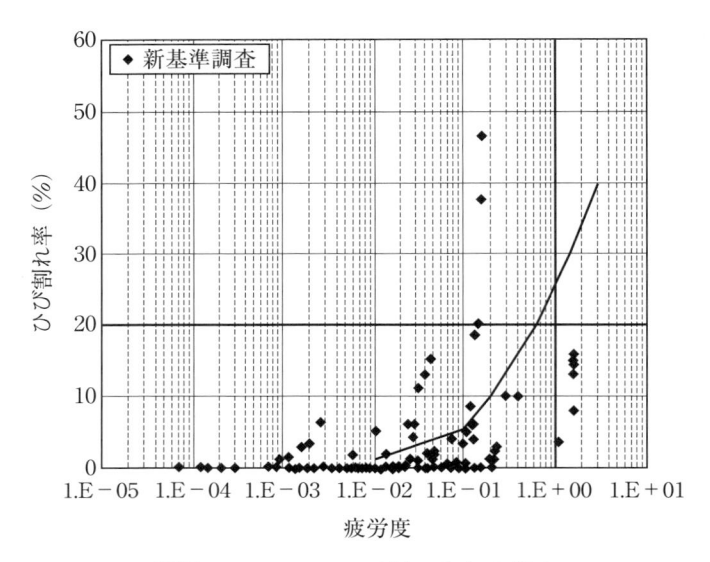

付図−5.4.2 ひび割れ率と疲労度

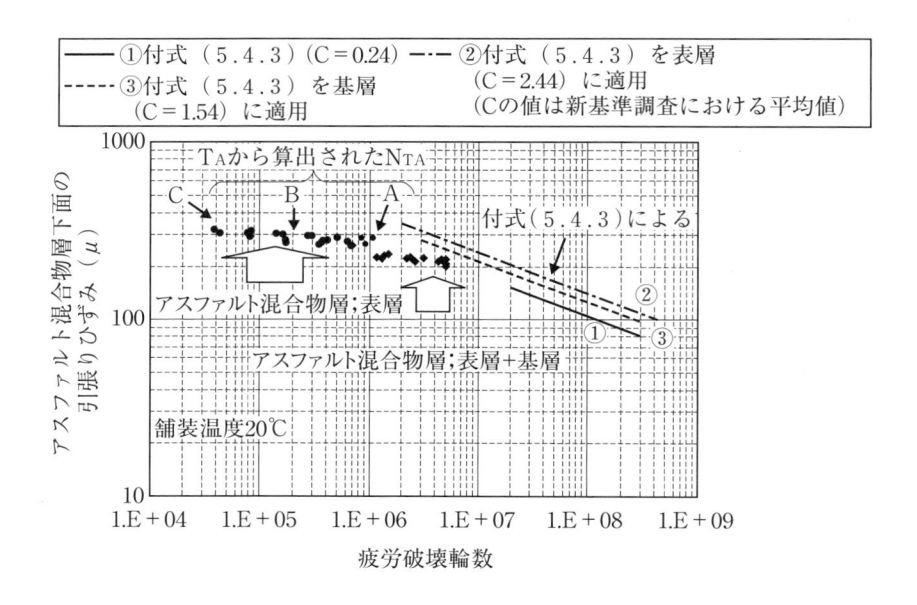

付図−5.4.3 アスファルト混合物層下面の引張りひずみと疲労破壊輪数
（舗装計画交通量が1,000未満（台／日・方向）の場合）

図中のプロットはT_Aから算出された疲労破壊輪数(N_{TA})である。この図からN_{fa}はN_{TA}よりもかなり大きな値となることがわかる。特に，アスファルト混合物層が表層のみから構成される場合においてである。一方，アスファルト混合物層の疲労破壊が懸念される場合は層の厚さが薄い場合である。

上記事項は，アスファルト混合物層下面で発生して上方へ伝播するひび割れの速度がアスファルト混合物層の厚さに依存し，厚さが薄いものほど伝播速度が速いことによるものと考えた。ひび割れ伝播速度による補正係数は，付式(5.4.3)に示すβ_{a1}，すなわち，

$$\beta_{a1} = K_a \cdot \beta_{a1}{}'$$

におけるK_aとし，K_aの値を以下のように検討した。

1) 検討における仮定
① K_aが付式(5.4.4)で表わされると仮定した。

$$K_a = \frac{\text{付式}(5.2.1)\text{から算出した}N_{TA}}{\text{付式}(5.4.3)(K_a=1)\text{による}N_{fa}} \qquad \text{付式（5.4.4）}$$

すなわち，K_aはT_Aから算出された疲労破壊輪数(N_{TA})とひび割れ伝播速度による補正をしない場合の付式(5.4.3)から算出される疲労破壊輪数(N_{fa})の比であると仮定した。

② K_aは，アスファルト混合物層の厚さに依存する値と仮定した。
2) K_aを検討する際の留意事項
① K_aの導入は，極端に薄い舗装断面を許容されないようにするためである。
② K_aの値は，T_A法で設計された舗装断面と同程度の舗装断面になるように求める。
3) 検討に用いた舗装断面

検討には，次の理由から**付表－5.1.1**に示す舗装断面No.24とNo.27を用いた。

① **付図－5.4.3**中に示すBの舗装断面においてK_aを求めた場合，図中のBからAまでの舗装断面は，付式(5.4.3)から求められる許容輪数を満足し，Aに近づいたものほど薄くできることになる。このことは，上記2)①に相反する。

付表―5.4.1　使用したパラメータCの値

項目	表層	基層
混合物の種類	密粒	粗粒
パラメータC	1.33～3.54	0.84～2.41

② 付図―5.4.3中に示すAの舗装断面においてKaを求めた場合，極端に薄い舗装断面が許容されなくなる。

　　AからCまでの舗装断面は，Cに近づくほど厚いものが必要となるが，TA法における表層または表層に基層を加えた最小厚を用いることにより，TA法の場合と同程度の舗装断面となると考えられる。

　　舗装断面No.24およびNo.27は，Aの舗装断面に該当するもので，舗装計画交通量100以上250未満および250以上1,000未満（台/日・方向）の場合である。

4) 付式(5.4.3)における混合物の容積特性パラメータCの値

　　付式(5.4.3)におけるアスファルト混合物層の最下層に使用する混合物の容積パラメータCの値は，**付表―5.4.1**に示す。これらCの値は，新基準調査における各調査箇所のデータを用いた[9]。

5) 結果

　　K_aとアスファルト混合物層の厚さの関係は，**付図―5.4.4**のとおりである。

（3）暫定破壊規準

以上の検討結果から暫定破壊規準を設定した。暫定破壊規準を以下に再掲する。

$$N_{fa} = \beta_{a1} \cdot (C) \cdot \{6.167 \times 10^{-5} \cdot \varepsilon_t^{-3.291\beta_{a2}} \cdot E^{-0.854\beta_{a3}}\} \qquad 付式(5.4.5)$$

$\beta_{a1}, \beta_{a2}, \beta_{a3}$：我が国の経験によるAI破壊規準に対する補正係数

$$\beta_{a1} = K_a \times \beta_{a1}'$$

　　　　K_a：**付図―5.4.4**

$$\beta_{a1}' = 5.229 \times 10^4$$

$$\beta_{a2} = 1.314$$

$$\beta_{a3} = 3.018$$

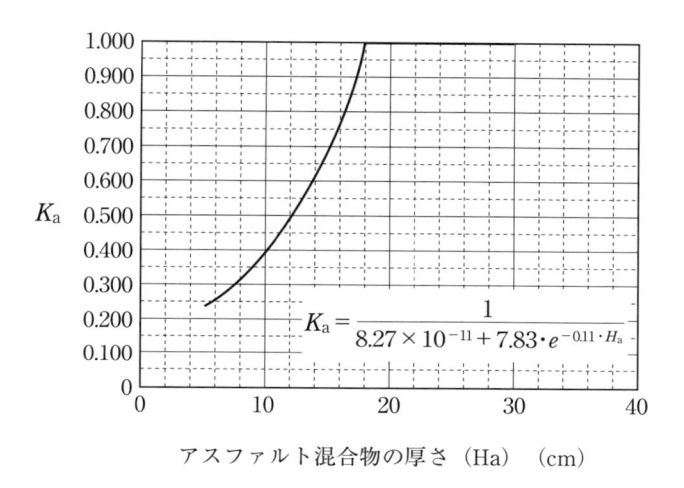

$$K_a = \frac{1}{8.27 \times 10^{-11} + 7.83 \cdot e^{-0.11 \cdot H_a}}$$

アスファルト混合物の厚さ（Ha）（cm）

付図－5.4.4　ひび割れ伝播の補正係数（K_a）

【参考文献】

1) The Asphalt Institute; Research and Development of The Asphalt Institute's Thickness Design Manual (MS-1),Ninth Edition, Research Report No. 82-2

2) （社）日本道路協会；舗装設計施工指針，pp.194-196，平成13年12月

3) 運輸省地域交通局監修；自動車諸元表1990年

4) 宇佐美裕次, 姫野賢治, 中村俊行:自動車のタイヤ接地圧分布特性の測定に関する研究, 土木学会第50回年次学術講演会講演概要集, 第Ⅴ部, V-2　47, pp.494-495, 1995年9月

5) W.Heukelom,A.J.G.Klomp;Dynamic Testing as a Means of Controlling Pavements During and After Construction,First Internatinal Conference on Structural Design of Asphalt Pavements,University of Michigan,p.669, 1962年

6) 中川伸一，島多昭典，小笠原章；美々試験道路における構成厚の異なる舗装の長期パフォーマンス調査（中間報告），開発土木研究所月報，No.513

7) 八谷好高,高橋修,坪川将丈: FWDによる空港アスファルト舗装の非破壊構造

評価，土木学会論文集 No. 662/ V-49号，pp. 169-183, 2000年10月
8) The Asphalt Institute ;Computer Program DAMA, User's Manual,1983
9) 建設省土木研究所；新基準調査結果（平成元年〜平成13年）

付録-6　用語の説明

アスファルト安定処理
　瀝青安定処理のうち,特にアスファルトを結合材として用いた安定処理をいい,常温安定処理と加熱安定処理がある。

アスファルト混合物
　粗骨材,細骨材,フィラーおよびアスファルトを所定の割合で混合した材料。道路ではアスファルト舗装の表層あるいは表・基層などに用いる。アスファルトおよび骨材を加熱してつくる加熱アスファルト混合物とアスファルト乳剤やカットバックアスファルトなどを常温で使用する常温混合物とがある。

アメニティ
　都市計画等で求める町並み,雰囲気,景観,植生,大気など身の回りのトータルな環境の快適さ。

安定処理
　比較的性状が劣る材料に,安定材を添加混合して改良する工法。安定処理には路床の支持力などを改良するものと,路盤材料の強度などを改良するものがある。使用する安定材は,セメント,石灰,瀝青材料などが一般的である。

維持(舗装の)
　計画的に反復して行う手入れまたは軽度な修理。路面の性能を回復させることを目的に実施し,舗装の構造的な強度低下を遅延させる効果も期待される。主に表層または路面を対象としており,日常的な維持と予防的維持がある。

打込み目地
　舗設直後のコンクリート版に不規則な収縮クラックが発生することを抑制するために,コンクリートがまだ固まらないうちに,上部に溝を設けて仮挿入物を挿入したり,振動目地切り機械を用いて造る目地。ダミー目地の一種。

n年確率凍結指数

n年に1回起こると推定された凍結指数で，凍上対策を検討する場合の基準となる。

FWD

Falling Weight Deflectometerの略称。重錘を落下させたときの舗装のたわみ量を計測する装置。舗装の支持力等を迅速に非破壊で診断し，舗装構成および温度等のデータを併せて，舗装の構造的な評価を行うことができる。

沿道および地域社会の費用

沿道や地域社会全体に及ぼす費用のことであり，舗装の分野においては，建設や路面の劣化による環境への影響等がこれにあたる。

大型車交通量

大型の自動車の1日1方向の交通量。ここでいう大型の自動車とは，道路交通センサスでいうところの大型車であり，車種区分でいうバス（ナンバー2），普通貨物自動車（ナンバー1），特種（殊）車（ナンバー8，9，0）がこれに相当する。

温度応力

コンクリート版の温度変化によって生ずる応力の総称。版の膨張収縮時における下層との摩擦応力，隣り合う版等により拘束されることによる端部拘束応力，コンクリート版が上下の温度差によりそりが生じようとするのに対し，版自体の自重によりもとの形状に戻ろうとすることで生じるそり拘束応力，およびコンクリート版の深さ方向の温度こう配が直線でないために生ずる内部応力等。

下層路盤

路盤を2種類以上の層で構成するときの下部の層。下層路盤は上部の層に比べて作用する応力が小さいので，経済性を考慮してクラッシャラン，切込み砂利などの粒状材料や安定処理した現地産の材料を用いる。

加熱混合式工法

瀝青路面処理工法の表層として密粒度アスファルト混合物や細粒度アスファルト混合物を路盤上に敷設する工法。標準的な仕上がり厚さは3cmである。

幹線道路
　地方部にあっては，主として地方生活圏内の二次生活圏の骨格を構成するとともに主要幹線道路を補完して二次生活圏相互を連絡する道路。都市部にあっては，その骨格および近隣住区の外郭となる道路。

基層
　上層路盤の上にあって，その不陸を補正し，表層に加わる荷重を均一に路盤に伝達する役割をもつ層。通常，粗粒度アスファルト混合物などの加熱アスファルト混合物を用いる。基層を2層以上で構築する場合には，その最下層を基層といい上の層を中間層という。

橋面舗装
　橋梁床版上の舗装で，通常コンクリート床版および鋼床版上の舗装に大別される。厚さは6〜8 cmが一般的であり，表層と基層の2層仕上げとすることが多い。一般に加熱アスファルト混合物やグースアスファルト混合物を用いるが，改質アスファルトや樹脂系結合材料を用いた混合物を用いることもある。

供用性能
　ある時点における路面および舗装の性能の程度を表わす概念を供用性能といい，経時的な供用性能の低下のしかたを表わす概念を供用性という。この供用性を供用年数と供用性能の関係などで図示したものを供用性曲線という。

区間のCBR
　調査対象区間のうちで，同一のCBRで設計する区間における，各地点のCBR（平均CBR）から求めるCBR。各地点のCBRの平均値からその標準偏差を引いて求める。

建設（舗装の）
　新しい舗装を構築すること，また舗装が供用され，寿命に達した場合に再び舗装を構築すること。

限界状態
　舗装の性能指標の値が設計で定義した破壊状態や管理目標値を超えた状態。

構造設計
　疲労破壊輪数のように舗装構造の性能を満足するように舗装各層の構成，すな

わち，各層の材料と厚さを決定するための設計。

構築路床

舗装の設計，施工にあたり，原地盤が軟弱である（たとえば，設計ＣＢＲが3未満）場合，原地盤の排水や凍結融解への対応策をとる必要がある場合，舗装の仕上がり高さが制限される場合，あるいは原地盤を改良した方が経済的な場合等に原地盤を改良して構築された層。

小型貨物自動車交通量

小型貨物自動車の1日1方向の交通量。ここでいう小型貨物自動車とは，ナンバープレート頭番号が4または6もしくは8であって，軽四輪自動車の規格を超え，長さ4.7ｍ以内，幅1.7ｍ以内，高さ2ｍ以内で，最大積載量2000kg以下かつ総排気量2000cc以下（ただし，ディーゼル車，天然ガス車は排気量無制限）の自動車。

小型道路

小型自動車等のみの通行の用に供することを目的とする道路および道路の部分をいい，普通道路に比べて小さな規格となっている。普通道路（通常規格の道路）の整備が困難な箇所において，沿道へのアクセス機能を持つ必要がなく，かつ近くに大型の自動車が迂回できる道路がある場合に整備することができる。

コルゲーション

道路延長方向に規則的に生じる比較的波長の短い波状の表面凹凸。下り勾配の坂道や交差点手前など頻繁に制動をかける箇所に発生しやすい。

コンポジット舗装

表層または表層・基層にアスファルト混合物を用い，その直下の層に普通コンクリート，連続鉄筋コンクリート，転圧コンクリート等の剛性の高い版を用い，その下の層が路盤で構成された舗装。この舗装はコンクリート舗装のもつ構造的な耐久性とアスファルト舗装のもつ良好な走行性と維持修繕の容易さを併せもつ舗装である。

サンドイッチ舗装

軟弱路床上にアスファルト舗装を構築しようとする場合に適用する舗装の一つ。軟弱な路床の上に砂層や砕石層を設け，その上に厚さ10cm〜20cmの貧配

合コンクリートまたはセメント安定処理路盤材料などの剛性の高い層を設け，その上に粒状材料の路盤，加熱アスファルト混合物による基層，表層を設ける舗装である。

ＣＢＲ
California Bearing Ratioの略称。路床・路盤の支持力を表わす指数。直径5 cmの貫入ピストンを供試体表面から貫入させたとき，所定の貫入量における試験荷重強さと，標準荷重強さとの比を百分率で表わす。通常，貫入量2.5mmにおける値をとる。

時間損失費用
時間を消費することによる損失費用のことであり，たとえば現道で舗装工事を実施した場合に，工事規制区間の通過や工事規制区間を迂回することにより道路利用者に生じる時間の遅延に係わる費用がこれにあたる。

支持力係数（Ｋ値）
平板載荷試験によって求める路床面や路盤面の支持力係数。通常，アスファルト舗装では沈下量0.25cmに相当するときの荷重強さをその沈下量で除した値（MPa/m）によって表わし，コンクリート舗装では沈下量0.125cmに相当するときの荷重強さをその沈下量で除した値（MPa/m）によって表わす。

遮断層
路床土が地下水とともに路盤に侵入して，路盤を軟弱化するのを防ぐため，路盤の下に置かれる砂層。通常は，設計CBRが2のとき厚さ15～30cm程度の層を設ける。遮断層は構築された路床として取り扱う。

遮熱性舗装
舗装表面に到達する日射エネルギーの約半分を占める近赤外線を高効率で反射し，舗装への蓄熱を低減することによって路面温度の上昇を抑制する舗装。

車両走行費用
車両を走行させるために必要な車両の経費のことであり，燃料費，車両損耗費などが挙げられる。

修正ＣＢＲ
路盤材料や盛土材料の品質基準を表わす指標。JIS A 1211に示す方法に準じて，

3層に分けて各層92回突き固めたときの，最大乾燥密度に対する所要の締固め度に相当するCBR。

修繕（舗装の）
路面の性能や舗装の性能が低下し，維持では不経済もしくは十分な回復効果が期待できない場合に実施する舗装の補修。建設時の性能程度に復旧することを目的として行う。

主要幹線道路
主として地方生活圏および主要な都市圏域の骨格を構成するとともに，高速自動車国道を補完して地方生活圏相互を連絡する道路。地方部にあってはトリップ長が長く交通量も多い道路をいい，都市部にあっては交通量が多く，トリップ長が長・中である道路をいう。

常温混合式工法
骨材と瀝青材料をアスファルトプラントもしくは簡易プラントで混合したものを常温で舗設する工法。瀝青材料にはアスファルト乳剤を使用し，主に瀝青路面処理工法の表層として用いられる。

照査
設計された舗装の性能を設定された舗装の性能指標の値にもとづき評価すること。

上層路盤
路盤を2種類以上の層で構成するときの上部の層。粒度調整工法，瀝青安定処理工法，セメント安定処理工法などにより築造する。

初期ひび割れ
コンクリート版を舗設した直後から数日間に発生するひび割れで，沈下ひび割れ，乾燥によるひび割れおよび温度ひび割れなどがある。

浸透式工法
路盤上に敷きならした骨材のかみ合わせによって荷重を支持し，散布，浸透した瀝青材料の接着性と粘性によって骨材の移動を防ぎ，安定性のある表層をつくる工法。瀝青路面処理工法の表層として用いられる。

浸透水量

　雨水を道路の路面下に円滑に浸透させることができる舗装の構造とする場合における舗装の必須の性能指標。舗装において，直径15cmの円形の舗装路面の路面下に15秒間に浸透する水の量で，舗装の表層の厚さおよび材質が同一である区間ごとに定められるもの。

信頼性（設計の）

　舗装が設定された設計期間を通して破壊しない確からしさ。

信頼性設計

　舗装設計時に設定する交通量等の設計条件には将来予測等に伴う不確定要素があるため，この不確定要素を確率変数とし，舗装が設計期間内に破壊しない確からしさを定め設計する方法。

すべり抵抗性

　舗装の性能のうち，車両や人のすべりの発生に抵抗する性能。

スラリーシール

　スラリーをスプレッダボックスまたはゴムレーキなどを用いて，路面上に厚さ5mm程度に薄く敷きならし，ひび割れやくぼみに浸透させる工法。主としてアスファルト舗装の補修のための表面処理に用いられる。

スリップフォーム工法

　コンクリートの敷きならし，締固めおよび平たん仕上げ等の機能を1台で兼ね備え，型枠を設置しないでコンクリート版を連続して舗設できる機械を使ったコンクリート版の舗設工法。

性能規定発注方式

　施工方法，資材などを規定した設計書および仕様書等を施工者に示す発注方法（仕様発注）ではなく，必要な性能を規定した上で，その性能を満足することを要件にして発注を行う方式。

石灰安定処理工法

　路床土などに消石灰，または生石灰を加えて，スタビライザなどを用いて混合する安定処理工法。軟弱な路床土の安定処理に用いるほか，粘土分を含む砂利，山砂などを骨材に用いて中央プラントで混合したものは路盤にも用いる。

設計基準曲げ強度

経験にもとづく設計方法によるコンクリート版の設計の基礎となるコンクリートの曲げ強度。通常4.4MPaとする。

設計CBR

T_A法を用いてアスファルト舗装の厚さを決定する場合に必要となる路床の支持力。路床土がほぼ一様な区間内で，道路延長方向と路床の深さ方向について求めたいくつかのCBRの測定値から，それらを代表するように決めたものである。

セットフォーム工法

型枠を設置して，スプレッダやコンクリートフィニッシャを用いてコンクリートを敷きならし，締固め，表面仕上げなどを行うコンクリート版の舗設工法。

セメント安定処理工法

クラッシャランまたは現地材料に，必要に応じて補足材料を加え，数％のセメントを添加混合し，最適含水比付近で締め固めて安定処理する工法。セメント量は一軸圧縮試験によって決めるが，一般にアスファルト舗装の上層路盤で一軸圧縮強さ2.9MPaの場合，セメント量は3～5％程度である。

セメント・瀝青安定処理工法

粒状路盤材料または既設アスファルト混合物を含む既設路盤の一部を破砕し，セメントとアスファルト乳剤またはフォームドアスファルトを併用し安定処理する工法。セメントと瀝青材料の併用により，単体による安定処理に比べて安定性および耐久性が高まる安定処理工法。主に路上路盤再生工法の安定処理に使用する。

騒音低減

舗装路面と自動車タイヤとの接触による音の発生を抑制し，あるいは路面に衝突する音を吸収することで騒音の発生を低減すること。

塑性指数（PI）

土あるいは路盤材料中に含まれている細粒分等の塑性の範囲の大小を示すもの。液性限界と塑性限界の含水比の差で表わされる。この指数は土の分類に使われるほか，路盤材料等の品質規格の判定項目にも使われている。PIとはPlastic Indexの略称。

塑性変形抵抗性

交通荷重によるアスファルト舗装表面の凹状の変形を，抑制しようとする舗装の性能。一般に，耐流動性ということが多い。なお，変形には，タイヤチェーン等による摩耗に起因するものや，路盤，基層等下層の沈下に起因するものは含まない。

塑性変形輪数

舗装の表層の温度を60℃とし，舗装路面に49kNの輪荷重を繰り返し加えた場合に，当該舗装路面が下方に1 mm変位するまでに要する回数で，舗装の表層の厚さおよび材質が同一である区間ごとに定められるもの。

その他の道路

補助幹線道路から各戸口までのアクセス機能を主とした道路で，トリップ長，交通量とも小さい道路。

耐荷力

疲労破壊輪数で表わされる舗装構造全体の繰返し荷重に対する抵抗性。

耐久性

骨材においては，凍結融解作用に対する安定性，さらに広く風化，侵食・すり減り作用に抵抗する骨材の性質。アスファルト舗装においては，剥離，剥脱，飛散およびひび割れがおこりにくい性質。

耐摩耗対策

タイヤチェーンによる路面の摩耗が激しい箇所で，摩耗の軽減のために施す特別な対策。対策としては，アスファルト量，骨材の硬さ，改質アスファルトの利用などアスファルトの種類，混合物の種類などを検討する。

耐流動対策

温暖地域の重交通道路において，流動を防止するために施す特別な対策。一般のアスファルト混合物では，路面にわだち掘れが生じやすい場合に，粒度や使用するアスファルトを改善し，交通量，走行速度，気象条件などに適合した配合となるようにする。

段差

路面の高さが急に変化している箇所のことで，たとえばコンクリート舗装の目

地部における高低差，橋梁の伸縮装置部における高低差などがある。

弾性係数

応力とひずみの間に比例関係が成り立つときの比例定数。

置換工法

軟弱な地盤を良質な土や砂，地域産材料を安定処理したものなどと入れ換える工法。

チップシール

アスファルト乳剤と骨材を単層あるいは複層に仕上げる散布式表面処理。単層のものをシールコート，複層のものをアーマーコートという。

着色舗装

景観上，あるいは交通の安全対策上，道路の機能を高めるために顔料等で着色した舗装。着色舗装には，加熱アスファルト混合物に顔料を添加する工法，着色骨材を用いる工法，アスファルトの代わりに樹脂系結合材を用いる工法，また，半たわみ性混合物において着色浸透用セメントミルクを浸透させる工法などがある。

中温化技術

CO_2の排出抑制と省エネルギーを目的に，加熱アスファルト混合物を通常より約30℃低下させて製造・施工する技術。

中間層

アスファルト舗装において，基層を2層に分けた場合の上の層。表層と基層にはさまれているのでこの名称がある。コンクリート舗装においては，路盤の上部に設けたアスファルト混合物の層をアスファルト中間層という。

昼夜率

12時間交通量に対する24時間交通量の割合。12時間交通量（7：00～19：00の交通量）しか計測されていない場合，この交通量に昼夜率を乗ずることで24時間交通量が得られる。

T_A法

アスファルト舗装の構造設計方法のひとつで，路床の設計CBRと舗装計画交通量に応じて目標とするT_A（等値換算厚）を下回らないように舗装の各層の厚

さを決定する方法。

低騒音舗装
　車両走行に伴い発生するエアポンピング音などの発生を抑制したりエンジン音などを吸音したりすることで騒音を低減する舗装。一般的には，ポーラスアスファルト舗装を適用することが多い。

転圧コンクリート舗装
　単位水量の少ない硬練りコンクリートをアスファルト舗装用の舗設機械によって敷きならし，ローラ転圧によって締め固めてコンクリート版（転圧コンクリート版）とするもの。

凍結指数
　0℃以下の気温と日数の積を年間を通じて累計した値。

凍結深さ
　路面から地中温度0℃までの深さ。凍結深さは，主として気温・土質・地下水の状態によって決まる。

凍上抑制層
　積雪寒冷地域における舗装で，路床を凍上の生じにくい材料や断熱性の高い材料で置換した部分。凍結を考慮しないで求めた舗装設計厚より，凍結深さから求めた置換深さのほうが大きい場合に，その差の分だけ厚さとして設ける。

透水係数
　多孔質体中の間隙を流れる水の浸透速度は動水勾配に比例するという関係にもとづいた場合の比例係数。

透水性舗装
　表層，基層，路盤等に透水性を有した材料を用いて，雨水を路盤以下へ浸透させる機能を持つ舗装。雨水処理の方法で，雨水を路床に浸透させる構造（路床浸透型）と雨水流出を遅延させる構造（一時貯留型）に大別できる。水はねの防止や下水・河川への雨水流出抑制効果を有するとともに，路床浸透型のものは地下水涵養の効果も期待される。

等値換算係数
　舗装を構成するある層の厚さ1cmが表層，基層用加熱アスファルト混合物の

何cmに相当するかを示す値。

動的安定度（DS）
アスファルト混合物の流動抵抗性を示す指標。ホイールトラッキング試験において，供試体が1mm変形するのに要する車輪の通過回数で表わす。DSとはDynamic Stabilityの略称。

道路管理者費用
道路管理者に発生する費用であり，舗装の分野においては，調査・計画費用，建設費用，維持管理費用，補修費用，再建設費用等がこれにあたる。

道路利用者費用
道路利用者に発生する費用であり，舗装の分野においては，路面の悪化や工事による道路の利用制限に対して生じる車両走行費用の増加，時間損失費用等がこれにあたる。

トリップ長
自動車や人や物の出発地から到着地への移動した距離。

軟弱路床
アスファルト舗装やコンクリート舗装などで，原地盤の路床土としての区間のCBRが3未満となる路床。この場合，良質な材料による置換えや石灰またはセメントによる安定処理などによって構築路床を設ける，あるいは貧配合コンクリートやセメント安定処理による層を舗設するサンドイッチ舗装による舗装構成とする。

排水性舗装
ポーラスアスファルトやポーラスコンクリートなどの高空隙率の材料を表層あるいは表層および基層に設け，雨水を路側，路肩に排水する舗装。雨天時の車両の走行安全性の向上や水はねを抑制する効果がある。また，交通騒音の低減効果も期待される。

ハイドロプレーニング現象
自動車のタイヤが厚い水の層の上を高速で通過するとき，一種の水上スキーのような現象を起こし，すべり抵抗がなくなった状態。

破壊（舗装の）

舗装がひび割れ，穴あるいはわだち掘れなどの破損により供用限界に達していること。

破損（舗装の）

ひび割れ，わだち掘れ，平たん性の低下によって路面の状態が悪化すること。

パッチング工法

舗装の維持工法の一つで，路面に生じたポットホール，局部的なひび割れ破損部分をアスファルト混合物などで穴埋めしたり，小面積に上積したりする工法。パッチング材料には常温アスファルト混合物と加熱アスファルト混合物がある。

バリアフリー

道路，駅，建物等における段差の解消等生活空間における物理的な障害を除去し，高齢者・障害者が安全かつ円滑に移動できるよう，公共交通機関，歩行環境，公共的建築物等の施設・設備を整備すること。また，障害者の社会参加を困難にしている社会的，制度的，心理的なすべての障壁も除去するという意味で用いられる。

半たわみ性舗装

空隙率の大きな開粒度タイプのアスファルト混合物を施工後，その空隙にセメントを主体とする浸透用セメントミルクを浸透させた舗装。耐流動性，明色性，耐油性等の性能を有する。

ひずみ

物体が外力の作用を受けた時に生じる変形の程度。外力が作用する前の物体の長さと外力が作用したときに生じる変位量の比として定義される。一般に物体が伸長したときを正とし，1×10^{-6}を基準として表わす。

ひび割れ度

コンクリート版の破損の程度を表わす指標で，コンクリート版のひび割れ長さを測定し，調査区間延長について累計する。累計値を舗装面積で割って，単位舗装面積あたりのひび割れ長さを小数第一位まで求めた値。

ひび割れ率

対象とするアスファルト舗装の面積に占めるひび割れている路面の割合を百分

率で表したもの。
疲労度
　供用開始より様々な交通条件や環境条件のもとで舗装が受ける疲労ダメージの累積値を疲労破壊の指標としたもので、一般に疲労度が1を超えると破壊とする。
疲労破壊
　荷重の繰返しによるひび割れの発生で舗装が破壊すること。
疲労破壊輪数
　舗装路面に49kNの輪荷重を繰り返し加えた場合に、舗装にひび割れが生じるまでに要する回数で、舗装を構成する層の数ならびに各層の厚さおよび材質が同一である区間ごとに定められるものをいい、舗装の繰返し荷重に対する耐荷力を表わす。また舗装のひび割れも疲労破壊によるものだけをさし、表層材料の劣化等により路面から発生するひび割れは含まない。
疲労ひび割れ
　舗装が交通等により繰返し荷重を受けた時、降伏応力より小さな応力で破壊する現象を疲労破壊といい、このとき舗装に生じるひび割れを疲労ひび割れという。
フィルター層
　透水性舗装の路床上面に設ける透水性材料の層。浸透水の浸透を助長するとともに、粒状路盤材料の細粒分の流出を抑制する。
フォームドアスファルト舗装
　加熱したアスファルトを水などを用いて泡状にしてミキサ内に噴射し、骨材と混合して製造した加熱アスファルト混合物を用いた舗装。
普通道路
　小型自動車等（普通乗用車と小型貨物車等一定規模以下の車両）のみの通行の用に供する道路以外の通常規格の道路。
フルデプスアスファルト舗装
　路床上のすべての層を加熱アスファルト混合物および瀝青安定処理路盤材料を用いて構築した舗装。舗装全体の厚さを薄くすることができるため、仕上がり高さが制限される箇所などに適用される。

平たん性

　舗装の必須の性能指標のひとつ。車道（2以上の車線を有する道路にあっては，各車線）において，車道の中心線から1m離れた地点を結ぶ，中心線に平行する2本の線のいずれか一方の線上に延長1.5mにつき1箇所以上の割合で選定された任意の地点について，舗装路面と想定平たん舗装路面（路面を平たんとなるよう補正した場合に想定される舗装路面）との高低差を測定することにより得られる，当該高低差のその平均値に対する標準偏差で，舗装の表層の厚さおよび材質が同一である区間ごとに定められるもの。

平板載荷試験

　路盤や路床の支持力を評価するために行う試験。一般に直径30cmの円盤にジャッキで荷重をかけ，荷重の大きさと沈下量からK値を求める。

ペデストリアンデッキ

　自動車道路と立体的に分離した歩行者専用通路や歩行者用のデッキ，歩行者のための広場。市街地の駅に隣接させるなどして歩行者空間を確保することを目的とする空間利用施設。

ポアソン比

　一般に弾性域における応力状態での軸方向のひずみに対する軸と直角方向のひずみの比。アスファルト混合物では，温度の影響を大きく受け，低温では小さい値に，高温では大きい値になりおおむね0.25～0.45の値である。

膨張目地

　コンクリート版の膨張，収縮を容易にするために造る目地。

補修（舗装の）

　舗装の供用性能を一定水準以上に保つための行為。維持と修繕がある。

補助幹線道路

　地方部にあっては，主として地方生活圏内の一次生活圏の骨格を構成するとともに，幹線道路を補完して一次生活圏相互を連絡する道路。都市部にあっては，近隣住区内の骨格を構成する道路。

保水性舗装

　保水機能を有する表層または表層・基層に保水された水分が蒸発する際の気化

熱により路面温度の上昇と蓄熱を抑制する舗装。

舗装計画交通量

普通道路においては，舗装の設計期間内の大型自動車の平均的な交通量のことであり，次のように算定する。

一方向2車線以下の道路においては，大型自動車の一方向当たりの日交通量のすべてが1車線を通過するものとして算定し，一方向3車線以上の道路においては，各車線の大型自動車の交通の分布状況を勘案して，大型自動車の方向別の日交通量の70〜100％が1車線を通過するものとして算定する。

小型道路においては，舗装の設計期間内の小型貨物自動車の平均的な交通量のことで，小型貨物自動車の一方向当たりの日交通量のすべてが1車線を通過するものとして算定する。

舗装の性能

舗装が備えるべき路面の要件であるひび割れがない，わだち掘れが小さい，平たんであるなどに対して定量的に示されるもの。

舗装の性能指標

舗装の性能を示し，かつ定量的な測定が可能な指標。疲労破壊輪数，塑性変形輪数，平たん性，浸透水量が代表的なものである。

舗装の設計期間

交通による繰返し荷重に対する舗装構造全体の耐荷力を設定するための期間である。

ポットホール

舗装表面に生じた10〜100cmの穴。ポットホールは走行に支障となるばかりでなく舗装を損傷するため，早急な維持が必要である。

ホワイトベース

コンポジット舗装で表層または表層・基層のアスファルト混合物の直下に用いるセメント系の版。

ポンピング

舗装において，路床土が輪荷重の繰返しの影響によって泥土化し，路盤のくい込み，さらに目地やひび割れの部分から表面に吹き出す現象。

ポーラスアスファルト舗装
　ポーラスアスファルト混合物を表層または表層・基層に用いる舗装。空隙率が高く，雨水を路面下にすみやかに浸透させる機能やタイヤと路面の間で発生する騒音を低減させる機能などを有する。

ポーラスコンクリート舗装
　特殊な混和材料を使用するなどして高い空隙率を確保したポーラスコンクリートを用いる舗装。雨水を路面下にすみやかに浸透させる機能やタイヤと路面の間で発生する騒音を低減させる機能などを有する。

マイクロサーフェシング
　選定された骨材，急硬性改質アスファルト乳剤，水，セメント等を混合したスラリー状の常温混合物を専用ペーパで既設路面に薄く敷きならす工法で，舗装の供用性を回復させる。

摩耗層
　舗装の摩耗に対する抵抗性やすべり抵抗性を向上させる目的で表層上に設ける層。摩耗層の厚さは一般に1～4cm程度であるが，表面処理と位置づけられ，構造計算には含めない。

明色性
　舗装の性能のうち，路面の明るさや光の再帰性を向上させる性能。

明色舗装
　光の反射率の大きな明色骨材などを利用して，路面の輝度を大きくしたアスファルト舗装。

予防的維持
　舗装の性能低下を遅延させることを目的とする維持である。予防的維持を実施する時期には，ひび割れなどの変状が現れる前や舗装建設直後などに行う場合と，経年とともに老化した路面の処理などを回復するために行う場合とがある。なお，後者の場合は，構造的な破損を生じていないことが前提となる。

ライフサイクル（舗装の）
　舗装が存在し，その舗装の性能を一定のレベル以上に保持する必要がある限り，舗装は建設（舗装の新設あるいは再建設），供用され，交通荷重などにより性能

が低下した場合には補修し，さらに補修によって必要な性能まで向上させることが期待できない場合には再び建設（舗装の打換え）されることになる。このような舗装の建設から次の建設までの一連の流れのこと。

ライフサイクルコスト

舗装の長期的な経済性を検討するための概念であり，舗装の新設時の工事費用と供用後のライフサイクルを経過する際に要する費用とを合わせたもの。この費用には道路管理者の建設，維持，修繕に費やす費用と道路利用者が工事渋滞等による時間的損失や消費燃料等の損失（便益）および沿道や地域社会の費用（便益）も含む。

ライフライン

生活に不可欠な水道・電気・ガスなどの供給システム。

リフレクションクラック

コンクリート版やホワイトベースなどの上にアスファルト混合物を施工したときに，下層の目地やひび割れが原因で上層部分に生じるひび割れ。これは下層の目地部やひび割れなど縁の切れた箇所で，交通荷重や上・下層の異なった挙動等により生じる。

輪荷重

車両のタイヤ1輪にかかる荷重，複輪の場合は2輪にかかる荷重。通常の車両の場合，輪荷重を2倍したものが軸重に等しい。

輪荷重応力

舗装面上を通過する車両の輪荷重によってコンクリート版内に生じる応力。

瀝青安定処理

砕石，砂等の骨材をアスファルト乳剤やアスファルトなどの瀝青材料で安定処理すること。

瀝青路面処理

在来砂利道を路盤または路盤の一部として利用することを基本とし，その上に浸透式工法，常温混合式工法，加熱混合式工法などにより厚さ3cm以下の表層を設けた舗装。

レジリエントモデュラス
　弾性係数やスティフネスと同様に材料の変形係数を表わすひとつの指標で，応力と回復するひずみの比で求める。多層弾性理論を用いて舗装の構造設計を行う場合などに用いる。

連続鉄筋コンクリート舗装
　コンクリート版の横断面積に対して約0.6～0.7％の縦方向鉄筋を連続して設置し，コンクリート版の横目地を(施工目地を除く)全く省いたコンクリート版と路盤で構成される舗装。コンクリート版に生じる横ひび割れを縦方向鉄筋によって分散させ，個々のひび割れ幅を交通車両によって害にならない程度に，また版の耐久性に影響を及ぼさない程度に狭く分布させようとする舗装である。

ロールドアスファルト舗装
　砂，フィラー，アスファルトからなるアスファルトモルタルに，30～40％の単粒度砕石を配合した不連続粒度のロールドアスファルト混合物を敷きならし，その直後にプレコートした砕石を散布・圧入した舗装。すべり抵抗性，耐ひび割れ性，水密性，耐摩耗性等の性能を有する。

路床
　舗装は，一般に原地盤の上に築造されるが，原地盤のうち，舗装の支持力層として構造計算に用いる層。その下部は路体という。また，原地盤を改良し，構造計算上，交通荷重の分散を期待する場合には，その改良した層を構築路床，その下部を路床（原地盤）といい，併せて路床という。

路上路盤再生工法
　路上において既設アスファルト混合物を破砕し，同時にこれをセメントおよびアスファルト乳剤やフォームド化したアスファルトなどの安定材と既設路盤材料等とともに混合，転圧して新たに路盤を構築する工法。または，既設アスファルト混合物層の一部または全部を取り除き，既設路盤材料に安定材を添加して新たに路盤を構築する工法。

路上表層再生工法
　路上において既設表層用混合物を加熱，かきほぐし，必要に応じて新しいアスファルト混合物や再生用添加材料を加え，これを敷きならして転圧し，新たに表

層をつくる工法。

路体

路床の下部にあって，舗装と路床を支持する役割をもつ部分。

路盤

路床の上に設けた，アスファルト混合物層やコンクリート版からの荷重を分散させて路床に伝える役割を果たす層。一般に，上層路盤と下層路盤の2層に分ける。

路面

交通の用に供する面。

路面の設計

塑性変形輪数，平たん性，浸透水量のように路面（表層）の性能にかかわる表層の厚さや材料を決定するための設計。

路面の設計期間

交通に供する路面が，塑性変形抵抗性，平たん性などの性能を管理上の目標値以上保持するよう設定するための期間。

路面の輝度

灯具の光が反射している路面の明るさの程度を示すもの。発光面からある方向の光度をその方向への正射影面積で割った値で表し，単位はcd/m^2。このうち，運転者の眼の位置から見た，前方60mから160mの範囲の車道幅員内の輝度を路面輝度という。

路面の機能

安全，円滑，快適な交通を確保し，周辺環境の保全と改善に寄与する路面の役割。路面に求められる機能には水跳ねがない，乗り心地がよいなどがある。

執筆者（五十音順）					
伊藤	正秀		久保	和幸	
小梁川	雅		坂本	康文	
鈴木	秀輔		田井	文夫	
田口	仁		谷口	聡	
中村	俊行		西澤	辰男	
根本	信行		羽入	昭吉	
羽山	高義		丸山	暉彦	

舗装設計便覧

平成18年 2 月24日　　初版第 1 刷発行
令和 7 年 6 月20日　　第 9 刷発行

編　集
発行所　公益社団法人　日本道路協会
　　　　東京都千代田区霞が関 3 ― 3 ― 1

印刷所　有限会社　セキグチ

発売所　丸善出版株式会社
　　　　東京都千代田区神田神保町 2 ― 17

本書の無断転載を禁じます。

ISBN978-4-88950-324-1　C2051

日本道路協会出版図書案内

【電子版】　　　　　　　　　　　　※消費税10%を含む（日本道路協会発売）

図　書　名	定価(円)
道路橋示方書・同解説Ⅰ共通編（平成29年11月）	1,980
道路橋示方書・同解説Ⅱ鋼橋・鋼部材編（平成29年11月）	5,940
道路橋示方書・同解説Ⅲコンクリート橋・コンクリート部材編（平成29年11月）	3,960
道路橋示方書・同解説Ⅳ下部構造編（平成29年11月）	4,950
道路橋示方書・同解説Ⅴ耐震設計編（平成29年11月）	2,970
道路構造令の解説と運用（令和3年3月）	8,415
附属物（標識・照明）点検必携（平成29年7月）	1,980
舗装設計施工指針（平成18年2月）	4,950
舗装施工便覧（平成18年2月）	4,950
舗装設計便覧（平成18年2月）	4,950
舗装点検必携（平成29年4月）	2,475
道路土工要綱（平成21年6月）	6,930
道路橋示方書（平成24年3月）Ⅰ～Ⅴ（合冊版）	14,685
道路橋示方書・同解説（平成29年11月）（Ⅰ～Ⅴ）5冊＋道路橋示方書講習会資料集のセット	23,870
道路橋点検必携～橋梁点検に関する参考資料～（令和6年12月）	3,410

購入時，最新バージョンをご提供。その後は自動でバージョンアップされます。

上記電子版図書のご購入はこちらから
https://e-book.road.or.jp/

最新の更新内容をご案内いたしますのでトップページ最下段からメルマガ登録をお願いいたします。

日本道路協会出版図書案内

【紙版】　　　　　　　　　　　　　　※消費税10%を含む（丸善出版発売）

図　書　名	ページ	定価(円)	発行年
交通工学			
クロソイドポケットブック（改訂版）	369	3,300	S49. 8
自転車道等の設計基準解説	73	1,320	S49.10
立体横断施設技術基準・同解説	98	2,090	S54. 1
道路照明施設設置基準・同解説（改訂版）	240	5,500	H19.10
附属物（標識・照明）点検必携 ～標識・照明施設の点検に関する参考資料～	212	2,200	H29. 7
視線誘導標設置基準・同解説	74	2,310	S59.10
道路緑化技術基準・同解説	82	6,600	H28. 3
道路の交通容量	169	2,970	S59. 9
道路反射鏡設置指針	74	1,650	S55.12
視覚障害者誘導用ブロック設置指針・同解説	48	1,100	S60. 9
駐車場設計・施工指針同解説	289	8,470	H 4.11
道路構造令の解説と運用（改訂版）	742	9,350	R 3. 3
防護柵の設置基準・同解説（改訂版） ボラードの設置便覧	246	3,850	R 3. 3
車両用防護柵標準仕様・同解説（改訂版）	164	2,200	H16. 3
路上自転車・自動二輪車等駐車場設置指針 同解説	74	1,320	H19. 1
自転車利用環境整備のためのキーポイント	140	3,080	H25. 6
道路政策の変遷	668	2,200	H30. 3
地域ニーズに応じた道路構造基準等の取組事例集（増補改訂版）	214	3,300	H29. 3
道路標識設置基準・同解説（令和2年6月版）	413	7,150	R 2. 6
道路標識構造便覧（令和2年6月版）	389	7,150	R 2. 6
橋梁			
道路橋示方書・同解説（Ⅰ共通編）（平成29年版）	196	2,200	H29.11
〃（Ⅱ鋼橋・鋼部材編）（平成29年版）	700	6,600	H29.11
〃（Ⅲコンクリート橋・コンクリート部材編）（平成29年版）	404	4,400	H29.11
〃（Ⅳ下部構造編）（平成29年版）	572	5,500	H29.11
〃（Ⅴ耐震設計編）（平成29年版）	302	3,300	H29.11
平成29年道路橋示方書に基づく道路橋の設計計算例	564	2,200	H30. 6
道路橋支承便覧（平成30年版）	592	9,350	H31. 2
プレキャストブロック工法によるプレストレスト コンクリートTげた道路橋設計施工指針	81	2,090	H 4.10
小規模吊橋指針・同解説	161	4,620	S59. 4

日本道路協会出版図書案内

【紙版】　　　　　　　　　　　　　　　　※消費税10％を含む　(丸善出版発売)

図　書　名	ページ	定価(円)	発行年
道路橋耐風設計便覧（平成19年改訂版）	300	7,700	H20. 1
鋼道路橋設計便覧	652	7,700	R 2.10
鋼道路橋疲労設計便覧	330	3,850	R 2. 9
鋼道路橋施工便覧	694	8,250	R 2. 9
コンクリート道路橋設計便覧	496	8,800	R 2. 9
コンクリート道路橋施工便覧	522	8,800	R 2. 9
杭基礎設計便覧（令和2年度改訂版）	489	7,700	R 2. 9
杭基礎施工便覧（令和2年度改訂版）	348	6,600	R 2. 9
道路橋の耐震設計に関する資料	472	2,200	H 9. 3
既設道路橋の耐震補強に関する参考資料	199	2,200	H 9. 9
鋼管矢板基礎設計施工便覧（令和4年度改訂版）	407	8,580	R 5. 2
道路橋の耐震設計に関する資料 （PCラーメン橋・RCアーチ橋・PC斜張橋等の耐震設計計算例）	440	3,300	H10. 1
既設道路橋基礎の補強に関する参考資料	248	3,300	H12. 2
鋼道路橋塗装・防食便覧資料集	132	3,080	H22. 9
道路橋床版防水便覧	240	5,500	H19. 3
道路橋補修・補強事例集（2012年版）	296	5,500	H24. 3
斜面上の深礎基礎設計施工便覧	336	6,050	R 3.10
鋼道路橋防食便覧	592	8,250	H26. 3
改訂　道路橋点検必携～橋梁点検に関する参考資料～（令和6年版）	719	3,850	R 6.12
道路橋示方書・同解説Ⅴ耐震設計編に関する参考資料	305	4,950	H27. 4
道路橋ケーブル構造便覧	462	7,700	R 3.11
道路橋示方書講習会資料集	404	8,140	R 5. 3
舗　装			
アスファルト舗装工事共通仕様書解説（改訂版）	216	4,180	H 4.12
アスファルト混合所便覧（平成8年版）	162	2,860	H 8.10
舗装の構造に関する技術基準・同解説	104	3,300	H13. 9
舗装再生便覧（令和6年版）	342	6,270	R 6. 3
舗装性能評価法(平成25年版)－必須および主要な性能指標編－	130	3,080	H25. 4
舗装性能評価法別冊 ―必要に応じ定める性能指標の評価法編―	188	3,850	H20. 3
舗装設計施工指針（平成18年版）	345	5,500	H18. 2
舗装施工便覧（平成18年版）	374	5,500	H18. 2

日本道路協会出版図書案内

【紙版】　　　　　　　　　　　　　　　※消費税10%を含む（丸善出版発売）

図　書　名	ページ	定価(円)	発行年
舗　装　設　計　便　覧	316	5,500	H18. 2
透水性舗装ガイドブック２００７	76	1,650	H19. 3
コンクリート舗装に関する技術資料	70	1,650	H21. 8
コンクリート舗装ガイドブック２０１６	348	6,600	H28. 3
舗装の維持修繕ガイドブック２０１３	250	5,500	H25.11
舗装の環境負荷低減に関する算定ガイドブック	150	3,300	H26. 1
舗　装　点　検　必　携	228	2,750	H29. 4
舗装点検要領に基づく舗装マネジメント指針	166	4,400	H30. 9
舗装調査・試験法便覧（全4分冊）（平成31年版）	1,929	27,500	H31. 3
舗装の長期保証制度に関するガイドブック	100	3,300	R 3. 3
アスファルト舗装の詳細調査・修繕設計便覧	250	6,490	R 5. 3
道路土工			
道路土工構造物技術基準・同解説	100	4,400	H29. 3
道路土工構造物点検必携（令和5年度版）	243	3,300	R 6. 3
道　路　土　工　要　綱（平成21年度版）	450	7,700	H21. 6
道路土工－切土工・斜面安定工指針（平成21年度版）	570	8,250	H21. 6
道路土工－カルバート工指針（平成21年度版）	350	6,050	H22. 3
道路土工－盛土工指針（平成22年度版）	328	5,500	H22. 4
道路土工－擁壁工指針（平成24年度版）	350	5,500	H24. 7
道路土工－軟弱地盤対策工指針（平成24年度版）	400	7,150	H24. 8
道路土工－仮設構造物工指針	378	6,380	H11. 3
落　石　対　策　便　覧	414	6,600	H29.12
共　同　溝　設　計　指　針	196	3,520	S61. 3
道　路　防　雪　便　覧	383	10,670	H 2. 5
落石対策便覧に関する参考資料 ―落石シミュレーション手法の調査研究資料―	448	6,380	H14. 4
道路土工の基礎知識と最新技術（令和5年度版）	208	4,400	R 6. 3
トンネル			
道路トンネル観察・計測指針(平成21年改訂版)	290	6,600	H21. 2
道路トンネル維持管理便覧【本体工編】（令和2年版）	520	7,700	R 2. 8
道路トンネル維持管理便覧【付属施設編】	338	7,700	H28.11
道路トンネル安全施工技術指針	457	7,260	H 8.10
道路トンネル技術基準（換気編）・同解説（平成20年改訂版）	280	6,600	H20.10

日本道路協会出版図書案内

【紙版】　　　　　　　　　　　　　　　※消費税10%を含む　（丸善出版発売）

図書名	ページ	定価（円）	発行年
道路トンネル技術基準（構造編）・同解説	322	6,270	H15.11
シールドトンネル設計・施工指針	426	7,700	H21. 2
道路トンネル非常用施設設置基準・同解説	140	5,500	R 1. 9
道路震災対策			
道路震災対策便覧（震前対策編）平成18年度版	388	6,380	H18. 9
道路震災対策便覧（震災復旧編）（令和4年度改定版）	545	9,570	R 5. 3
道路震災対策便覧（震災危機管理編）（令和元年7月版）	326	5,500	R 1. 8
道路維持修繕			
道路の維持管理	104	2,750	H30. 3
英語版			
道路橋示方書（Ⅰ共通編）〔2012年版〕（英語版）	160	3,300	H27. 1
道路橋示方書（Ⅱ鋼橋編）〔2012年版〕（英語版）	436	7,700	H29. 1
道路橋示方書（Ⅲコンクリート橋編）〔2012年版〕（英語版）	340	6,600	H26.12
道路橋示方書（Ⅳ下部構造編）〔2012年版〕（英語版）	586	8,800	H29. 7
道路橋示方書（Ⅴ耐震設計編）〔2012年版〕（英語版）	378	7,700	H28.11
舗装の維持修繕ガイドブック2013（英語版）	306	7,150	H29. 4
アスファルト舗装要綱（英語版）	232	7,150	H31. 3

紙版図書の申し込みは，丸善出版株式会社営業部に電話またはFAXにてお願いいたします。
〒101-0051　東京都千代田区神田神保町2-17　TEL(03)3512-3256　FAX(03)3512-3270

なお日本道路協会ホームページからもお申し込みいただけますのでご案内いたします。
・日本道路協会ホームページ　https://www.road.or.jp　出版図書 → 図書名 → 購入

また，上記のほか次の丸善雄松堂(株)においても承っております。

丸善雄松堂株式会社　法人営業部
FAX:03-6367-6161　Email:6gtokyo@maruzen.co.jp

※なお，最寄りの書店からもお取り寄せできます。